电网企业
员工安全技术等级培训 系列教材

公共安全知识

国网浙江省电力公司　组编

中国电力出版社
CHINA ELECTRIC POWER PRESS

内 容 提 要

为提高电网企业生产岗位人员的安全技术水平，推进生产岗位人员安全技术等级培训、考核、认证工作，国网浙江省电力公司组织编写了《电网企业员工安全技术等级培训系列教材》。本系列教材共 20 分册，包括 1 个《公共安全知识》分册和 19 个专业分册。

本书是《公共安全知识》分册，内容包括法律法规知识、现场作业安全知识、安全管理知识三个部分。

本系列教材是电网企业员工安全技术等级培训的专用教材，可作为生产岗位人员安全培训的辅助教材，宜采用《公共安全知识》分册加专业分册配套使用的形式开展学习培训。

图书在版编目（CIP）数据

公共安全知识 / 国网浙江省电力公司组编. —北京：中国电力出版社，2016.6 （2019.12重印）

电网企业员工安全技术等级培训系列教材

ISBN 978-7-5123-9193-2

Ⅰ. ①公… Ⅱ. ①国… Ⅲ. ①公共安全—安全教育—技术培训—教材 Ⅳ.①X956

中国版本图书馆 CIP 数据核字（2016）第 073707 号

中国电力出版社出版、发行
（北京市东城区北京站西街 19 号　100005　http://www.cepp.sgcc.com.cn）
河北华商印刷有限公司印刷
各地新华书店经售

*

2016 年 6 月第一版　2019 年 12 月北京第三次印刷
710 毫米×980 毫米　16 开本　16.75 印张　285 千字
印数 30501—31500 册　定价 75.00 元

编写委员会

本册编写人员

前　言

为贯彻"安全第一、预防为主、综合治理"的方针，落实《国家电网公司安全工作规定》对于教育培训的具体要求，进一步提高电网企业生产岗位人员的安全技术水平，推进生产岗位人员安全技术等级培训、考核、认证工作，夯实电网企业安全管理基础，国网浙江省电力公司在国家电网公司系统率先建立了与专业岗位任职资格相结合的员工安全技术等级培训认证体系。该体系确定了层次分明的五级安全技术等级认证标准，明确不同岗位所对应的安全等级和职业技术等级。

为了推进安全技术等级培训工作，国网浙江省电力公司组织编写了涵盖所有生产岗位人员的安全技术等级培训大纲和培训教材，并采用网络学习与脱产普训相结合的培训形式，有序开展各等级安全技术等级培训与鉴定工作。至 2015 年 6 月，历时 3 年完成全体生产岗位员工的第一轮安全技术等级培训认证。

根据国家电网公司不断提升安全生产工作的要求，以及新一轮员工安全技术等级资质复审培训工作的需要，国网浙江省电力公司组织近百位专家和培训师，在原有员工安全技术等级培训教材的基础上进行修订和完善，形成《电网企业员工安全技术等级培训系列教材》。本系列教材全套共计 20 册，包括《公共安全知识》分册和《变电检修》《电气试验》《变电运维》《输电线路》《输电线路带电作业》《继电保护》《电网调控》《自动化》《电力通信》《配电运检》《电力电缆》《配电带电作业》《电力营销》《变电一次安装》《变电二次安装》《线路架设》《水电厂水工》《水电厂机械检修》《水电厂自动化检修》19 个专业分册。

《公共安全知识》分册内容包含安全生产法规制度知识、安全管理知识、现场作业安全知识三个部分；各专业分册包括相应专业的基本安全要求、保证安全的组织措施和技术措施、作业安全风险辨识评估与控制、现场标准化作业、生产现场的安全设施、典型违章举例与事故案例分析、安全技术劳动保护措施和反事故措施、班组管理和作业安全监督八个部分。

本系列教材为电网企业员工安全技术等级培训专用教材，也可作为生产岗位人员安全培训辅助教材，宜采用《公共安全知识》分册加专业分册配套使用的形式开展学习培训。

鉴于编者水平有限，不足之处，敬请读者批评指正。

编者

2016 年 5 月

目　录

第一章　安全生产法规制度知识

第一节　概　　述

一、安全生产立法及其意义

安全生产事关人民群众生命财产安全,事关改革发展和社会稳定大局。随着社会经济活动日趋活跃和复杂,特别是经济成分、组织形式日益多样化,我国的安全生产问题越来越突出。安全生产状况与安全生产法制建设密切相关,加强安全生产立法,对强化安全生产监督管理、规范生产经营单位和从业人员的安全生产行为、遏制重特大事故、维护人民群众的生命财产安全、保障生产经营顺利进行、促进经济发展和维护社会稳定,具有重大而深远的意义。

安全生产立法的重要意义主要体现在以下方面:

(1) 安全生产立法是安全生产领域落实依法治国、依法治企、依法治安方略的需要。

(2) 安全生产立法是加强安全生产监督管理的需要。

(3) 安全生产立法是预防和减少事故的需要。

(4) 安全生产立法是保护人民生命和财产安全的需要。

(5) 安全生产立法是规范生产经营单位安全生产行为的需要。

(6) 安全生产立法是制裁安全生产违法犯罪的需要。

二、安全生产法律法规的定义

安全生产法律法规是国家为了保护劳动者在生产劳动过程中的安全健康所制定的法律、法规、法令、规章、规程、条例、标准等的总和。它既包括完整的法律规范性文件,也包括某些法律和法律规范性文件中的有关条文。

三、安全生产法律法规的性质

1. 强制性

所有的企业、组织和人员都必须严格遵守、认真执行安全生产法律法规。

对不执行安全生产法律法规相关规定，不服从安全生产管理，违反安全生产规章制度，或者强令工人违章冒险作业造成重大伤亡事故及其他严重后果的当事人，必须追究其法律责任。

2. 规范性

规范政府部门、企业、相关人员在生产劳动过程中禁止怎样行为、应该怎样行为、必须怎样行为的行为规则。

3. 科学性

制定安全生产法律法规和安全卫生标准具有很强的科学技术性，是以大量的科学实验数据为依据。安全生产法律法规和标准的制定和执行，涉及各行各业各种产品的应用科学技术和管理科学，是社会科学、自然科学、技术科学密切结合、互相渗透的一门边缘科学。

4. 稳定性

安全生产法律法规所规定的条文具有规范化、法律化、定型化等特征，不能随意更改，更不能朝令夕改。但也不是绝对不能修改、废除的，而是应随着科学技术的发展、社会经济和政治环境的变化而变化。

四、安全生产执法要求

（1）有法可依：指立法，制定和完善安全生产法律法规。

（2）有法必依：指执法和守法，要求两方面都要不折不扣地严格按法律办事。

（3）执法必严：指严格遵守法律法规，执法者严格按法律条文办事、切实按法律程序办事，体现法律的权威性。

（4）违法必究：指对一切违法行为都要依法追究，使责任者承担相应的法律责任，体现法律的强制性。

（5）实行法律监督：指对法律的遵守和执行情况的监督，即对执法部门执法情况进行监督，同时对企业和相关人员的守法情况进行监督。

五、安全生产执法原则

安全生产执法的原则是指行政执法主体在执法活动中所应遵循的基本原则。

（1）有法必依、执法必严、违法必究的原则。在安全生产执法过程中，执法人员应严格按照安全生产法律法规的规定和要求办事，不徇私情，不为利益所动摇，全心全意做好本职工作，体现广大人民群众的根本意志。

（2）合法、公正、公开的原则。合法是指执法主体的设立和执法活动有法可依，行使行政职能必须由法律授权并依据法律规定，执法主体、内容、程序都必须合法。公正是指执法主体在执法活动中，特别是行使自由裁量权进行行政管理时，必须做到适当、合理、公正，既符合法律的基本精神和目的，又具有客观、充分的事实依据和法律依据，且与社会生活常理一致。公开是指行政行为除依法应当保密的以外一律公开进行，包括：执法行为的标准、条件公开；执行行为的程序、手续公开；涉及行政管理相对人重大权益的行政执法行为应当公开。

（3）惩戒和教育相结合的原则。对安全生产违法行为人的处罚，要坚持惩戒和教育相结合的原则：处罚仅仅是一种管理手段，其最终目的是使当事人认识其违法行为，通过惩戒达到教育的目的，使其知法、懂法、守法，从而保护自身和他人的合法权益。

（4）联合执法的原则。在安全生产执法过程中，必须与当地政府有关部门和上级主管部门联合起来、形成合力，更加有效地做好安全生产的监督管理工作。

（5）依据事实、尊重科学的原则。在安全生产执法过程中，执法人员要以事实为依据，尊重科学，处罚要准确、合理，并按照国家标准或者行业标准给出正确的整改意见，协助企业做好整改工作。

六、安全生产法律法规体系

（一）《中华人民共和国宪法》

《中华人民共和国宪法》是安全生产法律法规体系框架的最高层级，"加强劳动保护，改善劳动条件"是安全生产方面具有最高法律效力的规定。

（二）安全生产法律

1. 基础安全生产法

我国安全生产基础法是《中华人民共和国安全生产法》，它是一部综合规范安全生产行为、调整安全生产法律关系的法律，适用于所有生产经营单位，是我国安全生产法律法规体系的核心。

2. 专门安全生产法律

专门安全生产法律是规范某一专业领域安全生产行为的法律。我国在专业领域的法律有《中华人民共和国矿山安全法》《中华人民共和国突发事件应对法》《中华人民共和国消防法》《中华人民共和国道路交通安全法》《中华人民共和国职业病防治法》等。

3. 相关安全生产法律

相关安全生产法律是安全生产专门法律以外的涵盖有安全生产内容的其他

法律，如《中华人民共和国劳动法》《中华人民共和国电力法》《中华人民共和国工会法》等。还有一些与安全生产监督执法工作有关的法律，如《中华人民共和国刑法》《中华人民共和国刑事诉讼法》《中华人民共和国行政处罚法》《中华人民共和国行政复议法》《中华人民共和国国家赔偿法》等。

（三）安全生产行政法规

安全生产行政法规是为实施安全生产法律或规范安全生产监督管理制度而由国务院组织制定并颁布的一系列具体规定，是实施安全生产监督管理、监察工作和企业做好安全生产工作的重要依据。我国已颁布了多部安全生产行政法规，如《国务院关于特大安全事故行政责任追究的规定》（国务院令第 302 号）、《危险化学品安全管理条例》（国务院令第 344 号）、《国务院关于修改〈特种设备安全监察条例〉的决定》（国务院令第 549 号）、《生产安全事故报告和调查处理条例》（国务院令第 493 号）、《电力安全事故应急处置和调查处理条例》（国务院令第 599 号）等。

（四）部门安全生产规章

部门安全生产规章是由国务院有关部门为加强安全生产工作而颁布的规范性文件，尤其是安全生产监督管理部门制定的行政规章，作为安全生产法律法规的重要补充，在我国安全生产工作中起着十分重要的作用，如国务院安全生产监督管理部门制定的行政规章：《劳动防护用品监督管理规定》（安监总局令第 1 号）、《生产经营单位安全培训规定》（安监总局令第 3 号）、《生产安全事故应急预案管理办法》（安监总局令第 17 号）、《特种作业人员安全技术培训考核管理规定》（安监总局令第 30 号）、《安全生产培训管理办法》（安监总局令第 44 号）、《电力安全培训监督管理办法》（国能安全〔2014〕475 号）等。

（五）地方性安全生产法规

地方性安全生产法规是指由有立法权的地方权力机关——人民代表大会及其常务委员会制定的安全生产方面的规范性文件，是依法律授权制定的，是对国家安全生产法律、法规的补充和完善，以解决本地区某特定的安全生产问题为目标，具有较强的针对性和可操作性，如《浙江省安全生产条例》《浙江省消防条例》等。

（六）地方性安全生产规章

地方政府安全生产规章是由地方政府和有关部门为加强安全生产工作而颁布的规范性文件。如浙江省人民政府制定的行政规章：《浙江省危险化学品安全管理实施办法》（省政府令第 184 号）、《浙江省建设项目安全设施监督管理办法》（省政府令第 259 号）、《浙江省烟花爆竹安全管理办法》（省政府令第266 号）等。

（七）我国人大批准的国际公约

国际劳工组织自 1919 年创立以来，一共通过了 185 个国际公约和为数较多的建议书，这些公约和建议书统称国际劳工标准，亦称国际公约。其中 70% 的公约和建议书涉及职业安全卫生问题，我国政府为国际性安全生产工作已签订了国际性公约，当我国安全生产法律与国际公约有不同时，应优先采用国际公约的规定（除保留条件条款外）。目前我国人大已批准的公约有 23 个，其中 6个是与职业安全卫生相关的，它们是：《船舶装卸工人伤害防护公约》（第 32号公约）、《职业安全卫生公约》（第 155 号公约）、《建筑业安全卫生公约》（第167 号公约）、《作业场所安全使用化学品公约》（第 170 号公约）、《预防重大工业事故公约》（第 174 号公约）、《矿山安全与卫生公约》（第 176 号公约）。这些国际公约同样具有安全生产法律效力。

（八）安全生产标准

安全生产标准是安全生产法律法规体系中的一个重要组成部分，也是安全生产管理的基础和监督执法工作的重要技术依据。安全生产标准一般有以下四种分类方式。

1. 按法律的约束性分类

（1）强制性标准：是保障人体健康，人身、财产安全，以法律、行政法规规定强制执行的标准。有关安全生产的国家、行业、地方标准绝大多数是强制性标准。任何单位和个人都必须贯彻执行，不得擅自更改或降低标准。对违反强制性标准而造成不良后果以至造成重大事故者由法律法规规定的行政主管部门依法根据情节轻重给予行政处罚，直至由司法机关追究刑事责任。

（2）推荐性标准：又称指导性标准，是自愿性、非强制性的文件，鼓励企业积极采用，如 AQ/T 4269—2015《工作场所职业病危害因素检测工作规范》等。

2. 按适用范围分类

（1）国家标准：由国家标准化委员会组织或委托有关单位组织制定并颁布实施，需要全国范围内统一的标准。国家标准的编号由代号、标准发布顺序号和标准发布年代号（四位数组成），如 GB 2811—2007《安全帽》。

（2）行业标准：没有国家标准且需在全国某个行业范围内统一技术标准时，由国务院有关行政主管部门制定并报国务院标准化行政主管部门备案的标准，称为行业标准。行业标准的编号由行业代号、标准发布顺序及标准发布年代号

（四位数）组成，行业代号按不同部委设定，公安部为 GA，交通部为 JT，国家安全监督管理总局为 AQ，电力行业为 DL，如 DL 5009.1—2014《电力建设安全工作规程　第 1 部分：火力发电》。

（3）地方标准：没有国家标准和行业标准且需在省、自治区、直辖市范围内统一工业产品的安全、卫生要求时，由省、自治区、直辖市标准化行政主管部门制定并报国务院标准化行政主管部门和国务院有关行业行政主管部门备案的标准，称为地方标准。地方标准的编号由地方代号、地方标准发布顺序号、标准发布年代号（四位数）三部分组成。

（4）企业标准：在企业内制定适用的严于国家标准、行业标准或地主标准的企业（内控）标准称为企业标准。

企业标准的编号由汉字"企"大写拼音字母"Q"加斜线再加企业代号、标准发布顺序号和标准发布年代号（四位数）组成，企业代号可用大写拼音字母或阿拉数字或两者兼用所组成。企业代号按中央所属企业和地方企业分别由国务院有关行政主管部门或省、自治区、直辖市政府标准化行政主管部门会同同级有关行政主管部门加以规定，如：国家电网公司企业代号为 Q/GDW，浙江省电力公司企业代号为 Q/GDW11。企业标准一经制定颁布，即对整个企业具有约束性，是企业法规性文件，没有强制性企业标准和推荐企业标准之分。

3. 按标准的性质分类

（1）技术标准。技术标准是对标准化领域中需要协调统一的技术事项制定的标准，主要是事物的技术性内容。

（2）管理标准。管理标准是对标准化领域中需要协调统一的管理事项所制定的标准，主要是规定人们在生产活动和社会生活中的组织结构、职责权限、过程方法、程序文件以及资源分配等事宜，它是合理组织国民经济，正确处理各种生产关系，正确实现合理分配，提高生产效率和效益的依据。

（3）工作标准。工作标准是对标准化领域中需要协调统一的工作事项所制定的标准，是针对具体岗位而规定人员和组织在生产经营管理活动中的职责、权限，对各种过程的定性要求以及活动程序和考核评价要求。

4. 按标准化的对象和作用分类

（1）基础标准。基础标准是在一定范围内作为其他标准的基础并普遍适用，具有广泛指导意义的标准。

（2）产品标准。产品标准是为保证产品的适用性，对产品必须达到的某些或全部特性要求所制定的标准，包括：品种、规格、技术要求、试验方法、检验规则、包装、标志、运输和储存要求等。

（3）方法标准。方法标准是以试验、检查、分析、抽样、统计、计算、测定、作业等各种方法为对象而制定的标准。

（4）安全标准。安全标准是以保护人和物的安全为目的而制定的标准。

（5）卫生标准。卫生标准是为保护人的健康，对食品、医药及其他方面的卫生要求而制定的标准。

（6）环境保护标准。环境保护标准是为保护环境和有利于生态平衡，对大气、水体、土壤、噪声、振动、电磁波等环境质量、污染管理、监测方法及其他事项而制定的标准。

以上四种标准分类法的关系如图 1-1 所示。每一种分法之一的标准共同组合成一项标准，因此，四种分法共可组成 $2 \times 4 \times 3 \times 6 = 144$ 类标准。

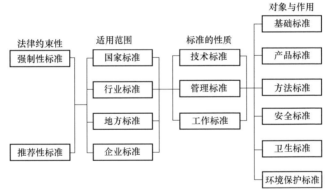

图 1-1　安全生产标准分类法关系图

第二节　安全生产法律

一、《中华人民共和国宪法》中对安全生产的规定

第四十二条　中华人民共和国公民有劳动的权利和义务。

国家通过各种途径，创造劳动就业条件，加强劳动保护，改善劳动条件，并在发展生产的基础上，提高劳动报酬和福利待遇。

劳动是一切有劳动能力的公民的光荣职责。国有企业和城乡集体经济组织的劳动者都应当以国家主人翁的态度对待自己的劳动。国家提倡社会主义劳动竞赛，奖励劳动模范和先进工作者。国家提倡公民从事义务劳动。

国家对就业前的公民进行必要的劳动就业训练。

第四十三条 中华人民共和国劳动者有休息的权利。

国家发展劳动者休息和休养的设施，规定员工的工作时间和休假制度。

二、《中华人民共和国刑法》中对安全事故责任追究的规定

第一百三十三条 【交通肇事罪】违反交通运输管理法规，因而发生重大事故，致人重伤、死亡或者使公私财产遭受重大损失的，处三年以下有期徒刑或者拘役；交通运输肇事后逃逸或者有其他特别恶劣情节的，处三年以上七年以下有期徒刑；因逃逸致人死亡的，处七年以上有期徒刑。

在道路上驾驶机动车追逐竞驶，情节恶劣的，或者在道路上醉酒驾驶机动车的，处拘役，并处罚金。

有前款行为，同时构成其他犯罪的，依照处罚较重的规定定罪处罚。

第一百三十四条 【重大责任事故罪；强令违章冒险作业罪】在生产、作业中违反有关安全管理的规定，因而发生重大伤亡事故或者造成其他严重后果的，处三年以下有期徒刑或者拘役；情节特别恶劣的，处三年以上七年以下有期徒刑。

强令他人违章冒险作业，因而发生重大伤亡事故或者造成其他严重后果的，处五年以下有期徒刑或者拘役；情节特别恶劣的，处五年以上有期徒刑。

第一百三十五条 【重大劳动安全事故罪；大型群众性活动重大安全事故罪】安全生产设施或者安全生产条件不符合国家规定，因而发生重大伤亡事故或者造成其他严重后果的，对直接负责的主管人员和其他直接责任人员，处三年以下有期徒刑或者拘役；情节特别恶劣的，处三年以上七年以下有期徒刑。

举办大型群众性活动违反安全管理规定，因而发生重大伤亡事故或者造成其他严重后果的，对直接负责的主管人员和其他直接责任人员，处三年以下有期徒刑或者拘役；情节特别恶劣的，处三年以上七年以下有期徒刑。

第一百三十六条 【危险物品肇事罪】违反爆炸性、易燃性、放射性、毒害性、腐蚀性物品的管理规定，在生产、储存、运输、使用中发生重大事故，造成严重后果的，处三年以下有期徒刑或者拘役；后果特别严重的，处三年以上七年以下有期徒刑。

第一百三十七条 【工程重大安全事故罪】建设单位、设计单位、施工单位、工程监理单位违反国家规定，降低工程质量标准，造成重大安全事故的，对直接责任人员，处五年以下有期徒刑或者拘役，并处罚金；后果特别严重的，处五年以上十年以下有期徒刑，并处罚金。

第一百三十八条 【教育设施重大安全事故罪】明知校舍或者教育教学设施

有危险，而不采取措施或者不及时报告，致使发生重大伤亡事故的，对直接责任人员，处三年以下有期徒刑或者拘役；后果特别严重的，处三年以上七年以下有期徒刑。

第一百三十九条【消防责任事故罪；不报、谎报安全事故罪】违反消防管理法规，经消防监督机构通知采取改正措施而拒绝执行，造成严重后果的，对直接责任人员，处三年以下有期徒刑或者拘役；后果特别严重的，处三年以上七年以下有期徒刑。

在安全事故发生后，负有报告职责的人员不报或者谎报事故情况，贻误事故抢救，情节严重的，处三年以下有期徒刑或者拘役；情节特别严重的，处三年以上七年以下有期徒刑。

第一百四十六条【生产、销售不符合安全标准的产品罪】生产不符合保障人身、财产安全的国家标准、行业标准的电器、压力容器、易燃易爆产品或者其他不符合保障人身、财产安全的国家标准、行业标准的产品，或者销售明知是以上不符合保障人身、财产安全的国家标准、行业标准的产品，造成严重后果的，处五年以下有期徒刑，并处销售金额50%以上二倍以下罚金；后果特别严重的，处五年以上有期徒刑，并处销售金额50%以上二倍以下罚金。

第三百九十七条【滥用职权罪；玩忽职守罪】国家机关工作人员滥用职权或者玩忽职守，致使公共财产、国家和人民利益遭受重大损失的，处三年以下有期徒刑或者拘役；情节特别严重的，处三年以上七年以下有期徒刑。《中华人民共和国刑法》另有规定的，依照规定。

国家机关工作人员徇私舞弊，犯前款罪的，处五年以下有期徒刑或者拘役；情节特别严重的，处五年以上十年以下有期徒刑。《中华人民共和国刑法》另有规定的，依照规定。

三、《中华人民共和国安全生产法》（摘录）

2002年6月29日，《中华人民共和国安全生产法》（以下简称《安全生产法》）经全国人大九届第二十八次常委会表决通过，当日由国家主席江泽民签署第70号令主席令予以公布，自2002年11月1日起施行。《安全生产法》的公布实施，是我国安全生产领域影响深远的一件大事，是安全生产法制建设的里程碑。

2014年8月31日，《中华人民共和国安全生产法》（2014年修订版）经全国人大十二届第十次常委会表决通过，当日由国家主席习近平签署第13号主席令予以公布，自2014年12月1日起施行。标志着我国安全生产法治建设进入一个新的阶段。

1．总则

（1）为了加强安全生产工作，防止和减少生产安全事故，保障人民群众生命和财产安全，促进经济社会持续健康发展，制定《安全生产法》。

（2）在中华人民共和国领域内从事生产经营活动的单位（以下统称生产经营单位）的安全生产，适用《安全生产法》；有关法律、行政法规对消防安全和道路交通安全、铁路交通安全、水上交通安全、民用航空安全以及核与辐射安全、特种设备安全另有规定的，适用其规定。

（3）安全生产工作应当以人为本，坚持安全发展，坚持安全第一、预防为主、综合治理的方针，强化和落实生产经营单位的主体责任，建立生产经营单位负责、员工参与、政府监管、行业自律和社会监督的机制。

（4）生产经营单位必须遵守《安全生产法》和其他有关安全生产的法律、法规，加强安全生产管理，建立、健全安全生产责任制和安全生产规章制度，改善安全生产条件，推进安全生产标准化建设，提高安全生产水平，确保安全生产。

（5）生产经营单位的主要负责人对本单位的安全生产工作全面负责。

（6）生产经营单位的从业人员有依法获得安全生产保障的权利，并应当依法履行安全生产方面的义务。

（7）工会依法对安全生产工作进行监督。

生产经营单位的工会依法组织员工参加本单位安全生产工作的民主管理和民主监督，维护员工在安全生产方面的合法权益。生产经营单位制定或者修改有关安全生产的规章制度，应当听取工会的意见。

（8）国务院和县级以上地方各级人民政府应当根据国民经济和社会发展规划制定安全生产规划，并组织实施。安全生产规划应当与城乡规划相衔接。

国务院和县级以上地方各级人民政府应当加强对安全生产工作的领导，支持、督促各有关部门依法履行安全生产监督管理职责，建立健全安全生产工作协调机制，及时协调、解决安全生产监督管理中存在的重大问题。

乡、镇人民政府以及街道办事处、开发区管理机构等地方人民政府的派出机关应当按照职责，加强对本行政区域内生产经营单位安全生产状况的监督检查，协助上级人民政府有关部门依法履行安全生产监督管理职责。

（9）国务院安全生产监督管理部门依照《安全生产法》，对全国安全生产工作实施综合监督管理；县级以上地方各级人民政府安全生产监督管理部门依照《安全生产法》，对本行政区域内安全生产工作实施综合监督管理。

国务院有关部门依照《安全生产法》和其他有关法律、行政法规的规定，在各自的职责范围内对有关行业、领域的安全生产工作实施监督管理；县级以上地方各级人民政府有关部门依照《安全生产法》和其他有关法律、法规的规定，在各自的职责范围内对有关行业、领域的安全生产工作实施监督管理。

安全生产监督管理部门和对有关行业、领域的安全生产工作实施监督管理的部门，统称负有安全生产监督管理职责的部门。

（10）国务院有关部门应当按照保障安全生产的要求，依法及时制定有关的国家标准或者行业标准，并根据科技进步和经济发展适时修订。

生产经营单位必须执行依法制定的保障安全生产的国家标准或者行业标准。

（11）各级人民政府及其有关部门应当采取多种形式，加强对有关安全生产的法律、法规和安全生产知识的宣传，增强全社会的安全生产意识。

（12）有关协会组织依照法律、行政法规和章程，为生产经营单位提供安全生产方面的信息、培训等服务，发挥自律作用，促进生产经营单位加强安全生产管理。

（13）依法设立的为安全生产提供技术、管理服务的机构，依照法律、行政法规和执业准则，接受生产经营单位的委托为其安全生产工作提供技术、管理服务。

生产经营单位委托前款规定的机构提供安全生产技术、管理服务的，保证安全生产的责任仍由本单位负责。

（14）国家实行生产安全事故责任追究制度，依照《安全生产法》和有关法律、法规的规定，追究生产安全事故责任人员的法律责任。

（15）国家鼓励和支持安全生产科学技术研究和安全生产先进技术的推广应用，提高安全生产水平。

（16）国家对在改善安全生产条件、防止生产安全事故、参加抢险救护等方面取得显著成绩的单位和个人，给予奖励。

2. 生产经营单位的安全生产保障

（1）生产经营单位应当具备《安全生产法》和有关法律、行政法规和国家标准或者行业标准规定的安全生产条件；不具备安全生产条件的，不得从事生产经营活动。

（2）生产经营单位的主要负责人对本单位安全生产工作负有下列职责：

1）建立、健全本单位安全生产责任制；

2）组织制定本单位安全生产规章制度和操作规程；

3）组织制定并实施本单位安全生产教育和培训计划；

4）保证本单位安全生产投入的有效实施；

5）督促、检查本单位的安全生产工作，及时消除生产安全事故隐患；

6）组织制定并实施本单位的生产安全事故应急救援预案；

7）及时、如实报告生产安全事故。

（3）生产经营单位的安全生产责任制应当明确各岗位的责任人员、责任范围和考核标准等内容。

生产经营单位应当建立相应的机制，加强对安全生产责任制落实情况的监督考核，保证安全生产责任制的落实。

（4）生产经营单位应当具备的安全生产条件所必需的资金投入，由生产经营单位的决策机构、主要负责人或者个人经营的投资人予以保证，并对由于安全生产所必需的资金投入不足导致的后果承担责任。

有关生产经营单位应当按照规定提取和使用安全生产费用，专门用于改善安全生产条件。安全生产费用在成本中据实列支。安全生产费用提取、使用和监督管理的具体办法由国务院财政部门会同国务院安全生产监督管理部门征求国务院有关部门意见后制定。

（5）矿山、金属冶炼、建筑施工、道路运输单位和危险物品的生产、经营、储存单位，应当设置安全生产管理机构或者配备专职安全生产管理人员。其他生产经营单位，从业人员超过一百人的，应当设置安全生产管理机构或者配备专职安全生产管理人员；从业人员在一百人以下的，应当配备专职或者兼职的安全生产管理人员。

（6）生产经营单位的安全生产管理机构以及安全生产管理人员履行下列职责：

1）组织或者参与拟定本单位安全生产规章制度、操作规程和生产安全事故应急救援预案；

2）组织或者参与本单位安全生产教育和培训，如实记录安全生产教育和培训情况；

3）督促落实本单位重大危险源的安全管理措施；

4）组织或者参与本单位应急救援演练；

5）检查本单位的安全生产状况，及时排查生产安全事故隐患，提出改进安全生产管理的建议；

6）制止和纠正违章指挥、强令冒险作业、违反操作规程的行为；

7）督促落实本单位安全生产整改措施。

（7）生产经营单位的安全生产管理机构以及安全生产管理人员应当恪尽职守，依法履行职责。

生产经营单位作出涉及安全生产的经营决策，应当听取安全生产管理机构以及安全生产管理人员的意见。

生产经营单位不得因安全生产管理人员依法履行职责而降低其工资、福利等待遇或者解除与其订立的劳动合同。

危险物品的生产、储存单位以及矿山、金属冶炼单位的安全生产管理人员的任免，应当告知主管的负有安全生产监督管理职责的部门。

（8）生产经营单位的主要负责人和安全生产管理人员必须具备与本单位所从事的生产经营活动相应的安全生产知识和管理能力。

危险物品的生产、经营、储存单位以及矿山、金属冶炼、建筑施工、道路运输单位的主要负责人和安全生产管理人员，应当由主管的负有安全生产监督管理职责的部门对其安全生产知识和管理能力考核合格。考核不得收费。

危险物品的生产、储存单位以及矿山、金属冶炼单位应当有注册安全工程师从事安全生产管理工作。鼓励其他生产经营单位聘用注册安全工程师从事安全生产管理工作。注册安全工程师按专业分类管理，具体办法由国务院人力资源和社会保障部门、国务院安全生产监督管理部门会同国务院有关部门制定。

（9）生产经营单位应当对从业人员进行安全生产教育和培训，保证从业人员具备必要的安全生产知识，熟悉有关的安全生产规章制度和安全操作规程，掌握本岗位的安全操作技能，了解事故应急处理措施，知悉自身在安全生产方面的权利和义务。未经安全生产教育和培训合格的从业人员，不得上岗作业。

生产经营单位使用被派遣劳动者的，应当将被派遣劳动者纳入本单位从业人员统一管理，对被派遣劳动者进行岗位安全操作规程和安全操作技能的教育和培训。劳务派遣单位应当对被派遣劳动者进行必要的安全生产教育和培训。

生产经营单位接收中等职业学校、高等学校学生实习的，应当对实习学生进行相应的安全生产教育和培训，提供必要的劳动防护用品。学校应当协助生产经营单位对实习学生进行安全生产教育和培训。

生产经营单位应当建立安全生产教育和培训档案，如实记录安全生产教育和培训的时间、内容、参加人员以及考核结果等情况。

（10）生产经营单位采用新工艺、新技术、新材料或者使用新设备，必须了解、掌握其安全技术特性，采取有效的安全防护措施，并对从业人员进行专门的安全生产教育和培训。

（11）生产经营单位的特种作业人员必须按照国家有关规定经专门的安全作业培训，取得相应资格，方可上岗作业。

特种作业人员的范围由国务院安全生产监督管理部门会同国务院有关部门确定。

（12）生产经营单位新建、改建、扩建工程项目（以下统称建设项目）的安全设施，必须与主体工程同时设计、同时施工、同时投入生产和使用。安全设施投资应当纳入建设项目概算。

（13）矿山、金属冶炼建设项目和用于生产、储存、装卸危险物品的建设项目，应当按照国家有关规定进行安全评价。

（14）建设项目安全设施的设计人、设计单位应当对安全设施设计负责。

矿山、金属冶炼建设项目和用于生产、储存、装卸危险物品的建设项目的安全设施设计应当按照国家有关规定报经有关部门审查，审查部门及其负责审查的人员对审查结果负责。

（15）矿山、金属冶炼建设项目和用于生产、储存、装卸危险物品的建设项目的施工单位必须按照批准的安全设施设计施工，并对安全设施的工程质量负责。

矿山、金属冶炼建设项目和用于生产、储存危险物品的建设项目竣工投入生产或者使用前，应当由建设单位负责组织对安全设施进行验收；验收合格后，方可投入生产和使用。安全生产监督管理部门应当加强对建设单位验收活动和验收结果的监督核查。

（16）生产经营单位应当在有较大危险因素的生产经营场所和有关设施、设备上，设置明显的安全警示标志。

（17）安全设备的设计、制造、安装、使用、检测、维修、改造和报废，应当符合国家标准或者行业标准。

生产经营单位必须对安全设备进行经常性维护、保养，并定期检测，保证正常运转。维护、保养、检测应当作好记录，并由有关人员签字。

（18）生产经营单位使用的危险物品的容器、运输工具，以及涉及人身安全、危险性较大的海洋石油开采特种设备和矿山井下特种设备，必须按照国家有关规定，由专业生产单位生产，并经具有专业资质的检测、检验机构检测、检验合格，取得安全使用证或者安全标志，方可投入使用。检测、检验机构对检测、检验结果负责。

（19）国家对严重危及生产安全的工艺、设备实行淘汰制度，具体目录由国务院安全生产监督管理部门会同国务院有关部门制定并公布。法律、行政法规对目录的制定另有规定的，适用其规定。

省、自治区、直辖市人民政府可以根据本地区实际情况制定并公布具体目录，对前款规定以外的危及生产安全的工艺、设备予以淘汰。

生产经营单位不得使用应当淘汰的危及生产安全的工艺、设备。

（20）生产、经营、运输、储存、使用危险物品或者处置废弃危险物品的，由有关主管部门依照有关法律、法规的规定和国家标准或者行业标准审批并实施监督管理。

生产经营单位生产、经营、运输、储存、使用危险物品或者处置废弃危险物品，必须执行有关法律、法规和国家标准或者行业标准，建立专门的安全管理制度，采取可靠的安全措施，接受有关主管部门依法实施的监督管理。

（21）生产经营单位对重大危险源应当登记建档，进行定期检测、评估、监控，并制定应急预案，告知从业人员和相关人员在紧急情况下应当采取的应急措施。

生产经营单位应当按照国家有关规定将本单位重大危险源及有关安全措施、应急措施报有关地方人民政府安全生产监督管理部门和有关部门备案。

（22）生产经营单位应当建立健全生产安全事故隐患排查治理制度，采取技术、管理措施，及时发现并消除事故隐患。事故隐患排查治理情况应当如实记录，并向从业人员通报。

县级以上地方各级人民政府负有安全生产监督管理职责的部门应当建立健全重大事故隐患治理督办制度，督促生产经营单位消除重大事故隐患。

（23）生产、经营、储存、使用危险物品的车间、商店、仓库不得与员工宿舍在同一座建筑物内，并应当与员工宿舍保持安全距离。

生产经营场所和员工宿舍应当设有符合紧急疏散要求、标志明显、保持畅通的出口。禁止锁闭、封堵生产经营场所或者员工宿舍的出口。

（24）生产经营单位进行爆破、吊装以及国务院安全生产监督管理部门会同国务院有关部门规定的其他危险作业，应当安排专门人员进行现场安全管理，确保操作规程的遵守和安全措施的落实。

（25）生产经营单位应当教育和督促从业人员严格执行本单位的安全生产规章制度和安全操作规程；并向从业人员如实告知作业场所和工作岗位存在的危险因素、防范措施以及事故应急措施。

（26）生产经营单位必须为从业人员提供符合国家标准或者行业标准的劳动防护用品，并监督、教育从业人员按照使用规则佩戴、使用。

（27）生产经营单位的安全生产管理人员应当根据本单位的生产经营特点，

对安全生产状况进行经常性检查；对检查中发现的安全问题，应当立即处理；不能处理的，应当及时报告本单位有关负责人，有关负责人应当及时处理。检查及处理情况应当如实记录在案。

生产经营单位的安全生产管理人员在检查中发现重大事故隐患，依照前款规定向本单位有关负责人报告，有关负责人不及时处理的，安全生产管理人员可以向主管的负有安全生产监督管理职责的部门报告，接到报告的部门应当依法及时处理。

（28）生产经营单位应当安排用于配备劳动防护用品、进行安全生产培训的经费。

（29）两个以上生产经营单位在同一作业区域内进行生产经营活动，可能危及对方生产安全的，应当签订安全生产管理协议，明确各自的安全生产管理职责和应当采取的安全措施，并指定专职安全生产管理人员进行安全检查与协调。

（30）生产经营单位不得将生产经营项目、场所、设备发包或者出租给不具备安全生产条件或者相应资质的单位或者个人。

生产经营项目、场所发包或者出租给其他单位的，生产经营单位应当与承包单位、承租单位签订专门的安全生产管理协议，或者在承包合同、租赁合同中约定各自的安全生产管理职责；生产经营单位对承包单位、承租单位的安全生产工作统一协调、管理，定期进行安全检查，发现安全问题的，应当及时督促整改。

（31）生产经营单位发生生产安全事故时，单位的主要负责人应当立即组织抢救，并不得在事故调查处理期间擅离职守。

（32）生产经营单位必须依法参加工伤保险，为从业人员缴纳保险费。国家鼓励生产经营单位投保安全生产责任保险。

3. 从业人员的安全生产权利义务

（1）生产经营单位与从业人员订立的劳动合同，应当载明有关保障从业人员劳动安全、防止职业危害的事项，以及依法为从业人员办理工伤保险的事项。

生产经营单位不得以任何形式与从业人员订立协议，免除或者减轻其对从业人员因生产安全事故伤亡依法应承担的责任。

（2）生产经营单位的从业人员有权了解其作业场所和工作岗位存在的危险因素、防范措施及事故应急措施，有权对本单位的安全生产工作提出建议。

（3）从业人员有权对本单位安全生产工作中存在的问题提出批评、检举、控告；有权拒绝违章指挥和强令冒险作业。

生产经营单位不得因从业人员对本单位安全生产工作提出批评、检举、控告或者拒绝违章指挥、强令冒险作业而降低其工资、福利等待遇或者解除与其订立的劳动合同。

（4）从业人员发现直接危及人身安全的紧急情况时，有权停止作业或者在采取可能的应急措施后撤离作业场所。

生产经营单位不得因从业人员在前款紧急情况下停止作业或者采取紧急撤离措施而降低其工资、福利等待遇或者解除与其订立的劳动合同。

（5）因生产安全事故受到损害的从业人员，除依法享有工伤保险外，依照有关民事法律尚有获得赔偿的权利的，有权向本单位提出赔偿要求。

（6）从业人员在作业过程中，应当严格遵守本单位的安全生产规章制度和操作规程，服从管理，正确佩戴和使用劳动防护用品。

（7）从业人员应当接受安全生产教育和培训，掌握本职工作所需的安全生产知识，提高安全生产技能，增强事故预防和应急处理能力。

（8）从业人员发现事故隐患或者其他不安全因素，应当立即向现场安全生产管理人员或者本单位负责人报告；接到报告的人员应当及时予以处理。

（9）工会有权对建设项目的安全设施与主体工程同时设计、同时施工、同时投入生产和使用进行监督，提出意见。

工会对生产经营单位违反安全生产法律、法规，侵犯从业人员合法权益的行为，有权要求纠正；发现生产经营单位违章指挥、强令冒险作业或者发现事故隐患时，有权提出解决的建议，生产经营单位应当及时研究答复；发现危及从业人员生命安全的情况时，有权向生产经营单位建议组织从业人员撤离危险场所，生产经营单位必须立即作出处理。

工会有权依法参加事故调查，向有关部门提出处理意见，并要求追究有关人员的责任。

（10）生产经营单位使用被派遣劳动者的，被派遣劳动者享有《安全生产法》规定的从业人员的权利，并应当履行《安全生产法》规定的从业人员的义务。

4. 安全生产的监督管理

（1）县级以上地方各级人民政府应当根据本行政区域内的安全生产状况，组织有关部门按照职责分工，对本行政区域内容易发生重大生产安全事故的生产经营单位进行严格检查。

安全生产监督管理部门应当按照分类分级监督管理的要求，制定安全生产年度监督检查计划，并按照年度监督检查计划进行监督检查，发现事故隐患，应当及时处理。

（2）负有安全生产监督管理职责的部门依照有关法律、法规的规定，对涉及安全生产的事项需要审查批准（包括批准、核准、许可、注册、认证、颁发证照等，下同）或者验收的，必须严格依照有关法律、法规和国家标准或者行业标准规定的安全生产条件和程序进行审查；不符合有关法律、法规和国家标准或者行业标准规定的安全生产条件的，不得批准或者验收通过。对未依法取得批准或者验收合格的单位擅自从事有关活动的，负责行政审批的部门发现或者接到举报后应当立即予以取缔，并依法予以处理。对已经依法取得批准的单位，负责行政审批的部门发现其不再具备安全生产条件的，应当撤销原批准。

（3）负有安全生产监督管理职责的部门对涉及安全生产的事项进行审查、验收，不得收取费用；不得要求接受审查、验收的单位购买其指定品牌或者指定生产、销售单位的安全设备、器材或者其他产品。

（4）安全生产监督管理部门和其他负有安全生产监督管理职责的部门依法开展安全生产行政执法工作，对生产经营单位执行有关安全生产的法律、法规和国家标准或者行业标准的情况进行监督检查，行使以下职权：

1）进入生产经营单位进行检查，调阅有关资料，向有关单位和人员了解情况；

2）对检查中发现的安全生产违法行为，当场予以纠正或者要求限期改正；对依法应当给予行政处罚的行为，依照《安全生产法》和其他有关法律、行政法规的规定作出行政处罚决定；

3）对检查中发现的事故隐患，应当责令立即排除；重大事故隐患排除前或者排除过程中无法保证安全的，应当责令从危险区域内撤出作业人员，责令暂时停产停业或者停止使用相关设施、设备；重大事故隐患排除后，经审查同意，方可恢复生产经营和使用；

4）对有根据认为不符合保障安全生产的国家标准或者行业标准的设施、设备、器材以及违法生产、储存、使用、经营、运输的危险物品予以查封或者扣押，对违法生产、储存、使用、经营危险物品的作业场所予以查封，并依法作出处理决定。

监督检查不得影响被检查单位的正常生产经营活动。

（5）生产经营单位对负有安全生产监督管理职责的部门的监督检查人员（以下统称安全生产监督检查人员）依法履行监督检查职责，应当予以配合，不得拒绝、阻挠。

（6）安全生产监督检查人员应当忠于职守，坚持原则，秉公执法。安全生产监督检查人员执行监督检查任务时，必须出示有效的监督执法证件；对涉及被检查单位的技术秘密和业务秘密，应当为其保密。

（7）安全生产监督检查人员应当将检查的时间、地点、内容、发现的问题及其处理情况，作出书面记录，并由检查人员和被检查单位的负责人签字；被检查单位的负责人拒绝签字的，检查人员应当将情况记录在案，并向负有安全生产监督管理职责的部门报告。

（8）负有安全生产监督管理职责的部门在监督检查中，应当互相配合，实行联合检查；确需分别进行检查的，应当互通情况，发现存在的安全问题应当由其他有关部门进行处理的，应当及时移送其他有关部门并形成记录备查，接受移送的部门应当及时进行处理。

（9）负有安全生产监督管理职责的部门依法对存在重大事故隐患的生产经营单位作出停产停业、停止施工、停止使用相关设施或者设备的决定，生产经营单位应当依法执行，及时消除事故隐患。生产经营单位拒不执行，有发生生产安全事故的现实危险的，在保证安全的前提下，经本部门主要负责人批准，负有安全生产监督管理职责的部门可以采取通知有关单位停止供电、停止供应民用爆炸物品等措施，强制生产经营单位履行决定。通知应当采用书面形式，有关单位应当予以配合。

负有安全生产监督管理职责的部门依照前款规定采取停止供电措施，除有危及生产安全的紧急情形外，应当提前 24 小时通知生产经营单位。生产经营单位依法履行行政决定、采取相应措施消除事故隐患的，负有安全生产监督管理职责的部门应当及时解除前款规定的措施。

（10）监察机关依照行政监察法的规定，对负有安全生产监督管理职责的部门及其工作人员履行安全生产监督管理职责实施监察。

（11）承担安全评价、认证、检测、检验的机构应当具备国家规定的资质条件，并对其作出的安全评价、认证、检测、检验的结果负责。

（12）负有安全生产监督管理职责的部门应当建立举报制度，公开举报电话、信箱或者电子邮件地址，受理有关安全生产的举报；受理的举报事项经调查核实后，应当形成书面材料；需要落实整改措施的，报经有关负责人签字并督促落实。

（13）任何单位或者个人对事故隐患或者安全生产违法行为，均有权向负有安全生产监督管理职责的部门报告或者举报。

（14）居民委员会、村民委员会发现其所在区域内的生产经营单位存在事故隐患或者安全生产违法行为时，应当向当地人民政府或者有关部门报告。

（15）县级以上各级人民政府及其有关部门对报告重大事故隐患或者举报安全生产违法行为的有功人员，给予奖励。具体奖励办法由国务院安全生产监督管理部门会同国务院财政部门制定。

（16）新闻、出版、广播、电影、电视等单位有进行安全生产公益宣传教育的义务，有对违反安全生产法律、法规的行为进行舆论监督的权利。

（17）负有安全生产监督管理职责的部门应当建立安全生产违法行为信息库，如实记录生产经营单位的安全生产违法行为信息；对违法行为情节严重的生产经营单位，应当向社会公告，并通报行业主管部门、投资主管部门、国土资源主管部门、证券监督管理机构以及有关金融机构。

5. 生产安全事故的应急救援与调查处理

（1）国家加强生产安全事故应急能力建设，在重点行业、领域建立应急救援基地和应急救援队伍，鼓励生产经营单位和其他社会力量建立应急救援队伍，配备相应的应急救援装备和物资，提高应急救援的专业化水平。

国务院安全生产监督管理部门建立全国统一的生产安全事故应急救援信息系统，国务院有关部门建立健全相关行业、领域的生产安全事故应急救援信息系统。

（2）县级以上地方各级人民政府应当组织有关部门制定本行政区域内生产安全事故应急救援预案，建立应急救援体系。

（3）生产经营单位应当制定本单位生产安全事故应急救援预案，与所在地县级以上地方人民政府组织制定的生产安全事故应急救援预案相衔接，并定期组织演练。

（4）危险物品的生产、经营、储存单位以及矿山、金属冶炼、城市轨道交通运营、建筑施工单位应当建立应急救援组织；生产经营规模较小的，可以不建立应急救援组织，但应当指定兼职的应急救援人员。

危险物品的生产、经营、储存、运输单位以及矿山、金属冶炼、城市轨道交通运营、建筑施工单位应当配备必要的应急救援器材、设备和物资，并进行经常性维护、保养，保证正常运转。

（5）生产经营单位发生生产安全事故后，事故现场有关人员应当立即报告本单位负责人。

单位负责人接到事故报告后，应当迅速采取有效措施，组织抢救，防止事故扩大，减少人员伤亡和财产损失，并按照国家有关规定立即如实报告当地负有安全生产监督管理职责的部门，不得隐瞒不报、谎报或者迟报，不得故意破坏事故现场、毁灭有关证据。

（6）负有安全生产监督管理职责的部门接到事故报告后，应当立即按照国家有关规定上报事故情况。负有安全生产监督管理职责的部门和有关地方人民政府对事故情况不得隐瞒不报、谎报或者迟报。

（7）有关地方人民政府和负有安全生产监督管理职责的部门的负责人接到生产安全事故报告后，应当按照生产安全事故应急救援预案的要求立即赶到事故现场，组织事故抢救。

参与事故抢救的部门和单位应当服从统一指挥，加强协同联动，采取有效的应急救援措施，并根据事故救援的需要采取警戒、疏散等措施，防止事故扩大和次生灾害的发生，减少人员伤亡和财产损失。

事故抢救过程中应当采取必要措施，避免或者减少对环境造成的危害任何单位和个人都应当支持、配合事故抢救，并提供一切便利条件。

（8）事故调查处理应当按照科学严谨、依法依规、实事求是、注重实效的原则，及时、准确地查清事故原因，查明事故性质和责任，总结事故教训，提出整改措施，并对事故责任者提出处理意见。事故调查报告应当依法及时向社会公布。事故调查和处理的具体办法由国务院制定。

事故发生单位应当及时全面落实整改措施，负有安全生产监督管理职责的部门应当加强监督检查。

（9）生产经营单位发生生产安全事故，经调查确定为责任事故的，除了应当查明事故单位的责任并依法予以追究外，还应当查明对安全生产的有关事项负有审查批准和监督职责的行政部门的责任，对有失职、渎职行为的，依照《安全生产法》第八十七条的规定追究法律责任。

（10）任何单位和个人不得阻挠和干涉对事故的依法调查处理。

（11）县级以上地方各级人民政府安全生产监督管理部门应当定期统计分析本行政区域内发生生产安全事故的情况，并定期向社会公布。

6. 法律责任

（1）负有安全生产监督管理职责的部门的工作人员，有下列行为之一的，给予降级或者撤职的处分；构成犯罪的，依照刑法有关规定追究刑事责任：

1）对不符合法定安全生产条件的涉及安全生产的事项予以批准或者验收通过的；

2）发现未依法取得批准、验收的单位擅自从事有关活动或者接到举报后不予取缔或者不依法予以处理的；

3）对已经依法取得批准的单位不履行监督管理职责，发现其不再具备安全生产条件而不撤销原批准或者发现安全生产违法行为不予查处的；

4）在监督检查中发现重大事故隐患，不依法及时处理的。

负有安全生产监督管理职责的部门的工作人员有前款规定以外的滥用职权、玩忽职守、徇私舞弊行为的，依法给予处分；构成犯罪的，依照刑法有关规定追究刑事责任。

（2）负有安全生产监督管理职责的部门，要求被审查、验收的单位购买其指定的安全设备、器材或者其他产品的，在对安全生产事项的审查、验收中收取费用的，由其上级机关或者监察机关责令改正，责令退还收取的费用；情节严重的，对直接负责的主管人员和其他直接责任人员依法给予处分。

（3）承担安全评价、认证、检测、检验工作的机构，出具虚假证明的，没收违法所得；违法所得在10万元以上的，并处违法所得二倍以上五倍以下的罚款；没有违法所得或者违法所得不足10万元的，单处或者并处10万元以上20万元以下的罚款；对其直接负责的主管人员和其他直接责任人员处2万元以上5万元以下的罚款；给他人造成损害的，与生产经营单位承担连带赔偿责任；构成犯罪的，依照刑法有关规定追究刑事责任。对有违法行为的机构，吊销其相应资质。

（4）生产经营单位的决策机构、主要负责人或者个人经营的投资人不依照《安全生产法》规定保证安全生产所必需的资金投入，致使生产经营单位不具备安全生产条件的，责令限期改正，提供必需的资金；逾期未改正的，责令生产经营单位停产停业整顿。有违法行为，导致发生生产安全事故的，对生产经营单位的主要负责人给予撤职处分，对个人经营的投资人处2万元以上20万元以下的罚款；构成犯罪的，依照刑法有关规定追究刑事责任。

（5）生产经营单位的主要负责人未履行《安全生产法》规定的安全生产管理职责的，责令限期改正；逾期未改正的，处2万元以上5万元以下的罚款，责令生产经营单位停产停业整顿。生产经营单位的主要负责人有违法行为，导致发生生产安全事故的，给予撤职处分；构成犯罪的，依照刑法有关规定追究刑事责任。生产经营单位的主要负责人依照规定受刑事处罚或者撤职处分的，自刑罚执行完毕或者受处分之日起，五年内不得担任任何生产经营单位的主要负责人；对重大、特别重大生产安全事故负有责任的，终身不得担任本行业生产经营单位的主要负责人。

（6）生产经营单位的主要负责人未履行《安全生产法》规定的安全生产管

理职责，导致发生生产安全事故的，由安全生产监督管理部门依照下列规定处以罚款：

1）发生一般事故的，处上一年年收入 30% 的罚款；

2）发生较大事故的，处上一年年收入 40% 的罚款；

3）发生重大事故的，处上一年年收入 60% 的罚款；

4）发生特别重大事故的，处上一年年收入 80% 的罚款。

（7）生产经营单位的安全生产管理人员未履行《安全生产法》规定的安全生产管理职责的，责令限期改正；导致发生生产安全事故的，暂停或者撤销其与安全生产有关的资格；构成犯罪的，依照刑法有关规定追究刑事责任。

（8）生产经营单位有下列行为之一的，责令限期改正，可以处 5 万元以下的罚款；逾期未改正的，责令停产停业整顿，并处 5 万元以上 10 万元以下的罚款，对其直接负责的主管人员和其他直接责任人员处 1 万元以上 2 万元以下的罚款：

1）未按照规定设置安全生产管理机构或者配备安全生产管理人员的；

2）危险物品的生产、经营、储存单位以及矿山、金属冶炼、建筑施工、道路运输单位的主要负责人和安全生产管理人员未按照规定经考核合格的；

3）未按照规定对从业人员、被派遣劳动者、实习学生进行安全生产教育和培训，或者未按照规定如实告知有关的安全生产事项的；

4）未如实记录安全生产教育和培训情况的；

5）未将事故隐患排查治理情况如实记录或者未向从业人员通报的；

6）未按照规定制定生产安全事故应急救援预案或者未定期组织演练的；

7）特种作业人员未按照规定经专门的安全作业培训并取得相应资格，上岗作业的。

（9）生产经营单位有下列行为之一的，责令停止建设或者停产停业整顿，限期改正；逾期未改正的，处 50 万元以上 100 万元以下的罚款，对其直接负责的主管人员和其他直接责任人员处 2 万元以上 5 万元以下的罚款；构成犯罪的，依照刑法有关规定追究刑事责任：

1）未按照规定对矿山、金属冶炼建设项目或者用于生产、储存、装卸危险物品的建设项目进行安全评价的；

2）矿山、金属冶炼建设项目或者用于生产、储存、装卸危险物品的建设项目没有安全设施设计或者安全设施设计未按照规定报经有关部门审查同意的；

3）矿山、金属冶炼建设项目或者用于生产、储存、装卸危险物品的建设项目的施工单位未按照批准的安全设施设计施工的；

4）矿山、金属冶炼建设项目或者用于生产、储存危险物品的建设项目竣工投入生产或者使用前，安全设施未经验收合格的。

（10）生产经营单位有下列行为之一的，责令限期改正，可以处 5 万元以下的罚款；逾期未改正的，处 5 万元以上 20 万元以下的罚款，对其直接负责的主管人员和其他直接责任人员处 1 万元以上 2 万元以下的罚款；情节严重的，责令停产停业整顿；构成犯罪的，依照刑法有关规定追究刑事责任：

1）未在有较大危险因素的生产经营场所和有关设施、设备上设置明显的安全警示标志的；

2）安全设备的安装、使用、检测、改造和报废不符合国家标准或者行业标准的；

3）未对安全设备进行经常性维护、保养和定期检测的；

4）未为从业人员提供符合国家标准或者行业标准的劳动防护用品的；

5）危险物品的容器、运输工具，以及涉及人身安全、危险性较大的海洋石油开采特种设备和矿山井下特种设备未经具有专业资质的机构检测、检验合格，取得安全使用证或者安全标志，投入使用的；

6）使用应当淘汰的危及生产安全的工艺、设备的。

（11）未经依法批准，擅自生产、经营、运输、储存、使用危险物品或者处置废弃危险物品的，依照有关危险物品安全管理的法律、行政法规的规定予以处罚；构成犯罪的，依照刑法有关规定追究刑事责任。

（12）生产经营单位有下列行为之一的，责令限期改正，可以处 10 万元以下的罚款；逾期未改正的，责令停产停业整顿，并处 10 万元以上 20 万元以下的罚款，对其直接负责的主管人员和其他直接责任人员处 2 万元以上 5 万元以下的罚款；构成犯罪的，依照刑法有关规定追究刑事责任：

1）生产、经营、运输、储存、使用危险物品或者处置废弃危险物品，未建立专门安全管理制度、未采取可靠的安全措施的；

2）对重大危险源未登记建档，或者未进行评估、监控，或者未制定应急预案的；

3）进行爆破、吊装以及国务院安全生产监督管理部门会同国务院有关部门规定的其他危险作业，未安排专门人员进行现场安全管理的；

4）未建立事故隐患排查治理制度的。

（13）生产经营单位未采取措施消除事故隐患的，责令立即消除或者限期消除；生产经营单位拒不执行的，责令停产停业整顿，并处 10 万元以上 50 万元以下的罚款，对其直接负责的主管人员和其他直接责任人员处 2 万元以上 5 万元以下的罚款。

（14）生产经营单位将生产经营项目、场所、设备发包或者出租给不具备安全生产条件或者相应资质的单位或者个人的，责令限期改正，没收违法所得；违法所得 10 万元以上的，并处违法所得二倍以上五倍以下的罚款；没有违法所得或者违法所得不足 10 万元的，单处或者并处 10 万元以上 20 万元以下的罚款；对其直接负责的主管人员和其他直接责任人员处 1 万元以上 2 万元以下的罚款；导致发生生产安全事故给他人造成损害的，与承包方、承租方承担连带赔偿责任。

生产经营单位未与承包单位、承租单位签订专门的安全生产管理协议或者未在承包合同、租赁合同中明确各自的安全生产管理职责，或者未对承包单位、承租单位的安全生产统一协调、管理的，责令限期改正，可以处 5 万元以下的罚款，对其直接负责的主管人员和其他直接责任人员可以处 1 万元以下的罚款；逾期未改正的，责令停产停业整顿。

（15）两个以上生产经营单位在同一作业区域内进行可能危及对方安全生产的生产经营活动，未签订安全生产管理协议或者未指定专职安全生产管理人员进行安全检查与协调的，责令限期改正，可以处 5 万元以下的罚款，对其直接负责的主管人员和其他直接责任人员可以处 1 万元以下的罚款；逾期未改正的，责令停产停业。

（16）生产经营单位有下列行为之一的，责令限期改正，可以处 5 万元以下的罚款，对其直接负责的主管人员和其他直接责任人员可以处 1 万元以下的罚款；逾期未改正的，责令停产停业整顿；构成犯罪的，依照刑法有关规定追究刑事责任：

1）生产、经营、储存、使用危险物品的车间、商店、仓库与员工宿舍在同一座建筑内，或者与员工宿舍的距离不符合安全要求的；

2）生产经营场所和员工宿舍未设有符合紧急疏散需要、标志明显、保持畅通的出口，或者锁闭、封堵生产经营场所或者员工宿舍出口的。

（17）生产经营单位与从业人员订立协议，免除或者减轻其对从业人员因生产安全事故伤亡依法应承担的责任的，该协议无效；对生产经营单位的主要负责人、个人经营的投资人处 2 万元以上 10 万元以下的罚款。

（18）生产经营单位的从业人员不服从管理，违反安全生产规章制度或者操作规程的，由生产经营单位给予批评教育，依照有关规章制度给予处分；构成犯罪的，依照刑法有关规定追究刑事责任。

（19）违反《安全生产法》规定，生产经营单位拒绝、阻碍负有安全生产监督管理职责的部门依法实施监督检查的，责令改正；拒不改正的，处 2 万元以上 20 万元以下的罚款；对其直接负责的主管人员和其他直接责任人员处 1 万元以上 2 万元以下的罚款；构成犯罪的，依照刑法有关规定追究刑事责任。

（20）生产经营单位的主要负责人在本单位发生生产安全事故时，不立即组织抢救或者在事故调查处理期间擅离职守或者逃匿的，给予降级、撤职的处分，并由安全生产监督管理部门处上一年年收入 60%～100% 的罚款；对逃匿的处 15 日以下拘留；构成犯罪的，依照刑法有关规定追究刑事责任。

生产经营单位的主要负责人对生产安全事故隐瞒不报、谎报或者迟报的，依照前款规定处罚。

（21）有关地方人民政府、负有安全生产监督管理职责的部门，对生产安全事故隐瞒不报、谎报或者迟报的，对直接负责的主管人员和其他直接责任人员依法给予处分；构成犯罪的，依照刑法有关规定追究刑事责任。

（22）生产经营单位不具备《安全生产法》和其他有关法律、行政法规和国家标准或者行业标准规定的安全生产条件，经停产停业整顿仍不具备安全生产条件的，予以关闭；有关部门应当依法吊销其有关证照。

（23）发生生产安全事故，对负有责任的生产经营单位除要求其依法承担相应的赔偿等责任外，由安全生产监督管理部门依照下列规定处以罚款：

1）发生一般事故的，处 20 万元以上 50 万元以下的罚款；

2）发生较大事故的，处 50 万元以上 100 万元以下的罚款；

3）发生重大事故的，处 100 万元以上 500 万元以下的罚款；

4）发生特别重大事故的，处 500 万元以上 1000 万元以下的罚款；情节特别严重的，处 1000 万元以上 2000 万元以下的罚款。

（24）《安全生产法》规定的行政处罚，由安全生产监督管理部门和其他负有安全生产监督管理职责的部门按照职责分工决定。予以关闭的行政处罚由负有安全生产监督管理职责的部门报请县级以上人民政府按照国务院规定的权限决定；给予拘留的行政处罚由公安机关依照治安管理处罚法的规定决定。

（25）生产经营单位发生生产安全事故造成人员伤亡、他人财产损失的，应当依法承担赔偿责任；拒不承担或者其负责人逃匿的，由人民法院依法强制执行。

生产安全事故的责任人未依法承担赔偿责任，经人民法院依法采取执行措施后，仍不能对受害人给予足额赔偿的，应当继续履行赔偿义务；受害人发现责任人有其他财产的，可以随时请求人民法院执行。

第三节 安全生产法规

一、《安全生产事故报告和调查处理条例》（摘录）

《生产安全事故报告和调查处理条例》于 2007 年 3 月 28 日国务院第 172 次常务会议审议通过，并于 2007 年 4 月 9 日以中华人民共和国国务院令第 493 号公布，自 2007 年 6 月 6 日起施行。

1. 总则

（1）为了规范生产安全事故的报告和调查处理，落实生产安全事故责任追究制度，防止和减少生产安全事故，根据《中华人民共和国安全生产法》和有关法律，制定本条例。

（2）生产经营活动中发生的造成人身伤亡或者直接经济损失的生产安全事故的报告和调查处理，适用本条例；环境污染事故、核设施事故、国防科研生产事故的报告和调查处理不适用本条例。

（3）根据生产安全事故（以下简称事故）造成的人员伤亡或者直接经济损失，事故一般分为以下等级：

1）特别重大事故，是指造成 30 人以上死亡，或者 100 人以上重伤（包括急性工业中毒，下同），或者 1 亿元以上直接经济损失的事故；

2）重大事故，是指造成 10 人以上 30 人以下死亡，或者 50 人以上 100 人以下重伤，或者 5000 万元以上 1 亿元以下直接经济损失的事故；

3）较大事故，是指造成 3 人以上 10 人以下死亡，或者 10 人以上 50 人以下重伤，或者 1000 万元以上 5000 万元以下直接经济损失的事故；

4）一般事故，是指造成 3 人以下死亡，或者 10 人以下重伤，或者 1000 万元以下直接经济损失的事故。

国务院安全生产监督管理部门可以会同国务院有关部门，制定事故等级划分的补充性规定。

本条第一款所称的"以上"包括本数，所称的"以下"不包括本数。

（4）事故报告应当及时、准确、完整，任何单位和个人对事故不得迟报、漏报、谎报或者瞒报。

事故调查处理应当坚持实事求是、尊重科学的原则，及时、准确地查清事故经过、事故原因和事故损失，查明事故性质，认定事故责任，总结事故教训，提出整改措施，并对事故责任者依法追究责任。

（5）县级以上人民政府应当依照本条例的规定，严格履行职责，及时、准确地完成事故调查处理工作。

事故发生地有关地方人民政府应当支持、配合上级人民政府或者有关部门的事故调查处理工作，并提供必要的便利条件。

参加事故调查处理的部门和单位应当互相配合，提高事故调查处理工作的效率。

（6）工会依法参加事故调查处理，有权向有关部门提出处理意见。

（7）任何单位和个人不得阻挠和干涉对事故的报告和依法调查处理。

（8）对事故报告和调查处理中的违法行为，任何单位和个人有权向安全生产监督管理部门、监察机关或者其他有关部门举报，接到举报的部门应当依法及时处理。

2．事故报告

（1）事故发生后，事故现场有关人员应当立即向本单位负责人报告；单位负责人接到报告后，应当于 1 小时内向事故发生地县级以上人民政府安全生产监督管理部门和负有安全生产监督管理职责的有关部门报告。

情况紧急时，事故现场有关人员可以直接向事故发生地县级以上人民政府安全生产监督管理部门和负有安全生产监督管理职责的有关部门报告。

（2）安全生产监督管理部门和负有安全生产监督管理职责的有关部门接到事故报告后，应当依照下列规定上报事故情况，并通知公安机关、劳动保障行政部门、工会和人民检察院：

1）特别重大事故、重大事故逐级上报至国务院安全生产监督管理部门和负有安全生产监督管理职责的有关部门；

2）较大事故逐级上报至省、自治区、直辖市人民政府安全生产监督管理部门和负有安全生产监督管理职责的有关部门；

3）一般事故上报至设区的市级人民政府安全生产监督管理部门和负有安全生产监督管理职责的有关部门。

安全生产监督管理部门和负有安全生产监督管理职责的有关部门依照前款规定上报事故情况，应当同时报告本级人民政府。国务院安全生产监督管理部门和负有安全生产监督管理职责的有关部门以及省级人民政府接到发生特别重大事故、重大事故的报告后，应当立即报告国务院。

必要时，安全生产监督管理部门和负有安全生产监督管理职责的有关部门可以越级上报事故情况。

（3）安全生产监督管理部门和负有安全生产监督管理职责的有关部门逐级上报事故情况，每级上报的时间不得超过2小时。

（4）报告事故应当包括下列内容：

1）事故发生单位概况；

2）事故发生的时间、地点以及事故现场情况；

3）事故的简要经过；

4）事故已经造成或者可能造成的伤亡人数（包括下落不明的人数）和初步估计的直接经济损失；

5）已经采取的措施；

6）其他应当报告的情况。

（5）事故报告后出现新情况的，应当及时补报。

自事故发生之日起30日内，事故造成的伤亡人数发生变化的，应当及时补报。道路交通事故、火灾事故自发生之日起7日内，事故造成的伤亡人数发生变化的，应当及时补报。

（6）事故发生单位负责人接到事故报告后，应当立即启动事故相应应急预案，或者采取有效措施，组织抢救，防止事故扩大，减少人员伤亡和财产损失。

（7）事故发生地有关地方人民政府、安全生产监督管理部门和负有安全生产监督管理职责的有关部门接到事故报告后，其负责人应当立即赶赴事故现场，组织事故救援。

（8）事故发生后，有关单位和人员应当妥善保护事故现场以及相关证据，任何单位和个人不得破坏事故现场、毁灭相关证据。

因抢救人员、防止事故扩大以及疏通交通等原因，需要移动事故现场物件的，应当做出标志，绘制现场简图并做出书面记录，妥善保存现场重要痕迹、物证。

（9）事故发生地公安机关根据事故的情况，对涉嫌犯罪的，应当依法立案侦查，采取强制措施和侦查措施。犯罪嫌疑人逃匿的，公安机关应当迅速追捕归案。

（10）安全生产监督管理部门和负有安全生产监督管理职责的有关部门应当建立值班制度，并向社会公布值班电话，受理事故报告和举报。

3. 事故调查

（1）特别重大事故由国务院或者国务院授权有关部门组织事故调查组进行

调查。

重大事故、较大事故、一般事故分别由事故发生地省级人民政府、设区的市级人民政府、县级人民政府负责调查。省级人民政府、设区的市级人民政府、县级人民政府可以直接组织事故调查组进行调查，也可以授权或者委托有关部门组织事故调查组进行调查。

未造成人员伤亡的一般事故，县级人民政府也可以委托事故发生单位组织事故调查组进行调查。

（2）上级人民政府认为必要时，可以调查由下级人民政府负责调查的事故。

自事故发生之日起30日内（道路交通事故、火灾事故自发生之日起7日内），因事故伤亡人数变化导致事故等级发生变化，依照本条例规定应当由上级人民政府负责调查的，上级人民政府可以另行组织事故调查组进行调查。

（3）特别重大事故以下等级事故，事故发生地与事故发生单位不在同一个县级以上行政区域的，由事故发生地人民政府负责调查，事故发生单位所在地人民政府应当派人参加。

（4）事故调查组的组成应当遵循精简、效能的原则。

根据事故的具体情况，事故调查组由有关人民政府、安全生产监督管理部门、负有安全生产监督管理职责的有关部门、监察机关、公安机关以及工会派人组成，并应当邀请人民检察院派人参加。

事故调查组可以聘请有关专家参与调查。

（5）事故调查组成员应当具有事故调查所需要的知识和专长，并与所调查的事故没有直接利害关系。

（6）事故调查组组长由负责事故调查的人民政府指定。事故调查组组长主持事故调查组的工作。

（7）事故调查组履行下列职责：

1）查明事故发生的经过、原因、人员伤亡情况及直接经济损失；

2）认定事故的性质和事故责任；

3）提出对事故责任者的处理建议；

4）总结事故教训，提出防范和整改措施；

5）提交事故调查报告。

（8）事故调查组有权向有关单位和个人了解与事故有关的情况，并要求其提供相关文件、资料，有关单位和个人不得拒绝。

事故发生单位的负责人和有关人员在事故调查期间不得擅离职守，并应当随时接受事故调查组的询问，如实提供有关情况。

事故调查中发现涉嫌犯罪的，事故调查组应当及时将有关材料或者其复印件移交司法机关处理。

（9）事故调查中需要进行技术鉴定的，事故调查组应当委托具有国家规定资质的单位进行技术鉴定。必要时，事故调查组可以直接组织专家进行技术鉴定。技术鉴定所需时间不计入事故调查期限。

（10）事故调查组成员在事故调查工作中应当诚信公正、恪尽职守，遵守事故调查组的纪律，保守事故调查的秘密。

未经事故调查组组长允许，事故调查组成员不得擅自发布有关事故的信息。

（11）事故调查组应当自事故发生之日起 60 日内提交事故调查报告；特殊情况下，经负责事故调查的人民政府批准，提交事故调查报告的期限可以适当延长，但延长的期限最长不超过 60 日。

（12）事故调查报告应当包括下列内容：

1）事故发生单位概况；

2）事故发生经过和事故救援情况；

3）事故造成的人员伤亡和直接经济损失；

4）事故发生的原因和事故性质；

5）事故责任的认定以及对事故责任者的处理建议；

6）事故防范和整改措施。

事故调查报告应当附具有关证据材料。事故调查组成员应当在事故调查报告上签名。

（13）事故调查报告报送负责事故调查的人民政府后，事故调查工作即告结束。事故调查的有关资料应当归档保存。

4. 事故处理

（1）重大事故、较大事故、一般事故，负责事故调查的人民政府应当自收到事故调查报告之日起 15 日内做出批复；特别重大事故，30 日内做出批复，特殊情况下，批复时间可以适当延长，但延长的时间最长不超过 30 日。

有关机关应当按照人民政府的批复，依照法律、行政法规规定的权限和程序，对事故发生单位和有关人员进行行政处罚，对负有事故责任的国家工作人员进行处分。

事故发生单位应当按照负责事故调查的人民政府的批复，对本单位负有事故责任的人员进行处理。

负有事故责任的人员涉嫌犯罪的，依法追究刑事责任。

（2）事故发生单位应当认真吸取事故教训，落实防范和整改措施，防止事故再次发生。防范和整改措施的落实情况应当接受工会和员工的监督。

安全生产监督管理部门和负有安全生产监督管理职责的有关部门应当对事故发生单位落实防范和整改措施的情况进行监督检查。

（3）事故处理的情况由负责事故调查的人民政府或者其授权的有关部门、机构向社会公布，依法应当保密的除外。

5．法律责任

（1）事故发生单位主要负责人有下列行为之一的，处上一年年收入40%～80%的罚款；属于国家工作人员的，并依法给予处分；构成犯罪的，依法追究刑事责任：

1）不立即组织事故抢救的；

2）迟报或者漏报事故的；

3）在事故调查处理期间擅离职守的。

（2）事故发生单位及其有关人员有下列行为之一的，对事故发生单位处100万元以上500万元以下的罚款；对主要负责人、直接负责的主管人员和其他直接责任人员处上一年年收入60%～100%的罚款；属于国家工作人员的，并依法给予处分；构成违反治安管理行为的，由公安机关依法给予治安管理处罚；构成犯罪的，依法追究刑事责任：

1）谎报或者瞒报事故的；

2）伪造或者故意破坏事故现场的；

3）转移、隐匿资金、财产，或者销毁有关证据、资料的；

4）拒绝接受调查或者拒绝提供有关情况和资料的；

5）在事故调查中作伪证或者指使他人作伪证的；

6）事故发生后逃匿的。

（3）事故发生单位对事故发生负有责任的，依照下列规定处以罚款：

1）发生一般事故的，处10万元以上20万元以下的罚款；

2）发生较大事故的，处20万元以上50万元以下的罚款；

3）发生重大事故的，处50万元以上200万元以下的罚款；

4）发生特别重大事故的，处200万元以上500万元以下的罚款。

（4）事故发生单位主要负责人未依法履行安全生产管理职责，导致事故发生的，依照下列规定处以罚款；属于国家工作人员的，并依法给予处分；构成犯罪的，依法追究刑事责任：

1）发生一般事故的，处上一年年收入 30%的罚款；

2）发生较大事故的，处上一年年收入 40%的罚款；

3）发生重大事故的，处上一年年收入 60%的罚款；

4）发生特别重大事故的，处上一年年收入 80%的罚款。

（5）有关地方人民政府、安全生产监督管理部门和负有安全生产监督管理职责的有关部门有下列行为之一的，对直接负责的主管人员和其他直接责任人员依法给予处分；构成犯罪的，依法追究刑事责任：

1）不立即组织事故抢救的；

2）迟报、漏报、谎报或者瞒报事故的；

3）阻碍、干涉事故调查工作的；

4）在事故调查中作伪证或者指使他人作伪证的。

（6）事故发生单位对事故发生负有责任的，由有关部门依法暂扣或者吊销其有关证照；对事故发生单位负有事故责任的有关人员，依法暂停或者撤销其与安全生产有关的执业资格、岗位证书；事故发生单位主要负责人受到刑事处罚或者撤职处分的，自刑罚执行完毕或者受处分之日起，5 年内不得担任任何生产经营单位的主要负责人。

为发生事故的单位提供虚假证明的中介机构，由有关部门依法暂扣或者吊销其有关证照及其相关人员的执业资格；构成犯罪的，依法追究刑事责任。

（7）参与事故调查的人员在事故调查中有下列行为之一的，依法给予处分；构成犯罪的，依法追究刑事责任：

1）对事故调查工作不负责任，致使事故调查工作有重大疏漏的；

2）包庇、袒护负有事故责任的人员或者借机打击报复的。

（8）违反本条例规定，有关地方人民政府或者有关部门故意拖延或者拒绝落实经批复的对事故责任人的处理意见的，由监察机关对有关责任人员依法给予处分。

（9）本条例规定的罚款的行政处罚，由安全生产监督管理部门决定。

法律、行政法规对行政处罚的种类、幅度和决定机关另有规定的，依照其规定。

6. 附则

（1）没有造成人员伤亡，但是社会影响恶劣的事故，国务院或者有关地方人民政府认为需要调查处理的，依照本条例的有关规定执行。

国家机关、事业单位、人民团体发生的事故的报告和调查处理，参照本条例的规定执行。

（2）特别重大事故以下等级事故的报告和调查处理，有关法律、行政法规或者国务院另有规定的，依照其规定。

二、《电力安全事故应急处置和调查处理条例》（摘录）

2011 年 6 月 15 日，国务院常务会议通过了《电力安全事故应急处置和调查处理条例》。2011 年 7 月 7 日，国务院第 599 号令正式公布了《电力安全事故应急处置和调查处理条例》，自 2011 年 9 月 1 日起实施。

1. 总则

（1）为了加强电力安全事故的应急处置工作，规范电力安全事故的调查处理，控制、减轻和消除电力安全事故损害，制定本条例。《电力安全事故应急处置和调查处理条例》（以下简称本条例）。

（2）本条例所称电力安全事故，是指电力生产或者电网运行过程中发生的影响电力系统安全稳定运行或者影响电力正常供应的事故（包括热电厂发生的影响热力正常供应的事故）。

（3）根据电力安全事故（以下简称事故）影响电力系统安全稳定运行或者影响电力（热力）正常供应的程度，事故分为特别重大事故、重大事故、较大事故和一般事故。事故等级划分标准见表 1-1。

表 1-1　　　　　　　　　电力安全事故等级划分标准

事故等级＼判定项	造成电网减供负荷的比例	造成城市供电用户停电的比例	发电厂或者变电站因安全故障造成全厂（站）对外停电的影响和持续时间	发电机组因安全故障停运的时间和后果	供热机组对外停止供热的时间
特别重大事故	1）区域性电网减供负荷30%以上； 2）电网负荷20000MW以上的省、自治区电网，减供负荷30%以上； 3）电网负荷5000MW以上20000MW以下的省、自治区电网，减供负荷40%以上； 4）直辖市电网减供负荷50%以上； 5）电网负荷2000MW以上的省、自治区人民政府所在地城市电网减供负荷60%以上	1）直辖市60%以上供电用户停电； 2）电网负荷2000MW以上的省、自治区人民政府所在地城市70%以上供电用户停电			

续表

判定项 事故等级	造成电网减供负荷的比例	造成城市供电用户停电的比例	发电厂或者变电站因安全故障造成全厂（站）对外停电的影响和持续时间	发电机组因安全故障停运的时间和后果	供热机组对外停止供热的时间
重大事故	1）区域性电网减供负荷10%以上30%以下； 2）电网负荷20000MW以上的省、自治区电网，减供负荷13%以上30%以下； 3）电网负荷5000MW以上20000MW以下的省、自治区电网，减供负荷16%以上40%以下； 4）电网负荷1000MW以上5000MW以下的省、自治区电网，减供负荷50%以上； 5）直辖市电网减供负荷20%以上50%以下； 6）省、自治区人民政府所在地城市电网减供负荷40%以上（电网负荷2000MW以上的，减供负荷40%以上60%以下）； 7）电网负荷600MW以上的其他设区的市电网减供负荷60%以上	1）直辖市30%以上60%以下供电用户停电； 2）省、自治区人民政府所在地城市50%以上供电用户停电（电网负荷2000MW以上的，50%以上70%以下）； 3）电网负荷600MW以上的其他设区的市70%以上供电用户停电			
较大事故	1）区域性电网减供负荷7%以上10%以下； 2）电网负荷20000MW以上的省、自治区电网，减供负荷10%以上13%以下； 3）电网负荷5000MW以上20000MW以下的省、自治区电网，减供负荷12%以上16%以下； 4）电网负荷1000MW以上5000MW以下的省、自治区电网，减供负荷20%以上50%以下； 5）电网负荷1000MW以下的省、自治区电网，减供负荷40%以上； 6）直辖市电网减供负荷10%以上20%以下；	1）直辖市15%以上30%以下供电用户停电； 2）省、自治区人民政府所在地城市30%以上50%以下供电用户停电； 3）其他设区的市50%以上供电用户停电（电网负荷600MW以上的，50%以上70%以下）；	发电厂或者220kV以上变电站因安全故障造成全厂（站）对外停电，导致周边电压监视控制点电压低于调度机构规定的电压曲线值20%并且持续时间30min以上，或者导致周边电压监视控制点电压低于调度机构规定的电压曲线值10%并且持续时间1h以上	发电机组因安全故障停止运行超过行业标准规定的大修时间两周，并导致电网减供负荷	供热机组装机容量200MW以上的热电厂，在当地人民政府规定的采暖期内同时发生2台以上供热机组因安全故障停止运行，造成全厂对外停止供热并且持续时间48h以上

判定项 事故等级	造成电网减供负荷的比例	造成城市供电用户停电的比例	发电厂或者变电站因安全故障造成全厂（站）对外停电的影响和持续时间	发电机组因安全故障停运的时间和后果	供热机组对外停止供热的时间
较大事故	7）省、自治区人民政府所在地城市电网减供负荷20%以上40%以下； 8）其他设区的市电网减供负荷40%以上（电网600MW以上的，减供负荷40%以上60%以下）； 9）电网负荷150MW以上的县级市电网减供负荷60%以上	4）电网负荷150MW以上的县级市70%以上供电用户停电	发电厂或者220kV以上变电站因安全故障造成全厂（站）对外停电，导致周边电压监视控制点电压低于调度机构规定的电压曲线值20%并且持续时间30min以上，或者导致周边电压监视控制点电压低于调度机构规定的电压曲线值10%并且持续时间1h以上	发电机组因安全故障停止运行超过行业标准规定的大修时间两周，并导致电网减供负荷	供热机组装机容量200MW以上的热电厂，在当地人民政府规定的采暖期内同时发生2台以上供热机组因安全故障停止运行，造成全厂对外停止供热并且持续时间48h以上
一般事故	1）区域性电网减供负荷4%以上7%以下； 2）电网负荷20000MW以上的省、自治区电网，减供负荷5%以上10%以下； 3）电网负荷5000MW以上20000MW以下的省、自治区电网，减供负荷6%以上12%以下； 4）电网负荷1000MW以上5000MW以下的省、自治区电网，减供负荷10%以上20%以下； 5）电网负荷1000MW以下的省、自治区电网，减供负荷25%以上40%以下； 6）直辖市电网减供负荷5%以上10%以下； 7）省、自治区人民政府所在地城市电网减供负荷10%以上20%以下； 8）其他设区的市电网减供负荷20%以上40%以下； 9）县级市减供负荷40%以上（电网负荷150MW以上的，减供负荷40%以上60%以下）	1）直辖市10%以上15%以下供电用户停电； 2）省、自治区人民政府所在地城市15%以上30%以下供电用户停电； 3）其他设区的市30%以上50%以下供电用户停电； 4）县级市50%以上供电用户停电（电网负荷150MW以上的，50%以上70%以下）	发电厂或者220kV以上变电站因安全故障造成全厂（站）对外停电，导致周边电压监视控制点电压低于调度机构规定的电压曲线值5%以上10%以下并且持续时间2h以上	发电机组因安全故障停止运行超过行业标准规定的小修时间两周，并导致电网减供负荷	供热机组装机容量200MW以上的热电厂，在当地人民政府规定的采暖期内同时发生2台以上供热机组因安全故障停止运行，造成全厂对外停止供热并且持续时间24h以上

事故等级划分标准的部分项目需要调整的，由国务院电力监管机构提出方案，报国务院批准。

由独立的或者通过单一输电线路与外省连接的省级电网供电的省级人民政府所在地城市，以及由单一输电线路或者单一变电站供电的其他设区的市、县级市，其电网减供负荷或者造成供电用户停电的事故等级划分标准，由国务院电力监管机构另行制定，报国务院批准。

（4）国务院电力监管机构应当加强电力安全监督管理，依法建立健全事故应急处置和调查处理的各项制度，组织或者参与事故的调查处理。

国务院电力监管机构、国务院能源主管部门和国务院其他有关部门、地方人民政府及有关部门按照国家规定的权限和程序，组织、协调、参与事故的应急处置工作。

（5）电力企业、电力用户以及其他有关单位和个人，应当遵守电力安全管理规定，落实事故预防措施，防止和避免事故发生。

县级以上地方人民政府有关部门确定的重要电力用户，应当按照国务院电力监管机构的规定配置自备应急电源，并加强安全使用管理。

（6）事故发生后，电力企业和其他有关单位应当按照规定及时、准确报告事故情况，开展应急处置工作，防止事故扩大，减轻事故损害。电力企业应当尽快恢复电力生产、电网运行和电力（热力）正常供应。

（7）任何单位和个人不得阻挠和干涉对事故的报告、应急处置和依法调查处理。

2. 事故报告

（1）事故发生后，事故现场有关人员应当立即向发电厂、变电站运行值班人员、电力调度机构值班人员或者本企业现场负责人报告。有关人员接到报告后，应当立即向上一级电力调度机构和本企业负责人报告。本企业负责人接到报告后，应当立即向国务院电力监管机构设在当地的派出机构（以下称事故发生地电力监管机构）、县级以上人民政府安全生产监督管理部门报告；热电厂事故影响热力正常供应的，还应当向供热管理部门报告；事故涉及水电厂（站）大坝安全的，还应当同时向有管辖权的水行政主管部门或者流域管理机构报告。

电力企业及其有关人员不得迟报、漏报或者瞒报、谎报事故情况。

（2）事故发生地电力监管机构接到事故报告后，应当立即核实有关情况，向国务院电力监管机构报告；事故造成供电用户停电的，应当同时通报事故发生地县级以上地方人民政府。

对特别重大事故、重大事故，国务院电力监管机构接到事故报告后应当立即报告国务院，并通报国务院安全生产监督管理部门、国务院能源主管部门等有关部门。

（3）事故报告应当包括下列内容：

1）事故发生的时间、地点（区域）以及事故发生单位；

2）已知的电力设备、设施损坏情况，停运的发电（供热）机组数量、电网减供负荷或者发电厂减少出力的数值、停电（停热）范围；

3）事故原因的初步判断；

4）事故发生后采取的措施、电网运行方式、发电机组运行状况以及事故控制情况；

5）其他应当报告的情况。

事故报告后出现新情况的，应当及时补报。

（4）事故发生后，有关单位和人员应当妥善保护事故现场以及工作日志、工作票、操作票等相关材料，及时保存故障录波图、电力调度数据、发电机组运行数据和输变电设备运行数据等相关资料，并在事故调查组成立后将相关材料、资料移交事故调查组。

因抢救人员或者采取恢复电力生产、电网运行和电力供应等紧急措施，需要改变事故现场、移动电力设备的，应当作出标记、绘制现场简图，妥善保存重要痕迹、物证，并作出书面记录。

任何单位和个人不得故意破坏事故现场，不得伪造、隐匿或者毁灭相关证据。

3. 事故应急处置

（1）国务院电力监管机构依照《中华人民共和国突发事件应对法》和《国家突发公共事件总体应急预案》，组织编制国家处置电网大面积停电事件应急预案，报国务院批准。

有关地方人民政府应当依照法律、行政法规和国家处置电网大面积停电事件应急预案，组织制定本行政区域处置电网大面积停电事件应急预案。

处置电网大面积停电事件应急预案应当对应急组织指挥体系及职责，应急处置的各项措施，以及人员、资金、物资、技术等应急保障作出具体规定。

（2）电力企业应当按照国家有关规定，制定本企业事故应急预案。

电力监管机构应当指导电力企业加强电力应急救援队伍建设，完善应急物资储备制度。

（3）事故发生后，有关电力企业应当立即采取相应的紧急处置措施，控制事故范围，防止发生电网系统性崩溃和瓦解；事故危及人身和设备安全的，发电厂、变电站运行值班人员可以按照有关规定，立即采取停运发电机组和输变电设备等紧急处置措施。

事故造成电力设备、设施损坏的，有关电力企业应当立即组织抢修。

（4）根据事故的具体情况，电力调度机构可以发布开启或者关停发电机组、调整发电机组有功和无功负荷、调整电网运行方式、调整供电调度计划等电力调度命令，发电企业、电力用户应当执行。

事故可能导致破坏电力系统稳定和电网大面积停电的，电力调度机构有权决定采取拉限负荷、解列电网、解列发电机组等必要措施。

（5）事故造成电网大面积停电的，国务院电力监管机构和国务院其他有关部门、有关地方人民政府、电力企业应当按照国家有关规定，启动相应的应急预案，成立应急指挥机构，尽快恢复电网运行和电力供应，防止各种次生灾害的发生。

（6）事故造成电网大面积停电的，有关地方人民政府及有关部门应当立即组织开展下列应急处置工作：

1）加强对停电地区关系国计民生、国家安全和公共安全的重点单位的安全保卫，防范破坏社会秩序的行为，维护社会稳定；

2）及时排除因停电发生的各种险情；

3）事故造成重大人员伤亡或者需要紧急转移、安置受困人员的，及时组织实施救治、转移、安置工作；

4）加强停电地区道路交通指挥和疏导，做好铁路、民航运输以及通信保障工作；

5）组织应急物资的紧急生产和调用，保证电网恢复运行所需物资和居民基本生活资料的供给。

（7）事故造成重要电力用户供电中断的，重要电力用户应当按照有关技术要求迅速启动自备应急电源；启动自备应急电源无效的，电网企业应当提供必要的支援。

事故造成地铁、机场、高层建筑、商场、影剧院、体育场馆等人员聚集场所停电的，应当迅速启用应急照明，组织人员有序疏散。

（8）恢复电网运行和电力供应，应当优先保证重要电厂厂用电源、重要输变电设备、电力主干网架的恢复，优先恢复重要电力用户、重要城市、重点地区的电力供应。

（9）事故应急指挥机构或者电力监管机构应当按照有关规定，统一、准确、及时发布有关事故影响范围、处置工作进度、预计恢复供电时间等信息。

4. 事故调查处理

（1）特别重大事故由国务院或者国务院授权的部门组织事故调查组进行调查。重大事故由国务院电力监管机构组织事故调查组进行调查。较大事故、一般事故由事故发生地电力监管机构组织事故调查组进行调查。国务院电力监管机构认为必要的，可以组织事故调查组对较大事故进行调查。未造成供电用户停电的一般事故，事故发生地电力监管机构也可以委托事故发生单位调查处理。

（2）根据事故的具体情况，事故调查组由电力监管机构、有关地方人民政府、安全生产监督管理部门、负有安全生产监督管理职责的有关部门派人组成；有关人员涉嫌失职、渎职或者涉嫌犯罪的，应当邀请监察机关、公安机关、人民检察院派人参加。根据事故调查工作的需要，事故调查组可以聘请有关专家协助调查。事故调查组组长由组织事故调查组的机关指定。

（3）事故调查组应当按照国家有关规定开展事故调查，并在下列期限内向组织事故调查组的机关提交事故调查报告：

1）特别重大事故和重大事故的调查期限为 60 日；特殊情况下，经组织事故调查组的机关批准，可以适当延长，但延长的期限不得超过 60 日。

2）较大事故和一般事故的调查期限为 45 日；特殊情况下，经组织事故调查组的机关批准，可以适当延长，但延长的期限不得超过 45 日。

事故调查期限自事故发生之日起计算。

（4）事故调查报告应当包括下列内容：

1）事故发生单位概况和事故发生经过；

2）事故造成的直接经济损失和事故对电网运行、电力（热力）正常供应的影响情况；

3）事故发生的原因和事故性质；

4）事故应急处置和恢复电力生产、电网运行的情况；

5）事故责任认定和对事故责任单位、责任人的处理建议；

6）事故防范和整改措施。

事故调查报告应当附具有关证据材料和技术分析报告。事故调查组成员应当在事故调查报告上签字。

（5）事故调查报告报经组织事故调查组的机关同意，事故调查工作即告结束；委托事故发生单位调查的一般事故，事故调查报告应当报经事故发生地电力监管机构同意。

有关机关应当依法对事故发生单位和有关人员进行处罚，对负有事故责任的国家工作人员给予处分。

事故发生单位应当对本单位负有事故责任的人员进行处理。

（6）事故发生单位和有关人员应当认真吸取事故教训，落实事故防范和整改措施，防止事故再次发生。

电力监管机构、安全生产监督管理部门和负有安全生产监督管理职责的有关部门应当对事故发生单位和有关人员落实事故防范和整改措施的情况进行监督检查。

5. 法律责任

（1）发生事故的电力企业主要负责人有下列行为之一的，由电力监管机构处其上一年年收入 40%～80% 的罚款；属于国家工作人员的，并依法给予处分；构成犯罪的，依法追究刑事责任：

1）不立即组织事故抢救的；

2）迟报或者漏报事故的；

3）在事故调查处理期间擅离职守的。

（2）发生事故的电力企业及其有关人员有下列行为之一的，由电力监管机构对电力企业处 100 万元以上 500 万元以下的罚款；对主要负责人、直接负责的主管人员和其他直接责任人员处其上一年年收入 60%～100% 的罚款，属于国家工作人员的，并依法给予处分；构成违反治安管理行为的，由公安机关依法给予治安管理处罚；构成犯罪的，依法追究刑事责任：

1）谎报或者瞒报事故的；

2）伪造或者故意破坏事故现场的；

3）转移、隐匿资金、财产，或者销毁有关证据、资料的；

4）拒绝接受调查或者拒绝提供有关情况和资料的；

5）在事故调查中作伪证或者指使他人作伪证的；

6）事故发生后逃匿的。

（3）电力企业对事故发生负有责任的，由电力监管机构依照下列规定处以罚款：

1）发生一般事故的，处 10 万元以上 20 万元以下的罚款；

2）发生较大事故的，处 20 万元以上 50 万元以下的罚款；

3）发生重大事故的，处 50 万元以上 200 万元以下的罚款；

4）发生特别重大事故的，处 200 万元以上 500 万元以下的罚款。

（4）电力企业主要负责人未依法履行安全生产管理职责，导致事故发生的，由电力监管机构依照下列规定处以罚款；属于国家工作人员的，并依法给予处分；构成犯罪的，依法追究刑事责任：

1）发生一般事故的，处其上一年年收入 30%的罚款；

2）发生较大事故的，处其上一年年收入 40%的罚款；

3）发生重大事故的，处其上一年年收入 60%的罚款；

4）发生特别重大事故的，处其上一年年收入 80%的罚款。

（5）电力企业主要负责人依照《电力安全事故应急处置和调查处理条例》规定受到撤职处分或者刑事处罚的，自受处分之日或者刑罚执行完毕之日起 5 年内，不得担任任何生产经营单位主要负责人。

（6）电力监管机构、有关地方人民政府以及其他负有安全生产监督管理职责的有关部门有下列行为之一的，对直接负责的主管人员和其他直接责任人员依法给予处分；直接负责的主管人员和其他直接责任人员构成犯罪的，依法追究刑事责任：

1）不立即组织事故抢救的；

2）迟报、漏报或者瞒报、谎报事故的；

3）阻碍、干涉事故调查工作的；

4）在事故调查中作伪证或者指使他人作伪证的。

（7）参与事故调查的人员在事故调查中有下列行为之一的，依法给予处分；构成犯罪的，依法追究刑事责任：

1）对事故调查工作不负责任，致使事故调查工作有重大疏漏的；

2）包庇、袒护负有事故责任的人员或者借机打击报复的。

第四节　安全生产规章

一、《电力安全生产监督管理办法》（摘录）

2015 年 2 月 17 日，国家发展和改革委员会主任办公会审议通过并公布《电力安全生产监督管理办法》（发改委令第 21 号），自 2015 年 3 月 1 日起施行。

1. 总则

（1）为了有效实施电力安全生产监督管理，预防和减少电力事故，保障电力系统安全稳定运行和电力可靠供应，依据《中华人民共和国安全生产法》《中华人民共和国突发事件应对法》《电力监管条例》《生产安全事故报告和调查处理条例》《电力安全事故应急处置和调查处理条例》等法律法规，制定本办法。

（2）本办法适用于中华人民共和国境内以发电、输电、供电、电力建设为主营业务并取得相关业务许可或按规定豁免电力业务许可的电力企业。

（3）国家能源局及其派出机构依照本办法，对电力企业的电力运行安全（不包括核安全）、电力建设施工安全、电力工程质量安全、电力应急、水电站大坝运行安全和电力可靠性工作等方面实施监督管理。

（4）电力安全生产工作应当坚持"安全第一、预防为主、综合治理"的方针，建立电力企业具体负责、政府监管、行业自律和社会监督的工作机制。

（5）电力企业是电力安全生产的责任主体，应当遵照国家有关安全生产的法律法规、制度和标准，建立健全电力安全生产责任制，加强电力安全生产管理，完善电力安全生产条件，确保电力安全生产。

（6）任何单位和个人对违反本办法和国家有关电力安全生产监督管理规定的行为，有权向国家能源局及其派出机构投诉和举报，国家能源局及其派出机构应当依法处理。

2. 电力企业的安全生产责任

（1）电力企业的主要负责人对本单位的安全生产工作全面负责。电力企业从业人员应当依法履行安全生产方面的义务。

（2）电力企业应当履行下列电力安全生产管理基本职责：

1）依照国家安全生产法律法规、制度和标准，制定并落实本单位电力安全生产管理制度和规程；

2）建立健全电力安全生产保证体系和监督体系，落实安全生产责任；

3）按照国家有关法律法规设置安全生产管理机构、配备专职安全管理人员；

4）按照规定提取和使用电力安全生产费用，专门用于改善安全生产条件；

5）按照有关规定建立健全电力安全生产隐患排查治理制度和风险预控体系，开展隐患排查及风险辨识、评估和监控工作，并对安全隐患和风险进行治理、管控；

6）开展电力安全生产标准化建设；

7）开展电力安全生产培训宣传教育工作，负责以班组长、新工人、农民工为重点的从业人员安全培训；

8）开展电力可靠性管理工作，建立健全电力可靠性管理工作体系，准确、及时、完整报送电力可靠性信息；

9）建立电力应急管理体系，健全协调联动机制，制定各级各类应急预案并开展应急演练，建设应急救援队伍，完善应急物资储备制度；

10）按照规定报告电力事故和电力安全事件信息并及时开展应急处置，对电力安全事件进行调查处理。

（3）发电企业应当按照规定对水电站大坝进行安全注册，开展大坝安全定期检查和信息化建设工作；对燃煤发电厂贮灰场进行安全备案，开展安全巡查和定期安全评估工作。

（4）电力建设单位应当对电力建设工程施工安全和工程质量安全负全面管理责任，履行工程组织、协调和监督职责，并按照规定将电力工程项目的安全生产管理情况向当地派出机构备案，向相关电力工程质监机构进行工程项目质量监督注册申请。

（5）供电企业应当配合地方政府对电力用户安全用电提供技术指导。

3．电力系统安全

（1）电力企业应当共同维护电力系统安全稳定运行。在电网互联、发电机组并网过程中应严格履行安全责任，并在双方的联（并）网调度协议中具体明确，不得擅自联（并）网和解网。

（2）各级电力调度机构是涉及电力系统安全的电力安全事故（事件）处置的指挥机构，发生电力安全事故（事件）或遇有危及电力系统安全的情况时，电力调度机构有权采取必要的应急处置措施，相关电力企业应当严格执行调度指令。

（3）电力调度机构应当加强电力系统安全稳定运行管理，科学合理安排系统运行方式，开展电力系统安全分析评估，统筹协调电网安全和并网运行机组安全。

（4）电力企业应当加强发电设备设施和输变配电设备设施安全管理和技术管理，强化电力监控系统（或设备）专业管理，完善电力系统调频、调峰、调压、调相、事故备用等性能，满足电力系统安全稳定运行的需要。

（5）发电机组、风电场以及光伏电站等并入电网运行，应当满足相关技术标准，符合电网运行的有关安全要求。

（6）电力企业应当根据国家有关规定和标准，制定、完善和落实预防电网大面积停电的安全技术措施、反事故措施和应急预案，建立完善与国家能源局及其派出机构、地方人民政府及电力用户等的应急协调联动机制。

4. 电力安全生产的监督管理

（1）国家能源局依法负责全国电力安全生产监督管理工作。国家能源局派出机构（以下简称派出机构）按照属地化管理的原则，负责辖区内电力安全生产监督管理工作。

涉及跨区域的电力安全生产监督管理工作，由国家能源局负责或者协调确定具体负责的区域派出机构；同一区域内涉及跨省的电力安全生产监督管理工作，由当地区域派出机构负责或者协调确定具体负责的省级派出机构。50MW以下小水电站的安全生产监督管理工作，按照相关规定执行。50MW以下小水电站的涉网安全由派出机构负责监督管理。

（2）国家能源局及其派出机构应当采取多种形式，加强有关安全生产的法律法规、制度和标准的宣传，向电力企业传达国家有关安全生产工作各项要求，提高从业人员的安全生产意识。

（3）国家能源局及其派出机构应当建立健全电力行业安全生产工作协调机制，及时协调、解决安全生产监督管理中存在的重大问题。

（4）国家能源局及其派出机构应当依法对电力企业执行有关安全生产法规、标准和规范情况进行监督检查。

国家能源局组织开展全国范围的电力安全生产大检查，制定检查工作方案，并对重点地区、重要电力企业、关键环节开展重点督查。派出机构组织开展辖区内的电力安全生产大检查，对部分电力企业进行抽查。

（5）国家能源局及其派出机构对现场检查中发现的安全生产违法、违规行为，应当责令电力企业当场予以纠正或者限期整改。对现场检查中发现的重大安全隐患，应当责令其立即整改；安全隐患危及人身安全时，应当责令其立即从危险区域内撤离人员。

（6）国家能源局及其派出机构应当监督指导电力企业隐患排查治理工作，按照有关规定对重大安全隐患挂牌督办。

（7）国家能源局及其派出机构应当统计分析电力安全生产信息，并定期向社会公布。根据工作需要，可以要求电力企业报送与电力安全生产相关的文件、资料、图纸、音频或视频记录和有关数据。国家能源局及其派出机构发现电力企业在报送资料中存在弄虚作假及其他违规行为的，应当及时纠正和处理。

（8）国家能源局及其派出机构应当依法组织或参与电力事故调查处理。国家能源局组织或参与重大和特别重大电力事故调查处理；督办有重大社会影响的电力安全事件。派出机构组织或参与较大和一般电力事故调查处理，对电力系统安全稳定运行或对社会造成较大影响的电力安全事件组织专项督查。

（9）国家能源局及其派出机构应当依法组织开展电力应急管理工作。国家能源局负责制定电力应急体系发展规划和国家大面积停电事件专项应急预案，开展重大电力突发安全事件应急处置和分析评估工作。派出机构应当按照规定权限和程序，组织、协调、指导电力突发安全事件应急处置工作。

（10）国家能源局及其派出机构应当组织开展电力安全培训和宣传教育工作。

（11）国家能源局及其派出机构配合地方政府有关部门、相关行业管理部门，对重要电力用户安全用电、供电电源配置、自备应急电源配置和使用实施监督管理。

（12）国家能源局及其派出机构应当建立安全生产举报制度，公开举报电话、信箱和电子邮件地址，受理有关电力安全生产的举报；受理的举报事项经核实后，对违法行为严重的电力企业，应当向社会公告。

5. 罚则

（1）电力企业造成电力事故的，依照《生产安全事故报告和调查处理条例》和《电力安全事故应急处置和调查处理条例》，承担相应的法律责任。

（2）国家能源局及其派出机构从事电力安全生产监督管理工作的人员滥用职权、玩忽职守或者徇私舞弊的，依法给予行政处分；构成犯罪的，由司法机关依法追究刑事责任。

（3）国家能源局及其派出机构通过现场检查发现电力企业有违反本办法规定的行为时，可以对电力企业主要负责人或安全生产分管负责人进行约谈，情节严重的，依据《安全生产法》第九十条，可以要求其停工整顿，对发电企业要求其暂停并网运行。

（4）电力企业有违反本办法规定的行为时，国家能源局及其派出机构可以对其违规情况向行业进行通报，对影响电力用户安全可靠供电行为的处理情况，向社会公布。

（5）电力企业发生电力安全事件后，存在下列情况之一的，国家能源局及其派出机构可以责令限期改正，逾期不改正的应当将其列入安全生产不良信用记录和安全生产诚信"黑名单"，并处以1万元以下的罚款：

1）迟报、漏报、谎报、瞒报电力安全事件信息的；

2）不及时组织应急处置的；

3）未按规定对电力安全事件进行调查处理的。

（6）电力企业未履行本办法规定的，由国家能源局及其派出机构责令限期整改，逾期不整改的，对电力企业主要负责人予以警告；情节严重的，由国家能源局及其派出机构对电力企业主要负责人处以 1 万元以下的罚款。

（7）电力企业有下列情形之一的，由国家能源局及其派出机构责令限期改正；逾期不改正的，由国家能源局及其派出机构依据《电力监管条例》第三十四条，对其处以 5 万元以上、50 万元以下的罚款，并将其列入安全生产不良信用记录和安全生产诚信"黑名单"：

1）拒绝或阻挠国家能源局及其派出机构从事监督管理工作的人员依法履行电力安全生产监督管理职责的；

2）向国家能源局及其派出机构提供虚假或隐瞒重要事实的文件、资料的。

二、《特种作业人员安全技术培训考核管理规定》（摘录）

2010 年 4 月 26 日，国家安全生产监督管理总局局长办公会议审议通过《特种作业人员安全技术培训考核管理规定》，2010 年 5 月 24 日以国家安全生产监督管理总局令第 30 号公布，自 2010 年 7 月 1 日起施行。2013 年 8 月 29 日根据国家安全生产监督管理总局令第 63 号进行第一次修订；2015 年 5 月 29 日根据国家安全生产监督管理总局令总局第 80 号令进行第二次修订，自 2015 年 7 月 1 日起施行。

1. 总则

（1）为了规范特种作业人员的安全技术培训考核工作，提高特种作业人员的安全技术水平，防止和减少伤亡事故，根据《安全生产法》《行政许可法》等有关法律、行政法规，制定《特种作业人员安全技术培训考核管理规定》（以下简称本规定）。

（2）生产经营单位特种作业人员的安全技术培训、考核、发证、复审及其监督管理工作，适用本规定。有关法律、行政法规和国务院对有关特种作业人员管理另有规定的，从其规定。

（3）本规定所称特种作业，是指容易发生事故，对操作者本人、他人的安全健康及设备、设施的安全可能造成重大危害的作业。特种作业的范围由特种作业目录规定。

本规定所称特种作业人员，是指直接从事特种作业的从业人员。

（4）特种作业人员应当符合下列条件：

1）年满 18 周岁，且不超过国家法定退休年龄；

2）经社区或者县级以上医疗机构体检健康合格，并无妨碍从事相应特种作业的器质性心脏病、癫痫病、美尼尔氏症、眩晕症、癔病、震颤麻痹症、精神病、痴呆症以及其他疾病和生理缺陷；

3）具有初中及以上文化程度（危险化学品特种作业人员，应当具备高中或者相当于高中及以上文化程度）；

4）具备必要的安全技术知识与技能；

5）相应特种作业规定的其他条件。

（5）特种作业人员必须经专门的安全技术培训并考核合格，取得《中华人民共和国特种作业操作证》（以下简称特种作业操作证）后，方可上岗作业。

（6）特种作业人员的安全技术培训、考核、发证、复审工作实行统一监管、分级实施、教考分离的原则。

（7）国家安全生产监督管理总局（以下简称安全监管总局）指导、监督全国特种作业人员的安全技术培训、考核、发证、复审工作；省、自治区、直辖市人民政府安全生产监督管理部门指导、监督本行政区域特种作业人员的安全技术培训工作，负责本行政区域特种作业人员的考核、发证、复审工作；县级以上地方人民政府安全生产监督管理部门负责监督检查本行政区域特种作业人员的安全技术培训和持证上岗工作。

国家煤矿安全监察局（以下简称煤矿安监局）指导、监督全国煤矿特种作业人员（含煤矿矿井使用的特种设备作业人员）的安全技术培训、考核、发证、复审工作；省、自治区、直辖市人民政府负责煤矿特种作业人员考核发证工作的部门或者指定的机构指导、监督本行政区域煤矿特种作业人员的安全技术培训工作，负责本行政区域煤矿特种作业人员的考核、发证、复审工作。

省、自治区、直辖市人民政府安全生产监督管理部门和负责煤矿特种作业人员考核发证工作的部门或者指定的机构（以下统称考核发证机关）可以委托设区的市人民政府安全生产监督管理部门和负责煤矿特种作业人员考核发证工作的部门或者指定的机构实施特种作业人员的考核、发证、复审工作。

（8）对特种作业人员安全技术培训、考核、发证、复审工作中的违法行为，任何单位和个人均有权向安全监管总局、煤矿安监局和省、自治区、直辖市及设区的市人民政府安全生产监督管理部门、负责煤矿特种作业人员考核发证工作的部门或者指定的机构举报。

2. 培训

（1）特种作业人员应当接受与其所从事的特种作业相应的安全技术理论培训和实际操作培训。

已经取得职业高中、技工学校及中专以上学历的毕业生从事与其所学专业相应的特种作业，持学历证明经考核发证机关同意，可以免予相关专业的培训。

跨省、自治区、直辖市从业的特种作业人员，可以在户籍所在地或者从业所在地参加培训。

（2）对特种作业人员的安全技术培训，具备安全培训条件的生产经营单位应当以自主培训为主，也可以委托具备安全培训条件的机构进行培训。

不具备安全培训条件的生产经营单位，应当委托具备安全培训条件的机构进行培训。

生产经营单位委托其他机构进行特种作业人员安全技术培训的，保证安全技术培训的责任仍由本单位负责。

（3）从事特种作业人员安全技术培训的机构（以下统称培训机构），应当制定相应的培训计划、教学安排，并按照安全监管总局、煤矿安监局制定的特种作业人员培训大纲和煤矿特种作业人员培训大纲进行特种作业人员的安全技术培训。

3. 考核发证

（1）特种作业人员的考核包括考试和审核两部分。考试由考核发证机关或其委托的单位负责；审核由考核发证机关负责。

安全监管总局、煤矿安监局分别制定特种作业人员、煤矿特种作业人员的考核标准，并建立相应的考试题库。

考核发证机关或其委托的单位应当按照安全监管总局、煤矿安监局统一制定的考核标准进行考核。

（2）参加特种作业操作资格考试的人员，应当填写考试申请表，由申请人或者申请人的用人单位持学历证明或者培训机构出具的培训证明向申请人户籍所在地或者从业所在地的考核发证机关或其委托的单位提出申请。

考核发证机关或其委托的单位收到申请后，应当在 60 日内组织考试。

特种作业操作资格考试包括安全技术理论考试和实际操作考试两部分。考试不及格的，允许补考 1 次。经补考仍不及格的，重新参加相应的安全技术培训。

（3）考核发证机关委托承担特种作业操作资格考试的单位应当具备相应的场所、设施、设备等条件，建立相应的管理制度，并公布收费标准等信息。

（4）考核发证机关或其委托承担特种作业操作资格考试的单位，应当在考试结束后 10 个工作日内公布考试成绩。

（5）符合本规定并经考试合格的特种作业人员，应当向其户籍所在地或者从业所在地的考核发证机关申请办理特种作业操作证，并提交身份证复印件、学历证书复印件、体检证明、考试合格证明等材料。

（6）收到申请的考核发证机关应当在 5 个工作日内完成对特种作业人员所提交申请材料的审查，作出受理或者不予受理的决定。能够当场作出受理决定的，应当当场作出受理决定；申请材料不齐全或者不符合要求的，应当当场或者在 5 个工作日内一次告知申请人需要补正的全部内容，逾期不告知的，视为自收到申请材料之日起即已被受理。

（7）对已经受理的申请，考核发证机关应当在 20 个工作日内完成审核工作。符合条件的，颁发特种作业操作证；不符合条件的，应当说明理由。

（8）特种作业操作证有效期为 6 年，在全国范围内有效。特种作业操作证由安全监管总局统一式样、标准及编号。

（9）特种作业操作证遗失的，应当向原考核发证机关提出书面申请，经原考核发证机关审查同意后，予以补发。特种作业操作证所记载的信息发生变化或者损毁的，应当向原考核发证机关提出书面申请，经原考核发证机关审查确认后，予以更换或者更新。

4. 复审

（1）特种作业操作证每 3 年复审 1 次。特种作业人员在特种作业操作证有效期内，连续从事本工种 10 年以上，严格遵守有关安全生产法律法规的，经原考核发证机关或者从业所在地考核发证机关同意，特种作业操作证的复审时间可以延长至每 6 年 1 次。

（2）特种作业操作证需要复审的，应当在期满前 60 日内，由申请人或者申请人的用人单位向原考核发证机关或者从业所在地考核发证机关提出申请，并提交下列材料：

1）社区或者县级以上医疗机构出具的健康证明；

2）从事特种作业的情况；

3）安全培训考试合格记录。

特种作业操作证有效期届满需要延期换证的，应当按照前款的规定申请延期复审。

（3）特种作业操作证申请复审或者延期复审前，特种作业人员应当参加必要的安全培训并考试合格。安全培训时间不少于 8 个学时，主要培训法律、法规、标准、事故案例和有关新工艺、新技术、新装备等知识。

（4）申请复审的，考核发证机关应当在收到申请之日起 20 个工作日内完成复审工作。复审合格的，由考核发证机关签章、登记，予以确认；不合格的，说明理由。申请延期复审的，经复审合格后，由考核发证机关重新颁发特种作业操作证。

（5）特种作业人员有下列情形之一的，复审或者延期复审不予通过：

1）健康体检不合格的；

2）违章操作造成严重后果或者有 2 次以上违章行为，并经查证确实的；

3）有安全生产违法行为，并给予行政处罚的；

4）拒绝、阻碍安全生产监管监察部门监督检查的；

5）未按规定参加安全培训，或者考试不合格的。

（6）特种作业操作证复审或者延期复审符合有下列情形之一的，按照《特种作业人员安全技术培训考核管理规定》经重新安全培训考试合格后，再办理复审或者延期复审手续。再复审、延期复审仍不合格，或者未按期复审的，特种作业操作证失效。再复审、延期复审仍不合格，或者未按期复审的，特种作业操作证失效。

1）违章操作造成严重后果或者有 2 次以上违章行为，并经查证确实的；

2）有安全生产违法行为，并给予行政处罚的；

3）拒绝、阻碍安全生产监管监察部门监督检查的；

4）未按规定参加安全培训，或者考试不合格的。

（7）申请人对复审或者延期复审有异议的，可以依法申请行政复议或者提起行政诉讼。

5. 监督管理

（1）考核发证机关或其委托的单位及其工作人员应当忠于职守、坚持原则、廉洁自律，按照法律、法规、规章的规定进行特种作业人员的考核、发证、复审工作，接受社会的监督。

（2）考核发证机关应当加强对特种作业人员的监督检查，发现其具有：超过特种作业操作证有效期未延期复审的；特种作业人员的身体条件已不适合继续从事特种作业的；对发生生产安全事故负有责任的；特种作业操作证记载虚假信息的；以欺骗、贿赂等不正当手段取得特种作业操作证等情形的。及时撤销特种作业操作证。对依法应当给予行政处罚的安全生产违法行为，按照有关规定依法对生产经营单位及其特种作业人员实施行政处罚。

考核发证机关应当建立特种作业人员管理信息系统，方便用人单位和社会公众查询；对于注销特种作业操作证的特种作业人员，应当及时向社会公告。

（3）有下列情形之一的，考核发证机关应当撤销特种作业操作证：

1）超过特种作业操作证有效期未延期复审的；

2）特种作业人员的身体条件已不适合继续从事特种作业的；

3）对发生生产安全事故负有责任的；

4）特种作业操作证记载虚假信息的（3年内不得再次申请特种作业操作证）；

5）以欺骗、贿赂等不正当手段取得特种作业操作证的（3年内不得再次申请特种作业操作证）。

（4）有下列情形之一的，考核发证机关应当注销特种作业操作证：

1）特种作业人员死亡的；

2）特种作业人员提出注销申请的；

3）特种作业操作证被依法撤销的。

（5）离开特种作业岗位6个月以上的特种作业人员，应当重新进行实际操作考试，经确认合格后方可上岗作业。

（6）省、自治区、直辖市人民政府安全生产监督管理部门和负责煤矿特种作业人员考核发证工作的部门或者指定的机构应当每年分别向安全监管总局、煤矿安监局报告特种作业人员的考核发证情况。

（7）生产经营单位应当加强对本单位特种作业人员的管理，建立健全特种作业人员培训、复审档案，做好申报、培训、考核、复审的组织工作和日常的检查工作。

（8）特种作业人员在劳动合同期满后变动工作单位的，原工作单位不得以任何理由扣押其特种作业操作证。

跨省、自治区、直辖市从业的特种作业人员应当接受从业所在地考核发证机关的监督管理。

（9）生产经营单位不得印制、伪造、倒卖特种作业操作证，或者使用非法印制、伪造、倒卖的特种作业操作证。

特种作业人员不得伪造、涂改、转借、转让、冒用特种作业操作证或者使用伪造的特种作业操作证。

6. 罚则

（1）考核发证机关或其委托的单位及其工作人员在特种作业人员考核、发证和复审工作中滥用职权、玩忽职守、徇私舞弊的，依法给予行政处分；构成犯罪的，依法追究刑事责任。

（2）生产经营单位未建立健全特种作业人员档案的，给予警告，并处 1 万元以下的罚款。

（3）生产经营单位使用未取得特种作业操作证的特种作业人员上岗作业的，责令限期改正；可以处 5 万元以下的罚款；逾期未改正的，责令停产停业整顿，并处 5 万元以上 10 万元以下的罚款，对直接负责的主管人员和其他直接责任人员处 1 万元以上 2 万元以下的罚款。

煤矿企业使用未取得特种作业操作证的特种作业人员上岗作业的，依照《国务院关于预防煤矿生产安全事故的特别规定》的规定处罚。

（4）生产经营单位非法印制、伪造、倒卖特种作业操作证，或者使用非法印制、伪造、倒卖的特种作业操作证的，给予警告，并处 1 万元以上 3 万元以下的罚款；构成犯罪的，依法追究刑事责任。

（5）特种作业人员伪造、涂改特种作业操作证或者使用伪造的特种作业操作证的，给予警告，并处 1000 元以上 5000 元以下的罚款。

特种作业人员转借、转让、冒用特种作业操作证的，给予警告，并处 2000 元以上 10000 元以下的罚款。

7. 其他规定

（1）特种作业人员培训、考试的收费标准，由省、自治区、直辖市人民政府安全生产监督管理部门会同负责煤矿特种作业人员考核发证工作的部门或者指定的机构统一制定，报同级人民政府物价、财政部门批准后执行，证书工本费由考核发证机关列入同级财政预算。

（2）省、自治区、直辖市人民政府安全生产监督管理部门和负责煤矿特种作业人员考核发证工作的部门或者指定的机构可以结合本地区实际，制定实施细则，报安全监管总局、煤矿安监局备案。

三、《安全生产培训管理办法》（摘录）

2012 年 1 月 19 日，国家安全生产监督管理总局令第 44 号公布《安全生产培训管理办法》。自 2012 年 3 月 1 日起施行。后根据 2013 年 8 月 29 日国家安全生产监督管理总局令第 63 号第一次修正，后又根据 2015 年 5 月 29 日国家安全生产监督管理总局令第 80 号第二次修正，自 2015 年 7 月 1 日起施行。

1. 总则

（1）为了加强安全生产培训管理，规范安全生产培训秩序，保证安全生产培训质量，促进安全生产培训工作健康发展，根据《中华人民共和国安全生产法》和有关法律、行政法规的规定，制定《安全生产培训管理办法》（以下简称本办法）。

（2）安全培训机构、生产经营单位从事安全生产培训（以下简称安全培训）活动以及安全生产监督管理部门、煤矿安全监察机构、地方人民政府负责煤矿安全培训的部门对安全培训工作实施监督管理，适用本办法。

（3）本办法所称安全培训是指以提高安全监管监察人员、生产经营单位从业人员和从事安全生产工作的相关人员的安全素质为目的的教育培训活动。

安全监管监察人员，是指县级以上各级人民政府安全生产监督管理部门、各级煤矿安全监察机构从事安全监管监察、行政执法的安全生产监管人员和煤矿安全监察人员。

生产经营单位从业人员，是指生产经营单位主要负责人、安全生产管理人员、特种作业人员及其他从业人员。

从事安全生产工作的相关人员，是指从事安全教育培训工作的教师、危险化学品登记机构的登记人员和承担安全评价、咨询、检测、检验的人员及注册安全工程师、安全生产应急救援人员等。

（4）安全培训工作实行统一规划、归口管理、分级实施、分类指导、教考分离的原则。

国家安全生产监督管理总局（以下简称国家安全监管总局）指导全国安全培训工作，依法对全国的安全培训工作实施监督管理。

国家煤矿安全监察局（以下简称国家煤矿安监局）指导全国煤矿安全培训工作，依法对全国煤矿安全培训工作实施监督管理。

国家安全生产应急救援指挥中心指导全国安全生产应急救援培训工作。

县级以上地方各级人民政府安全生产监督管理部门依法对本行政区域内的安全培训工作实施监督管理。

省、自治区、直辖市人民政府负责煤矿安全培训的部门、省级煤矿安全监察机构（以下统称省级煤矿安全培训监管机构）按照各自工作职责，依法对所辖区域煤矿安全培训工作实施监督管理。

（5）安全培训的机构应当具备从事安全培训工作所需要的条件。从事危险物品的生产、经营、储存单位以及矿山、金属冶炼单位的主要负责人和安全生产管理人员，特种作业人员以及注册安全工程师等相关人员培训的安全培训机构，应当将教师、教学和实习实训设施等情况书面报告所在地安全生产监督管理部门、煤矿安全培训监管机构。安全生产相关社会组织依照法律、行政法规和章程，为生产经营单位提供安全培训有关服务，对安全培训机构实行自律管理，促进安全培训工作水平的提升。

2．安全培训

（1）安全培训应当按照规定的安全培训大纲进行。

1）安全监管监察人员，危险物品的生产、经营、储存单位与非煤矿山、金属冶炼单位的主要负责人和安全生产管理人员、特种作业人员以及从事安全生产工作的相关人员的安全培训大纲，由国家安全监管总局组织制定。

2）煤矿企业的主要负责人和安全生产管理人员、特种作业人员的培训大纲由国家煤矿安监局组织制定。

3）除危险物品的生产、经营、储存单位和矿山、金属冶炼单位以外其他生产经营单位的主要负责人、安全生产管理人员及其他从业人员的安全培训大纲，由省级安全生产监督管理部门、省级煤矿安全培训监管机构组织制定。

（2）国家安全监管总局、省级安全生产监督管理部门定期组织优秀安全培训教材的评选。安全培训机构应当优先使用优秀安全培训教材。

（3）国家安全监管总局负责省级以上安全生产监督管理部门的安全生产监管人员、各级煤矿安全监察机构的煤矿安全监察人员的培训工作。

省级安全生产监督管理部门负责市级、县级安全生产监督管理部门的安全生产监管人员的培训工作。

生产经营单位的从业人员的安全培训，由生产经营单位负责。

危险化学品登记机构的登记人员和承担安全评价、咨询、检测、检验的人员及注册安全工程师、安全生产应急救援人员的安全培训，按照有关法律、法规、规章的规定进行。

（4）对从业人员的安全培训，具备安全培训条件的生产经营单位应当以自主培训为主，也可以委托具备安全培训条件的机构进行安全培训。不具备安全培训条件的生产经营单位，应当委托具有安全培训条件的机构对从业人员进行安全培训。生产经营单位委托其他机构进行安全培训的，保证安全培训的责任仍由本单位负责。

（5）生产经营单位应当建立安全培训管理制度，保障从业人员安全培训所需经费，对从业人员进行与其所从事岗位相应的安全教育培训；从业人员调整工作岗位或者采用新工艺、新技术、新设备、新材料的，应当对其进行专门的安全教育和培训。未经安全教育和培训合格的从业人员，不得上岗作业。生产经营单位使用被派遣劳动者的，应当将被派遣劳动者纳入本单位从业人员统一管理，对被派遣劳动者进行岗位安全操作规程和安全操作技能的教育和培训。劳务派遣单位应当对被派遣劳动者进行必要的安全生产教育和培训。生产经营单位接收中等职业学校、高等学校学生实习的，应当对实习学生进行相应的安全生产教育和培训，提供必要的劳动防护用品。学校应当协助生产经营单位对实习学生进行安全生产教育和培训。从业人员安全培训的时间、内容、参加人员以及考核结果等情况，生产经营单位应当如实记录并建档备查。

（6）生产经营单位从业人员的培训内容和培训时间，应当符合《生产经营单位安全培训规定》和有关标准的规定。

（7）中央企业的分公司、子公司及其所属单位和其他生产经营单位，发生造成人员死亡的生产安全事故的，其主要负责人和安全生产管理人员应当重新参加安全培训。特种作业人员对造成人员死亡的生产安全事故负有直接责任的，应当按照《特种作业人员安全技术培训考核管理规定》重新参加安全培训。

（8）国家鼓励生产经营单位实行师傅带徒弟制度。矿山新招的井下作业人员和危险物品生产经营单位新招的危险工艺操作岗位人员，除按照规定进行安全培训外，还应当在有经验的职工带领下实习满 2 个月后，方可独立上岗作业。

（9）国家鼓励生产经营单位招录职业院校毕业生。职业院校毕业生从事与所学专业相关的作业，可以免予参加初次培训，实际操作培训除外。

（10）安全培训机构应当建立安全培训工作制度和人员培训档案。安全培训相关情况，应当如实记录并建档备查。

（11）安全培训机构从事安全培训工作的收费，应当符合法律、法规的规定。法律、法规没有规定的，应当按照行业自律标准或者指导性标准收费。

（12）国家鼓励安全培训机构和生产经营单位利用现代信息技术开展安全培训，包括远程培训。

3. 安全培训的考核

（1）安全监管监察人员、从事安全生产工作的相关人员、依照有关法律法规应当接受安全生产知识和管理能力考核的生产经营单位主要负责人和安全生产管理人员、特种作业人员的安全培训的考核，应当坚持教考分离、统一标准、统一题库、分级负责的原则，分步推行有远程视频监控的计算机考试。

（2）安全监管监察人员，危险物品的生产、经营、储存单位及非煤矿山、金属冶炼单位主要负责人、安全生产管理人员和特种作业人员，以及从事安全生产工作的相关人员的考核标准，由国家安全监管总局统一制定。煤矿企业的主要负责人、安全生产管理人员和特种作业人员的考核标准，由国家煤矿安监局制定。除危险物品的生产、经营、储存单位和矿山、金属冶炼单位以外其他生产经营单位主要负责人、安全生产管理人员及其他从业人员的考核标准，由省级安全生产监督管理部门制定。

（3）国家安全监管总局负责省级以上安全生产监督管理部门的安全生产监管人员、各级煤矿安全监察机构的煤矿安全监察人员的考核；负责中央企业的总公司、总厂或者集团公司的主要负责人和安全生产管理人员的考核。省级安全生产监督管理部门负责市级、县级安全生产监督管理部门的安全生产监管人员的考核；负责省属生产经营单位和中央企业分公司、子公司及其所属单位的主要负责人和安全生产管理人员的考核；负责特种作业人员的考核。市级安全生产监督管理部门负责本行政区域内除中央企业、省属生产经营单位以外的其他生产经营单位的主要负责人和安全生产管理人员的考核。省级煤矿安全培训监管机构负责所辖区域内煤矿企业的主要负责人、安全生产管理人员和特种作业人员的考核。除主要负责人、安全生产管理人员、特种作业人员以外的生产经营单位的其他从业人员的考核，由生产经营单位按照省级安全生产监督管理部门公布的考核标准，自行组织考核。

（4）安全生产监督管理部门、煤矿安全培训监管机构和生产经营单位应当制定安全培训的考核制度，建立考核管理档案备查。

4. 安全培训的发证

（1）接受安全培训人员经考核合格的，由考核部门在考核结束后 10 个工作日内颁发相应的证书。

（2）安全生产监管人员经考核合格后，颁发安全生产监管执法证；煤矿安全监察人员经考核合格后，颁发煤矿安全监察执法证；危险物品的生产、经营、储存单位和矿山、金属冶炼单位主要负责人、安全生产管理人员经考核合格后，颁发安全合格证；特种作业人员经考核合格后，颁发《中华人民共和国特种作业操作证》（以下简称特种作业操作证）；危险化学品登记机构的登记人员经考核合格后，颁发上岗证；其他人员经培训合格后，颁发培训合格证。

（3）安全生产监管执法证、煤矿安全监察执法证、安全合格证、特种作业操作证和上岗证的式样，由国家安全监管总局统一规定。培训合格证的式样，由负责培训考核的部门规定。

（4）安全生产监管执法证、煤矿安全监察执法证、安全合格证的有效期为3年。有效期届满需要延期的，应当于有效期届满30日前向原发证部门申请办理延期手续。特种作业人员的考核发证按照《特种作业人员安全技术培训考核管理规定》执行。

（5）特种作业操作证和省级安全生产监督管理部门、省级煤矿安全培训监管机构颁发的主要负责人、安全生产管理人员的安全合格证，在全国范围内有效。

（6）承担安全评价、咨询、检测、检验的人员和安全生产应急救援人员的考核、发证，按照有关法律、法规、规章的规定执行。

5. 监督管理

（1）安全生产监督管理部门、煤矿安全培训监管机构应当依照法律、法规和本办法的规定，加强对安全培训工作的监督管理，对生产经营单位、安全培训机构违反有关法律、法规和本办法的行为，依法作出处理。省级安全生产监督管理部门、省级煤矿安全培训监管机构应当定期统计分析本行政区域内安全培训、考核、发证情况，并报国家安全监管总局。

（2）安全生产监督管理部门和煤矿安全培训监管机构应当对安全培训机构开展安全培训活动的情况进行监督检查，检查内容包括：

1）具备从事安全培训工作所需要的条件的情况；

2）建立培训管理制度和教师配备的情况；

3）执行培训大纲、建立培训档案和培训保障的情况；

4）培训收费的情况；

5）法律法规规定的其他内容。

（3）安全生产监督管理部门、煤矿安全培训监管机构应当对生产经营单位的安全培训情况进行监督检查，检查内容包括：

1）安全培训制度、年度培训计划、安全培训管理档案的制定和实施的情况；

2）安全培训经费投入和使用的情况；

3）主要负责人、安全生产管理人员接受安全生产知识和管理能力考核的情况；

4）特种作业人员持证上岗的情况；

5）应用新工艺、新技术、新材料、新设备以及转岗前对从业人员安全培训的情况；

6）其他从业人员安全培训的情况；

7）法律法规规定的其他内容。

（4）任何单位或者个人对生产经营单位、安全培训机构违反有关法律、法规和本办法的行为，均有权向安全生产监督管理部门、煤矿安全监察机构、煤矿安全培训监管机构报告或者举报。接到举报的部门或者机构应当为举报人保密，并按照有关规定对举报进行核查和处理。

（5）监察机关依照《中华人民共和国行政监察法》等法律、行政法规的规定，对安全生产监督管理部门、煤矿安全监察机构、煤矿安全培训监管机构及其工作人员履行安全培训工作监督管理职责情况实施监察。

6. 法律责任

（1）安全生产监督管理部门、煤矿安全监察机构、煤矿安全培训监管机构的工作人员在安全培训监督管理工作中滥用职权、玩忽职守、徇私舞弊的，依照有关规定给予处分；构成犯罪的，依法追究刑事责任。

（2）安全培训机构有下列情形之一的，责令限期改正，处1万元以下的罚款；逾期未改正的，给予警告，处1万元以上3万元以下的罚款：

1）不具备安全培训条件的；

2）未按照统一的培训大纲组织教学培训的；

3）未建立培训档案或者培训档案管理不规范的；

安全培训机构采取不正当竞争手段，故意贬低、诋毁其他安全培训机构的，依照前款规定处罚。

（3）生产经营单位主要负责人、安全生产管理人员、特种作业人员以欺骗、贿赂等不正当手段取得安全合格证或者特种作业操作证的，除撤销其相关证书外，处3000元以下的罚款，并自撤销其相关证书之日起3年内不得再次申请该证书。

（4）生产经营单位有下列情形之一的，责令改正，处3万元以下的罚款：

1）从业人员安全培训的时间少于《生产经营单位安全培训规定》或者有关标准规定的；

2）矿山新招的井下作业人员和危险物品生产经营单位新招的危险工艺操作岗位人员，未经实习期满独立上岗作业的；

3）相关人员未按照本办法规定重新参加安全培训的。

（5）生产经营单位存在违反有关法律、法规中安全生产教育培训的其他行为的，依照相关法律、法规的规定予以处罚。

四、《电力安全事件监督管理规定》（摘录）

2014 年 5 月 10 日，国家能源局印发《电力安全事件监督管理规定》，自发布之日起执行。

（1）为贯彻落实《电力安全事故应急处置和调查处理条例》（以下简称《条例》），加强对可能引发电力安全事故的重大风险管控，防止和减少电力安全事故，制定本规定。

（2）本规定所称的电力安全事件，是指未构成电力安全事故，但影响电力（热力）正常供应，或对电力系统安全稳定运行构成威胁，可能引发电力安全事故或造成较大社会影响的事件。

（3）电力企业应当加强对电力安全事件的管理，严格落实安全生产责任，建立健全相关的管理制度，完善安全风险管控体系，强化基层基础安全管理工作，防止和减少电力安全事件。

（4）电力企业应当依照《条例》和本规定，制定本企业电力安全事件相关管理规定，明确电力安全事件分级分类标准、信息报送制度、调查处理程序和责任追究制度等内容。

（5）电力企业制定的电力安全事件相关管理规定应当报送国家能源局及其派出机构。属于国家电力安全生产委员会成员单位的电力企业相对国家能源局报送，其他电力企业应当向当地国家能源局派出机构（以下简称"派出机构"）报送。电力安全事件相关管理规定作出修订后，应当重新报送。

（6）国家能源局以及派出机构指导、督促电力企业开展电力安全事件防范工作，并重点加强对以下电力安全事件的监督管理：

1）因安全故障（含人员误操作，下同）造成城市电网（含直辖市、省级人民政府所在地城市、其他设区的市、县级市电网）减供负荷比例或者城市供电用户停电比例超过《电力安全事故应急处置和调查处理条例》规定的一般电力安全事故比例数值 60%以上；

2）500kV 以上系统中，一次时间造成同一输电中断面两回以上线路同时停运；

3）省级以上电力调度机构管辖的安全稳定控制装置拒动、误动、330kV 以上线路主保护拒动或者误动、330kV 以上断路器拒动；

4）装机总容量 1000MW 以上的发电厂、330kV 以上变电站因安全故障造成全长（全站）对外停电；

5）±400kV 以上直流输电线路双极闭锁或一次事件造成多回直流输电线路单极闭锁；

6）发生地市级以上地方人民政府有关部门确定的特级或者一级重要电力用户外部供电电源因安全故障全部中断；

7）因安全故障造成发电厂一次减少出力 1200MW 以上，或者装机容量 5000MW 以上发电厂一次减少出力 2000MW 以上，或者风电场一次减少出力 200MW 以上；

8）水电站由于水工设备、水土建筑损坏或者其他原因，造成水库不能正常蓄水、泄洪、水淹厂房、库水漫坝；或者水电站在泄洪过程中发生消能防冲设施破坏、下游近坝堤岸垮塌；

9）燃煤发电厂贮灰场大坝发生溃决，或发生严重泄露并造成环境好、污染；

10）供热机组装机容量 200MW 以上的热电厂，在当地人民政府规定的采暖期内同时发生 2 台以上供热机组因安全故障停止运行并持续 12h；

（7）发生电力安全事件后，对于造成较大社会影响的，发生事件的单位负责人接到报告后应当于 1h 内向上级主管单位和当地派出机构报告，在未设派出机构的省、自治区、直辖市，应当向当地国家能源局区域派出机构报告，全国电力安全生产委员会成员单位接到报告后应当于 1h 内向国家能源局报告。

其他电力安全事件报国家能源局的时限为事件发生后 24h。同时，当地派出机构要对事件进一步核实，及时向国家能源局报送事件情况的书面报告。

（8）电力企业对发生的电力安全事件，应当吸取教训，按照本企业的相关管理规定，制定和落实防范整改措施。

对电力安全事件，电力企业应当依据国家有关事故调查程序，组织调查组进行调查处理。

对电力系统安全稳定运行或对社会造成较大影响的电力安全事件，国家能源局及其派出机构认为必要时，可以专项督查。

（9）对电力安全事件的调查期限依据《条例》规定的一般电力安全事故调查期限执行，调查工作结束后 5 个工作日内，电力企业应当将调查结果以书面形式报国家能源局及其派出机构。

（10）涉及电网企业、发电企业等两个或者两个以上企业的电力安全事件，组织联合调查时发生争议且一方申请国家能源局及其派出机构调查的，可以由国家能源及其派出机构组织调查。

（11）对发生电力安全事件且负有主要责任的电力企业，国家能源局及其派出机构将视情况采取约谈、通报、现场检查和专项督办等手段加强督导，督促电力企业落实安全生产主体责任，全面排查安全隐患，落实防范整改措施，切实提高安全生产管理水平，防止类似事件重复发生，防止电力安全事件引发电力安全事故。

（12）电力企业违反本规定要求的，由国家能源局及其派出机构依据有关规定处理。

五、《电力安全培训监督管理办法》（摘录）

2013 年 12 月 8 日国家能源局印发《电力安全培训监督管理办法》（国能安全〔2013〕475 号），自发布之日起执行。

1. 总则

（1）为加强和规范电力行业安全培训工作，提高电力行业从业人员安全素质和安全意识，促进电力安全培训工作健康发展，根据《安全生产法》《行政许可法》《电力监管条例》和《国务院安委会关于进一步加强安全培训的决定》（安委〔2012〕10 号）等法律法规和规范性文件，制定本办法。

（2）电力企业从业人员和电力安全培训教师的安全培训，适用本办法。

电力企业从业人员包括企业相关负责、各级安全生产管理人员和以班组长、新工人、农民工为重点的其他从业人员（以下简称其他从业人员）。

对特种作业人员、特种设备作业人员安全培训监督管理另有规定的，从其规定。

（3）电力安全培训工作实行统一规划、归口管理、分级实施、教考分离的原则。

（4）国家能源局负责指导全国电力安全培训工作，依法对全国电力安全培训工作实施监督管理。国家能源局派出机构依法对所辖地区电力安全培训工作实施监督管理。

电力企业承担企业安全培训的主体责任，负责本单位从业人员安全培训工作。

2. 组织实施

（1）国家能源局负责组织、指导和监督电力安全培训教师的培训工作。国家能源局派出机构负责组织、指导和监督所辖地区电力企业相关负责人、安全生产管理人员的培训工作。电力企业负责组织以班组长、新工人、农民工为重点的其他从业人员的安全培训工作。

（2）电力企业应当建立安全培训管理制度，保障安全培训投入，对从业人员进行与其所从事岗位相应的安全教育培训。从业人员调整工作岗位或者采用（使用）新工艺、新技术、新设备、新材料的，应当对其进行专门的安全培训。

未经安全培训合格的从业人员，不得上岗作业。

（3）下列人员应当由电力安全培训机构进行培训：

1）电力企业相关负责人、各级安全生产管理人员；

2）电力安全培训教师。

（4）国家能源局定期公布电力安全培训机构名单和培训范围，接受社会监督。

（5）电力安全培训机构应当建立电力安全培训工作制度和人员培训档案，落实电力安全培训计划，利用现代信息技术开展电力安全培训，实现电力安全培训信息化管理。

3. 培训内容和时间

（1）电力安全培训应当按照规定的培训大纲进行。

电力企业相关负责人、安全生产管理人员和电力安全培训教师的培训大纲，由国家能源局组织制定。

电力企业其他从业人员的安全培训内容，由电力企业按照本办法自行制定。

（2）电力企业相关负责人和安全生产管理人员安全培训应当包括下列内容：

1）国家安全生产方针政策和有关电力安全生产的法律法规及规程标准；

2）安全管理基本理论；

3）电力安全生产管理、电力安全生产技术等；

4）电力应急管理基础理论、电力突发事件应急预案编制、演练以及应急处置基本流程；

5）国内外先进的安全生产管理经验；

6）典型电力事故和应急救援案例分析；

7）其他需要培训的内容。

（3）电力安全培训教师安全培训应当包括下列内容及其更新：

1）国家安全生产方针政策和有关电力安全生产的法律法规及规程标准；

2）安全管理基本理论；

3）电力安全管理实践和国内外先进安全生产管理经验；

4）电力安全生产技术；

5）安全培训技能、方法等；

6）其他需要培训的内容。

（4）电力企业其他从业人员安全培训应当包括下列内容：

1）《电力安全工作规程》《电力建设安全工作规程》等规程标准及安全生产基本知识；

2）本单位、部门、班组安全生产情况；

3）本单位、部门、班组安全生产规章制度和劳动纪律；

4）从业人员安全生产权利和义务；

5）工作环境、工作岗位及危险因素；

6）所从事工种的安全职责、操作技能；

7）自救互救、急救方法、疏散和现场紧急情况的处理；

8）安全设备设施、个人防护用品的使用和维护；

9）预防事故措施及应注意的安全事项；

10）有关事故案例；

11）电力应急基本技能；

12）其他需要培训的内容。

（5）电力建设施工企业相关负责人、项目负责人、安全生产管理人员安全资格培训时间不得少于 48 学时。每年再培训时间不得少于 16 学时。

发电企业和电网企业相关负责人、安全生产管理人员首次安全培训时间不得少于 32 学时。每年再培训时间不得少于 12 学时。

电力安全培训教师初次安全资格培训时间不得少于 32 学时。每年再培训时间不得少于 12 学时。

（6）电力建设施工企业新上岗的其他从业人员，岗前安全培训时间不得少于 72 学时，每年接受再培训的时间不得少于 20 学时。

发电企业和电网企业新上岗的其他从业人员，岗前安全培训时间不得少于 24 学时。

（7）电力企业发生负有主要责任的电力人身伤亡事故、电力安全事故或直接经济损失 100 万元以上设备事故的，其相关负责人和安全生产管理人员应当重新参加安全培训。

（8）国家能源局及其派出机构将根据电力安全监督管理实际情况开展专项培训。

4. 考核发证

（1）电力安全培训工作的考核，应当坚持统一标准、统一题库、分级负责的原则。

（2）国家能源局负责电力安全培训教师的安全培训的考核；国家能源局派出机构负责所辖地区电力企业的相关负责人、安全生产管理人员的安全培训的考核。电力企业自行组织其他从业人员的考核。

（3）国家能源局派出机构、电力企业应当制定电力安全培训的考核制度，建立考核管理档案备查。

（4）经国家能源局及其派出机构考核合格的人员，由国家能源局及其派出机构在考核结束后 10 个工作日内颁发相应的证书。考核、发证不得收费。

（5）电力建设施工企业的相关负责人、项目负责人、安全生产管理人员经考核合格后，颁发电力建设安全管理人员资格证；其他电力企业相关负责人、安全管理人员经培训合格后，颁发电力安全培训合格证。电力安全培训教师经考核合格后，颁发电力安全培训教师合格证。

（6）电力建设施工企业安全管理人员资格证、其他电力企业安全管理人员培训合格证、电力安全培训教师培训合格证的式样，由国家能源局统一规定。

（7）电力建设安全管理人员资格证、电力安全培训教师合格证和电力安全培训合格证的有效期为 5 年。有效期届满需要延期的，应当于有效期届满 30 日前向原发证部门申请办理延期手续。

5. 监督管理

（1）国家能源局及其派出机构依照法律法规和本办法，加强对电力安全培训工作的监督管理，对电力企业、电力安全培训机构违反有关法律法规和本办法的行为，依法作出处理。

国家能源局派出机构应当定期统计分析辖区内电力安全培训、考核、发证情况，并报国家能源局。

（2）国家能源局及其派出机构应当对电力安全培训机构进行监督检查，内容包括：

1）电力安全培训的开展情况；

2）电力安全培训管理制度的建立情况；

3）专兼职教师配备及持证情况；

4）培训大纲的执行和培训档案的管理情况；

5）法律法规规定的其他内容。

（3）国家能源局及其派出机构应当对电力企业开展安全培训情况进行监督检查，内容包括：

1）电力安全培训制度、年度培训计划的制定实施和安全培训档案的管理情况；

2）电力安全培训经费投入和使用的情况；

3）相关负责人、安全生产管理人员、特种作业人员、特种设备作业人员安全培训和持证上岗情况；

4）采用（使用）新工艺、新技术、新材料、新设备时从业人员安全培训的情况；

5）以班组长、新员工、农民工为重点的其他从业人员安全培训情况；

6）法律法规规定的其他内容。

（4）任何单位或者个人对电力企业、电力安全培训机构违反有关法律法规和本办法的行为，均有权向国家能源局及其派出机构报告或者举报。接到举报的国家能源局及其派出机构应当为举报人保密，并按照有关规定对举报进行核查和处理。

（5）电力安全培训机构有下列情形之一的，责令限期改正，予以通报：

1）隐瞒有关情况或者提供虚假材料从事电力安全培训工作的；

2）未按照统一的培训大纲组织教学培训的；

3）电力安全培训教师未经考核，或者考核不合格而从事电力安全培训工作的；

4）未建立培训档案或者培训档案管理不规范的；

5）将自身承担的电力安全培训工作转包给其他机构或者个人的。

（6）电力企业有下列情形之一的，责令改正，情节严重的予以通报：

1）未建立安全培训管理制度和从业人员安全培训档案、不能保障安全培训所需费用的；

2）企业相关负责人、安全管理人员、特种作业人员和特种设备作业人员未参加相关部门组织的安全培训的，或者未取得相关证书的；

3）从业人员安全培训的时间少于本办法规定的；

4）相关人员未按照本办法规定重新参加安全培训的。

（7）依据有关法律法规，对应持证未持证或未经培训就上岗的电力企业从业人员，一经发现，严格执行先离岗、培训持证后再上岗的制度。

（8）电力企业存在违反有关法律法规中安全生产教育培训的其他行为的，依照相关法律法规的规定予以处罚。

6. 附则

（1）相关负责人是指电力企业中主管、分管或者协管本单位安全生产工作的总经理、副总经理和总工程师等。

安全生产管理人员是指电力企业安全生产管理机构负责人及其管理人员，以及未设安全生产管理机构的电力企业中的专、兼职安全生产管理人员等。

其他从业人员是指除相关负责人、安全生产管理人员以外，该单位从事电力生产活动的所有人员，包括其他负责人、其他管理人员、技术人员和各岗位的工人以及临时聘用的人员。

（2）参与电力建设工程的承装（修、试）电力设施企业相关负责人、安全管理人员和其他从业人员的安全培训，参照本办法执行。

第五节　安全生产制度

一、《国家电网公司安全工作规定》（摘录）

2014年9月12日，国家电网公司关于印发《国家电网公司安全工作规定》的通知（国家电网企管〔2014〕1117号）。这是国家电网公司安全生产管理制度的总纲，也是安全生产管理工作的纲领性文件。

1. 总则

（1）为了贯彻"安全第一、预防为主、综合治理"的方针，加强安全监督管理，防范安全事故，保证员工人身安全，保证电网安全稳定运行和可靠供电，保证国家和投资者资产免遭损失，制定《国家电网公司安全工作规定》（以下简称本规定）。

（2）本规定依据《中华人民共和国安全生产法》《中华人民共和国突发事件应对法》《生产安全事故报告和调查处理条例》《电力安全事故应急处置和调查处理条例》等有关法律、法规，结合电力行业特点和国家电网公司组织形式制定，用于规范国家电网公司系统安全工作基本要求。

（3）国家电网公司各级单位实行以各级行政正职为安全第一责任人的安全责任制，建立健全安全保证体系和安全监督体系，并充分发挥作用。

（4）国家电网公司各级单位应建立和完善安全风险管理体系、应急管理体系、事故调查体系，构建事前预防、事中控制、事后查处的工作机制，形成科学有效并持续改进的工作体系。

（5）国家电网公司各级单位应贯彻国家法律、法规和行业有关制度标准及其他规范性文件，补充完善安全管理规章制度和现场规程，使安全工作制度化、规范化、标准化。

（6）国家电网公司各级单位应贯彻"谁主管谁负责、管业务必须管安全"的原则，做到计划、布置、检查、总结、考核业务工作的同时，计划、布置、检查、总结、考核安全工作。

（7）本规定适用于国家电网公司总（分）部及所属各级单位（含全资、控股、代管单位）的安全管理和安全监督管理工作。

国家电网公司各级单位承包和管理的境外工程项目，以及国家电网公司系统其他相关单位的安全管理和安全监督管理工作参照执行。

2. 目标

（1）国家电网公司安全工作的总体目标是防止发生如下事故（事件）：

1）人身死亡；

2）大面积停电；

3）大电网瓦解；

4）主设备严重损坏；

5）电厂垮坝、水淹厂房；

6）重大火灾；

7）煤矿透水、瓦斯爆炸；

8）其他对国家电网公司和社会造成重大影响、对资产造成重大损失的事故（事件）。

（2）省（自治区、直辖市）电力公司和国家电网公司直属单位（以下简称省公司级单位）的安全目标：

1）不发生人身死亡事故；

2）不发生一般及以上电网、设备事故；

3）不发生重大火灾事故；

4）不发生五级信息系统事件；

5）不发生煤矿重大及以上非伤亡事故；

6）不发生本单位负同等及以上责任的特大交通事故；

7）不发生其他对国家电网公司和社会造成重大影响的事故（事件）。

（3）省（自治区、直辖市）电力公司支撑实施机构、直属单位、地市供电企业和国家电网公司直属单位下属单位（简称地市公司级单位）的安全目标：

1）不发生重伤及以上人身事故；

2）不发生五级及以上电网、设备事件；

3）不发生一般及以上火灾事故；

4）不发生六级及以上信息系统事件；

5）不发生煤矿较大及以上非伤亡事故；

6）不发生本单位负同等及以上责任的重大交通事故；

7）不发生其他对国家电网公司和社会造成重大影响的事故（事件）。

（4）地市公司级单位直属单位、县供电企业、国家电网公司直属单位下属单位子企业（以下简称县公司级单位）的安全目标：

1）不发生五级及以上人身事故；

2）不发生六级及以上电网、设备事件；

3）不发生一般及以上火灾事故；

4）不发生七级及以上信息系统事件；

5）不发生煤矿一般及以上非伤亡事故；

6）不发生本单位负同等及以上责任的重大交通事故；

7）不发生其他对国家电网公司和社会造成重大影响的事故（事件）。

3．责任制

（1）国家电网公司各级单位行政正职是本单位的安全第一责任人，对本单位安全工作和安全目标负全面责任。

（2）国家电网公司各级单位行政正职安全工作的基本职责：

1）建立、健全本单位安全责任制；

2）批阅上级有关安全的重要文件并组织落实，及时协调和解决各部门在贯彻落实中出现的问题；

3）全面了解安全情况，定期听取安全监督管理机构的汇报，主持召开安全生产委员会议和安全生产月度例会，组织研究解决安全工作中出现的重大问题；

4）保证安全监督管理机构及其人员配备符合要求，支持安全监督管理部门履行职责；

5）保证安全所需资金的投入，保证反事故措施和安全技术劳动保护措施所需经费，保证安全奖励所需费用；

6）组织制定本单位安全管理辅助性规章制度和操作规程；

7）组织制定并实施本单位安全生产教育和培训计划；

8）组织制定本单位安全事故应急预案；

9）督促、检查本单位安全工作，及时消除安全事故隐患；

10）建立安全指标控制和考核体系，形成激励约束机制；

11）及时、如实报告安全事故；

12）其他有关安全管理规章制度中所明确的职责。

（3）国家电网公司各级单位行政副职对分管工作范围内的安全工作负领导责任，向行政正职负责；总工程师对本单位的安全技术管理工作负领导责任；安全总监协助负责安全监督管理工作。

（4）国家电网公司各级单位的各部门、各岗位应有明确的安全管理职责，做到责任分担，并实行下级对上级的安全逐级负责制。安全保证体系对业务范围内的安全工作负责，安全监督体系负责安全工作的综合协调和监督管理。

（5）国家电网公司各级单位实行上级单位对下级单位的安全责任追究制度，包括对责任人和责任单位领导的责任追究。在国家电网公司各级单位内部考核上，上级单位为下级单位承担连带责任。

4. 安全监督管理

（1）安全监督管理机构是本单位安全工作的综合管理部门，对其他职能部门和下级单位的安全工作进行综合协调和监督。

（2）国家电网公司、省公司级单位和省公司级单位所属的检修、运行、发电、施工、煤矿企业（单位）以及地市供电企业、县供电企业，应设立安全监督管理机构。机构设置及人员配置执行国家电网公司"三集五大"体系机构设置和人员配置指导方案。

省公司级单位所属的电力科学研究院、经济技术研究院、信息通信（分）公司、物资供应公司、培训中心、综合服务中心等下属单位，地市供电企业、县供电企业两级单位所属的建设部、调控中心、业务支撑和实施机构及其二级机构（工地、分场、工区、室、所、队等，下同）等部门、单位，应设专职或兼职安全员。

地市供电企业、县供电企业两级单位所属业务支撑和实施机构下属二级机构的班组应设专职或兼职安全员。

（3）国家电网公司和省公司级单位的安全监督管理机构由本单位行政正职或行政正职委托的行政副职主管；地市供电企业、县供电企业安全监督管理机构由行政正职主管。

（4）安全监督管理机构应满足以下基本要求：

1）从事安全监督管理工作的人员符合岗位条件，人员数量满足工作需要；

2）专业搭配合理，岗位职责明确；

3）配备监督管理工作必需的装备。

（5）安全监督管理机构的职责：

1）贯彻执行国家和上级单位有关规定及工作部署，组织制定本单位安全监督管理和应急管理方面的规章制度，牵头并督促其他职能部门开展安全性评价、隐患排查治理、安全检查和安全风险管控等工作，积极探索和推广科学、先进的安全管理方式和技术；

2）监督本单位各级人员安全责任制的落实；监督各项安全规章制度、反事故措施、安全技术劳动保护措施和上级有关安全工作要求的贯彻执行；负责组织基建、生产、发电、供用电、农电、信息等安全的监督、检查和评价；负责组织交通安全、电力设施保护、防汛、消防、防灾减灾的监督检查；

3）监督涉及电网、设备、信息安全的技术状况，涉及人身安全的防护状况；对监督检查中发现的重大问题和隐患，及时下达安全监督通知书，限期解决，并向主管领导报告；

4）监督建设项目安全设施"三同时"（与主体工程同时设计、同时施工、同时投入生产和使用）执行情况；组织制定安全工器具、安全防护用品等相关配备标准和管理制度，并监督执行；

5）参加和协助本单位领导组织安全事故调查，监督"四不放过"（即事故原因未查清不放过、责任人员未处理不放过、整改措施未落实不放过、有关人员未受教育不放过）原则的贯彻落实，完成事故统计、分析、上报工作并提出考核意见；对安全做出贡献者提出给予表扬和奖励的建议或意见；

6）参与电网规划、工程和技改项目的设计审查、施工队伍资质审查和竣工验收以及安全方面科研成果鉴定等工作；

7）负责编制安全应急规划并组织实施；负责组织协调公司应急体系建设及公司应急管理日常工作；负责归口管理安全生产事故隐患排查治理工作并进行监督、检查与评价；负责人武、保卫管理；负责指导集体企业安全监察相关管理工作。

（6）安全监督管理机构有责任分析安全工作存在的突出和重大问题，向主管领导汇报，并积极向有关职能部门提出工作建议。

（7）安全监督管理机构可借助学会、协会、专家组织或其他中介机构和社会组织，对本单位或所属单位的安全状况提供诊断、分析和评价。

（8）国家电网公司各级单位应设立安全生产委员会，主任由单位行政正职担任，副主任由党组（委）书记和分管副职担任，成员由各职能部门负责人组成。安全生产委员会办公室设在安全监督管理部门。

（9）国家电网公司各级单位承、发包工程和委托业务（包括对外委托和接受委托开展的输变电设备运维、检修以及营销等运营业务，下同）项目，若同时满足以下条件，应成立项目安全生产委员会，主任由项目法人单位（或建设管理单位）主要负责人担任：

1）项目同时有三个及以上中标施工企业参与施工；

2）项目作业人员总数（包括外来人员）超过 300 人；

3）项目合同工期超过 12 个月。

5. 规章制度

（1）国家电网公司所属各级单位应严格贯彻公司颁发的制度标准及其他规范性文件。

（2）国家电网公司各级单位应建立健全保障安全的各项规程制度：

1）根据上级颁发的制度标准及其他规范性文件和设备厂商的说明书，编制企业各类设备的现场运行规程和补充制度，经专业分管领导批准后按公司有关规定执行；

2）在公司通用制度范围以外，根据上级颁发的检修规程、技术原则，制定本单位的检修管理补充规程，根据典型技术规程和设备制造说明，编制主、辅设备的检修工艺规程和质量标准，经专业分管领导批准后执行；

3）根据国务院颁发的《电网调度管理条例》和国家颁发的有关规定以及上级的调控规程或细则，编制本系统的调控规程或细则，经专业分管领导批准后执行；

4）根据上级颁发的施工管理规定，编制工程项目的施工组织设计和安全施工措施，按规定审批后执行。

（3）国家电网公司所属各级单位应及时修订、复查现场规程，现场规程的补充或修订应严格履行审批程序。

1）当上级颁发新的规程和反事故技术措施、设备系统变动、本单位事故防范措施需要时，应及时对现场规程进行补充或对有关条文进行修订，书面通知有关人员。

2）每年应对现场规程进行一次复查、修订，并书面通知有关人员；不需修订的，也应出具经复查人、审核人、批准人签名的"可以继续执行"的书面文件，并通知有关人员。

3）现场规程宜每 3～5 年进行一次全面修订、审定并印发。

（4）省公司级单位应定期公布现行有效的规程制度清单；地市公司级单位、

县公司级单位应每年至少一次对安全法律法规、标准规范、规章制度、操作规程的执行情况进行检查评估，公布一次本单位现行有效的现场规程制度清单，并按清单配齐各岗位有关的规程制度。

（5）国家电网公司所属各单位应按规定严格执行"两票（工作票、操作票）三制（交接班制、巡回检查制、设备定期试验轮换制）"和班前会、班后会制度，检修、施工作业应严格执行现场勘察制度。

（6）国家电网公司所属各单位应严格执行各项技术监督规程、标准，充分发挥技术监督作用。

6. 反事故措施计划与安全技术劳动保护措施计划

（1）省公司级单位、地市公司级单位、县公司级单位及他们所属的检修、运行、发电、煤矿企业（单位）每年应编制年度反事故措施计划和安全技术劳动保护措施计划。电力施工企业应编制年度安全技术措施计划及项目安全施工措施。

（2）年度反事故措施计划应由分管业务的领导组织，以运维检修部门为主，各有关部门参加制定；安全技术劳动保护措施计划应由分管安全工作的领导组织，以安全监督管理部门为主，各有关部门参加制定。

（3）反事故措施计划应根据上级颁发的反事故技术措施、需要治理的事故隐患、需要消除的重大缺陷、提高设备可靠性的技术改进措施以及本单位事故防范对策进行编制。反事故措施计划应纳入检修、技改计划。

（4）安全技术劳动保护措施计划、安全技术措施计划应根据国家、行业、公司颁发的标准，从改善作业环境和劳动条件、防止伤亡事故、预防职业病、加强安全监督管理等方面进行编制；项目安全施工措施应根据施工项目的具体情况，从作业方法、施工机具、工业卫生、作业环境等方面进行编制。

（5）安全性评价结果、事故隐患排查结果应作为制定反事故措施计划和安全技术劳动保护措施计划的重要依据。防汛、抗震、防台风、防雨雪冰冻灾害等应急预案所需项目，可作为制定和修订反事故措施计划的依据。

（6）省公司级单位、地市公司级单位、县公司级单位及他们所属的检修、运行、发电、煤矿企业（单位）主管部门应优先从成本中据实列支反事故措施计划、安全技术劳动保护措施计划所需资金。

电力建设管理有关部门应根据国家、行业、国家电网公司的有关规定，优先安排安全技术措施计划所需费用，电力施工企业安全生产费用应优先用于保证工程建设过程达到安全生产标准化要求，所需的支出应按规定规范使用。

（7）安全监督管理机构负责监督反事故措施计划和安全技术劳动保护措施计划的实施，并建立相应的考核机制，对存在的问题应及时向主管领导汇报。

（8）省公司级单位、地市公司级单位、县公司级单位及他们所属的检修、运行、发电、煤矿企业（单位）负责人应定期检查反事故措施计划、安全技术劳动保护措施计划的实施情况，并保证反事故措施计划、安全技术劳动保护措施计划的落实；列入计划的反事故措施和安全技术劳动保护措施若需取消或延期，必须由责任部门提前征得分管领导同意。

7．教育培训

（1）新入单位的人员（含实习、代培人员），应进行安全教育培训，经《电力安全工作规程》考试合格后方可进入生产现场工作。

（2）新上岗生产人员应当经过下列培训，并经考试合格后上岗：

1）运维、调控人员（含技术人员）、从事倒闸操作的检修人员，应经过现场规程制度的学习、现场见习和至少2个月的跟班实习；

2）检修、试验人员（含技术人员），应经过检修、试验规程的学习和至少2个月的跟班实习；

3）用电检查、装换表、业扩报装人员，应经过现场规程制度的学习、现场见习和至少1个月的跟班实习；

4）特种作业人员，应经专门培训，并经考试合格取得资格、单位书面批准后，方能参加相应的作业。

（3）在岗生产人员的培训：

1）在岗生产人员应定期进行有针对性的现场考问、反事故演习、技术问答、事故预想等现场培训活动；

2）因故间断电气工作连续3个月以上者，应重新学习《电力安全工作规程》，并经考试合格后，方可再上岗工作；

3）生产人员调换岗位或者其岗位需面临新工艺、新技术、新设备、新材料时，应当对其进行专门的安全教育和培训，经考试合格后，方可上岗；

4）变电站运维人员、电网调控人员，应定期进行仿真系统的培训；

5）所有生产人员应学会自救互救方法、疏散和现场紧急情况的处理，应熟练掌握触电现场急救方法，所有员工应掌握消防器材的使用方法；

6）各基层单位应积极推进生产岗位人员安全等级培训、考核、认证工作；

7）生产岗位班组长应每年进行安全知识、现场安全管理、现场安全风险管控等知识培训，考试合格后方可上岗；

8）在岗生产人员每年再培训不得少于 8 学时；

9）离开特种作业岗位 6 个月的作业人员，应重新进行实际操作考试，经确认合格后方可上岗作业。

（4）外来工作人员必须经过安全知识和安全规程的培训，并经考试合格后方可上岗。

（5）企业主要负责人、安全生产管理人员、特种作业人员应由取得相应资质的安全培训机构进行培训，并持证上岗。发生或造成人员死亡事故的，其主要负责人和安全生产管理人员应当重新参加安全培训。对造成人员死亡事故负有直接责任的特种作业人员，应当重新参加安全培训。

（6）安全法律法规、规章制度、规程规范的定期考试：

1）省公司级单位领导、安全监督管理机构负责人应自觉接受国家电网公司和政府有关部门组织的安全法律法规考试；

2）省公司级单位对本单位运检、营销、农电、建设、调控等部门的负责人和专业技术人员，对所属地市公司级单位的领导、安全监督管理机构负责人，一般每两年进行一次有关安全法律法规和规章制度考试；

3）地市供电企业对所属的县供电企业负责人，地市公司级单位和县公司级单位对所属的建设部、调控中心、业务支撑和实施机构及其二级机构的负责人、专业技术人员，每年进行一次有关安全法律法规、规章制度、规程规范考试；

4）地市公司级单位、县公司级单位每年至少组织一次对班组人员的安全规章制度、规程规范考试。

（7）国家电网公司所属各级单位应每年对生产人员的安全考试进行抽考、调考，并对抽考、调考情况进行通报。

（8）地市公司级单位、县公司级单位每年应对工作票签发人、工作负责人、工作许可人进行培训，经考试合格后，书面公布有资格担任工作票签发人、工作负责人、工作许可人的人员名单。

（9）地市公司级单位、县公司级单位应按规定建立安全培训机制，制定年度培训计划，定期检查实施情况；保证员工安全培训所需经费；建立员工安全培训管理档案，详细、准确记录企业主要负责人、安全生产管理人员、特种作业人员培训和持证情况、生产人员调换岗位和其岗位面临新工艺、新技术、新设备、新材料时的培训情况以及其他员工安全培训考核情况。

（10）对违反规程制度造成安全事故、严重未遂事故的责任者，除按有关规定处理外，还应责成其学习有关规程制度，并经考试合格后，方可重新上岗。

（11）省公司级单位应依托培训中心建立安全教育实训基地，完善安全培训场所、设施设备，编写员工安全应知应会读本，建立安全事故案例库和制作警示片，及时对有关人员进行教育。

（12）公司所属各级单位应采用多种形式与手段，开展安全宣传教育活动，把安全理念、知识、技能作为重要培训内容，开展有针对性的实际操作、现场安全培训。利用信息化、智能化技术，分工种开发推广具有仿真、体感特色的互动化安全培训系统，提升安全培训效率和质量。

（13）公司所属各级单位应加大应急培训和科普宣教力度，针对所属应急救援基于分队、应急抢修队伍、应急专家队伍人员，定期开展不同层面的应急理论和技能培训，结合实际经常向全体员工宣传应急知识。

8. 例行工作

（1）安全生产委员会议。省公司级单位至少每半年，地市公司级单位、县公司级单位每季度召开一次安全生产委员会议，研究解决安全重大问题，决策部署安全重大事项。

按要求成立安全生产委员会的承、发包工程和委托业务项目，安全生产委员会应在项目开工前成立并召开第一次会议，以后至少每季度召开一次会议。

（2）安全例会。国家电网公司各级单位应定期召开各类安全例会。

1）年度安全工作会。国家电网公司各级单位应在每年初召开一次年度安全工作会，总结本单位上年度安全情况，部署本年度安全工作任务。

2）月、周、日安全生产例会。省公司级单位、地市公司级单位、县公司级单位应建立安全生产月、周、日例会制度，对安全生产实行"月计划、周安排、日管控"，协调解决安全工作存在的问题，建立安全风险日常管控和协调机制。

3）安全监督例会。省公司级单位应每半年召开一次安全监督例会，地市公司级单位、县公司级单位应每月召开一次安全网例会。

（3）班前会和班后会。班前会应结合当班运行方式、工作任务，开展安全风险分析，布置风险预控措施，组织交待工作任务、作业风险和安全措施，检查个人安全工器具、个人劳动防护用品和人员精神状况。班后会应总结讲评当班工作和安全情况，表扬遵章守纪，批评忽视安全、违章作业等不良现象，布置下一个工作日任务。班前会和班后会均应做好记录。

（4）安全活动。国家电网公司各级单位应定期组织开展各项安全活动。

1）年度安全活动。根据公司年度安全工作安排，组织开展专项安全活动，抓好活动各项任务的分解、细化和落实；

2）安全生产月活动。根据全国安全生产月活动要求，结合本单位安全工作实际情况，每年开展为期一个月的主题安全月活动；

3）安全日活动。班组每周或每个轮值进行一次安全日活动，活动内容应联系实际，有针对性，并做好记录。班组上级主管领导每月至少参加一次班组安全日活动并检查活动情况。

（5）安全检查。公司各级单位应定期和不定期进行安全检查，组织进行春季、秋季等季节性安全检查，组织开展各类专项安全检查。

安全检查前应编制检查提纲或"安全检查表"，经分管领导审批后执行。对查出的问题要制定整改计划并监督落实。

（6）"两票"管理。国家电网公司所属各级单位应建立"两票"管理制度，分层次对操作票和工作票进行分析、评价和考核，班组每月一次，基层单位所属的业务支撑和实施机构及其二级机构至少每季度一次，基层单位至少每半年一次。基层单位每年至少进行一次"两票"知识调考。

（7）反违章工作。国家电网公司各级单位应建立预防违章和查处违章的工作机制，开展违章自查、互查和稽查，采用违章曝光和违章记分等手段，加大反违章力度。定期通报反违章情况，对违章现象进行点评和分析。

（8）安全通报。国家电网公司各级单位应编写安全通报、快报，综合安全情况，分析事故规律，吸取事故教训。

9. 风险管理

（1）国家电网公司各级单位应全面实施安全风险管理，对各类安全风险进行超前分析和流程化控制，形成"管理规范、责任明确、闭环落实、持续改进"的安全风险管理长效机制。

（2）国家电网公司各级单位应针对电网、设备、管理和生产作业中存在的危及人身、电网、设备安全的隐患、缺陷和问题，有效组织年度方式分析、安全性评价、隐患排查治理、作业风险管控等工作，系统辨识安全风险，落实整改治理措施。

（3）年度方式分析。国家电网公司各级单位应开展电网2～3年滚动分析校核及年度电网运行方式分析工作，全面评估电网运行情况、安全稳定措施落实情况及其实施效果，分析预测电网安全运行面临的风险，组织制定专项治理方案。

开展月度计划、周计划电网运行方式分析工作，评估临时方式、过渡方式、检修方式的电网风险，建立电网运行风险预警管控机制，分级落实电网风险控制的技术措施和组织措施。

（4）安全性评价。国家电网公司各级单位应以 3～5 年为周期，依据各专业评价标准，按照"制定评价计划、开展自评价、组织专家查评、实施整改方案"过程，建立安全性评价闭环动态管理工作机制。对安全性评价查评发现的问题，应建立定期跟踪和督办工作机制；对暂不能完成整改的重点问题，要制定落实预控措施和应急预案。

（5）隐患排查治理。公司各级单位应按照"全方位覆盖、全过程闭环"的原则，实施隐患"发现、评估、报告、治理、验收、销号"的闭环管理。按照"预评估、评估、核定"步骤定期评估隐患等级，建立隐患信息库，实现"一患一档"管理，保证隐患治理责任、措施、资金、期限、预案"五落实"。

（6）作业安全风险管控。公司各级单位应针对运维、检修、施工等生产作业活动，从计划编制、作业组织、现场实施等关键环节，分析辨识作业安全风险，开展安全承载能力分析，实施作业安全风险预警，制定落实风险管控措施，落实到岗到位要求。

10. 应急管理

（1）国家电网公司各级单位应贯彻国家和公司安全生产应急管理法规制度，坚持"预防为主、预防与处置相结合"的原则，按照"统一指挥、结构合理、功能实用、运转高效、反应灵敏、资源共享、保障有力"的要求，建立系统和完整的应急体系。

（2）国家电网公司各级单位应成立应急领导小组，全面领导本单位应急管理工作，应急领导小组组长由本单位主要负责人担任；建立由安全监督管理机构归口管理、各职能部门分工负责的应急管理体系。

（3）国家电网公司各级单位应根据突发事件类别和影响程度，成立专项事件应急处置领导机构（临时机构），在应急领导小组的领导下，具体负责指挥突发事件的应急处置工作。

（4）国家电网公司各级单位应按照"平战结合、一专多能、装备精良、训练有素、快速反应、战斗力强"的原则，建立应急救援基干队伍。加强应急联动机制建设，提高协同应对突发事件的能力。

（5）国家电网公司各级单位应按照"实际、实用、实效"的原则，建立横向到边、纵向到底、上下对应、内外衔接的应急预案体系。应急预案由本单位主要负责人签署发布，并向上级有关部门备案。

（6）国家电网公司各级单位应定期组织开展应急演练，每两年至少组织一次综合应急演练或社会应急联合演练，每年至少组织一次专项应急演练。

（7）国家电网公司各级单位应建立应急资金保障机制，落实应急队伍、应急装备、应急物资所需资金，提高应急保障能力；以3～5年为周期，开展应急能力评估。

（8）突发事件发生后，事发单位要做好先期处置，并及时向上级和所在地人民政府及有关部门报告。根据突发事件性质、级别，按照分级响应要求，组织开展应急处置与救援。

（9）突发事件应急处置工作结束后，相关单位应对突发事件应急处置情况进行调查评估，提出防范和改进措施。

11. 事故调查

（1）国家电网公司各级单位发生安全事故后，应严格依据国家、行业和公司的有关规定，及时、准确、完整报告事故情况，任何单位和个人对事故不得迟报、漏报、谎报或者瞒报。事故发生单位应按照相关规定做好事故资料的收集、整理、信息统计和存档工作，并按时向上级相关单位提交事故报告（报表）。

（2）事故调查应当严格执行国家、行业和国家电网公司的有关规定和程序，依据事故等级分级组织调查。对于由国家和政府有关部门、国家电网公司系统上级单位组织的调查，事故发生单位应积极做好各项配合工作。

（3）事故调查应坚持实事求是、尊重科学的原则，及时、准确地查清事故经过、原因和损失，明确事故性质，认定事故责任，总结事故教训，提出整改措施，并对事故责任者提出处理意见，严格执行"四不放过"。

事故调查和处理的具体办法按照国家、行业和国家电网公司的有关规定执行。

（4）任何单位和个人不得阻挠和干涉对事故的报告和调查处理。任何单位和个人对隐瞒事故或阻碍事故调查的行为有权向公司系统各级单位反映。任何单位和个人不得故意破坏事故现场，不得伪造、隐匿或者毁灭相关证据。

12. 电网使用相关方的安全要求

（1）国家电网公司所属各级单位与电网使用相关方（并网发电企业、电力用户、分布式电源等）应当依据国家有关法律法规和标准，明确各自的安全管理责任，共同维护电力系统的安全稳定运行和可靠供电。

（2）国家电网公司所属各级单位应开展发、输、变、配、用电领域安全新技术的研究，制定和修编相关规程规定，明确并网安全控制条件，监督电网使用相关方的实施。

（3）国家电网公司所属各级单位应与并网运行的发电企业（包括电力用户的自备电源和分布式电源）签订并网调度协议，在并网协议中至少明确以下内容：

1）对保证电网安全稳定、电能质量方面双方应承担的责任；

2）为保证电网安全稳定、电能质量所必须满足的技术条件；

3）对保证电网安全稳定、电能质量应遵守的运行管理、检修管理、技术管理、技术监督等规章制度；

4）并网电厂应开展并网安全性评价工作，达到所在电网规定的并网必备条件和评分标准要求；

5）并网电厂应参加电网企业为保证电网安全稳定、电能质量为目的组织的联合反事故演习；

6）发生影响到对方的电网、设备安全稳定运行、电能质量的事故（事件），应为对方提供有关事故调查所需数据资料以及事故时的运行状态；

7）电网企业对并网发电企业以保证电网安全稳定、电能质量为目的的安全监督内容。

对于 380（220）V 接入的分布式电源，可不单独签订调度协议，但必须签署含有调度运行内容的发用电合同。

（4）国家电网公司所属各级单位应根据国家有关规定，参与并网发电企业、供电企业和用户系统接线、运行方式等技术方案的审查工作和设备受电前验收工作。

（5）国家电网公司所属各级单位应与电力用户签订供用电合同，在合同中明确双方应承担的安全责任。

（6）国家电网公司所属各级单位应与并网运行的发电企业或分布式电源业主签订发用电合同，明确合同各方应承担的安全责任。

（7）国家电网公司所属各级单位对并网运行的发电企业、供电企业和电力用户，可邀请其参加与电网安全稳定相关的专业会议，交流管理经验，通报有关信息，并告知国家电网公司有关安全的规章制度。

（8）国家电网公司所属各级单位对并网运行的发电企业、供电企业和电力用户，应积极创造条件为其提供有关电网安全运行的重大技术问题和反事故措施所必要的咨询和帮助。

13. 承、发包工程和委托业务

（1）承、发包工程和委托业务项目，项目法人和工程（业务）总承包方（含接受委托方，下同），或项目法人和设计、监理、工程（业务）承包方应共同管理施工现场安全工作，并各自承担相应的安全责任。

（2）项目法人（管理单位）应明确发布项目的安全方针、目标、政策和主要保证措施；明确应遵守的安全法规，制定项目现场安全管理制度；依托项目安全生产委员会，建立健全现场安全保证体系和监督体系。

（3）国家电网公司所属各级单位应建立承、发包工程和委托业务管理补充制度，规范管理流程，明确安全工作的评价考核标准和要求。

（4）国家电网公司所属各级单位对外承、发包工程和委托业务应依法签订合同，并同时签订安全协议。合同的形式和内容应统一规范；安全协议中应具体规定发包方（含委托方，下同）和承包方各自应承担的安全责任和评价考核条款，并由本单位安全监督管理机构审查。

（5）国家电网公司所属各级单位在工程项目和外委业务招标前必须对承包方以下资质和条件进行审查：

1）企业资质（营业执照、法人资格证书）、业务资质（建设主管部门和电力监管部门颁发的资质证书）和安全资质安全生产许可证、近3年安全情况证明材料）是否符合工程要求；

2）企业负责人、项目经理、现场负责人、技术人员、安全员是否持有国家合法部门颁发有效安全证件，作业人员是否有安全培训记录，人员素质是否符合工程要求；

3）施工机械、工器具、安全用具及安全防护设施是否满足安全作业需求；

4）具有两级机构的承包方应设有专职安全管理机构；施工队伍超过30人的应配有专职安全员，30人以下的应设有兼职安全员。

（6）发包方应承担以下安全责任：

1）对承包方的资质进行审查，确定其符合条件；

2）开工前对承包方项目经理、现场负责人、技术员和安全员进行全面的安全技术交底，并应有完整的记录或资料；

3）在有危险性的电力生产区域内作业，如有可能因电力设施引发火灾、爆炸、触电、高处坠落、中毒、窒息、机械伤害、灼烫伤等或容易引起人员伤害和电网事故、设备事故的场所作业，发包方应事先进行安全技术交底，要求承包方制定安全措施，并配合做好相关的安全措施；

4）安全协议中规定由发包方承担的有关安全、劳动保护等其他事宜。

（7）开工前，发包方应预留一定比例的合同价款作为安全保证金。在发生安全事故时，由发包方根据安全协议有关条款进行评价考核，扣除相应比例的安全保证金，并计入承包方安全业绩。

（8）承包方在电力生产区域内违反有关安全规程制度时，业主方、发包方、监理方应予以制止，直至停止承包方的工作，并按照安全协议有关条款进行评价考核。

（9）因承包方责任造成的发包方设备、电网事故，由发包方负责调查、统计上报，无论任何原因均对发包方进行考核。发包方根据安全协议对承包方进行处罚。

（10）承、发包工程和委托业务发生人身事故，按事故责任进行考核。因承包方负主要责任造成的承包方人身事故，不对发包方进行考核；因发包方负主要责任造成的承包方人身事故，不对承包方进行考核。发包方与承包方有资产关系或有管理关系者除外。

（11）具有独立法人的企业或经具有独立法人的企业委托授权的企业、单位才能作为工程（业务）的发包方对外发包，核心业务不得对外委托。

（12）承包方不得将承包工程（接受委托业务）转包；施工承包方应自行完成主体工程的施工，不得采取除劳务分包以外的其他形式对主体工程进行分包；生产业务承包方承包整个业务项目时仅可进行一次专业分包或劳务分包，承包业务项目的专项任务时仅可进行一次劳务分包。

（13）国家电网公司所属各级单位应建立对施工承包队伍和业务接受委托队伍的安全动态评价考核机制，通过入网资质审查、日常检查和年终评价等制度对外包队伍进行安全动态管理。

（14）外来工作人员必须持证或佩戴标志上岗。

（15）外来工作人员从事有危险的工作时，应在有经验的本单位员工带领和监护下进行，并做好安全措施。开工前监护人应将带电区域和部位等危险区域、警告标志的含义向外来工作人员交代清楚并要求外来工作人员复述，复述正确方可开工。禁止在没有监护的条件下指派外来工作人员单独从事有危险的工作。

（16）按照"谁使用、谁负责"原则，外来工作人员的安全管理和事故统计、考核与本单位员工同等对待。

14. 考核与奖惩

（1）国家电网公司安全工作实行安全目标管理和以责论处的奖惩制度。安全奖惩坚持精神奖励与物质奖励相结合、惩罚和教育相结合的原则。

（2）国家电网公司各级单位应设立安全奖励基金，对实现安全目标的单位和对安全工作做出突出贡献的个人予以表扬和奖励；至少每年一次以适当的形式表彰、奖励对安全工作做出突出贡献的集体和个人。

（3）国家电网公司各级单位应按照职责管理范围，从规划设计、招标采购、施工验收、生产运行和教育培训等各个环节，对发生安全事故（事件）的单位及责任人进行责任追究和处罚。对造成后果的单位和个人，在评先、评优等方面实行"一票否决制"。

（4）国家电网公司实行安全事故"说清楚"制度，发生事故的单位应在限定时间内向上级单位说清楚。

（5）生产经营单位主要领导、分管领导因安全事故受到撤职处分的，自受处分之日起，五年内不得担任任何生产经营单位的主要领导。

二、《国家电网公司安全职责规范》（摘录）

为贯彻落实国家安全生产法规制度，适应国家电网公司"三集五大"体系建设，规范国家电网公司系统各级人员和部门的安全职责，2014 年 12 月 23 日，国家电网公司发布《国家电网公司安全职责规范》（国家电网安质〔2014〕1528号），自发布之日起施行。

1. 总则

（1）为规范国家电网公司（以下简称公司）各级人员和部门的安全职责，落实安全责任制，做到各司其职，各负其责，密切配合，共同搞好安全工作，依据国家、行业有关法律、法规，制定《国家电网公司安全职责规范》（以下简称规范）。

（2）贯彻"安全第一，预防为主，综合治理"的方针，树立科学全面的"大安全"观，坚持"谁主管、谁负责"，"管业务必须管安全"的原则，实行全面、全员、全过程、全方位的安全管理，建立一级抓一级，一级对一级负责的安全责任制。

（3）各级行政正职是本单位的安全第一责任人，对安全工作负全面领导责任。各级行政副职协助行政正职开展工作，是分管工作范围内的安全第一责任人，对分管工作范围内的安全工作负领导责任。各级工会应依法组织员工参与本单位安全生产工作的民主管理与民主监督，维护员工在安全生产方面的合法权益。各级党委（党组）书记与行政正职负同等责任。

（4）安全生产，人人有责。各级、各部门人员，都应执行有关安全生产的法律法规和上级有关规程规定，落实各项安全生产措施，接受安全监督管理机构（以下简称安监部门）的安全监督和指导。在计划、布置、检查、总结、考核生产工作的同时，计划、布置、检查、总结、考核安全工作（简称"五同时"）。

（5）《国家电网公司安全职责规范》中所列各项职责是基于"公司"工作流程和专业特点进行编写，规范了"公司"各级人员、职能管理部门、业务支撑和实施机构的基本安全职责。

（6）《国家电网公司安全职责规范》适用于"公司"各单位。"公司"承包和管理的境外工程项目及公司所属其他相关单位参照执行。

2. 单位领导人员通用的安全职责

（1）贯彻国家及行业内安全生产方针、政策、法令、法规，正确处理安全与发展、安全与效益的关系，处理好眼前利益与长远利益、主业与集体企业的关系。

（2）协调和处理好各职能管理部门之间在安全工作上的协作配合关系。按照"谁主管、谁负责"的原则，建立健全分管工作范围内的安全生产保证体系，落实安全生产责任制，贯彻执行实现年度安全生产工作目标的具体要求和措施。

（3）对分管部门人员履行安全职责的情况进行督促检查。对安全职责履行好的应予以表彰和奖励，对不负责任、失职造成事故的应按《国家电网公司安全职责规范》分清责任进行追究。

（4）按规定参加或主持安全工作会议，协商解决危及安全生产的隐患及问题，对分管专业安全工作提出意见和建议，强调部署重点工作。

（5）组织开展各类安全检查、隐患排查、教育培训、竞赛评比、表彰先进等工作，并依据各类活动，掌握各项规程规定和制度的落实情况，督促解决电网运行、设备检修工作中的重大问题或倾向性问题，做到任务、时间、费用、措施、责任人"五落实"。

（6）主持或参加有关事故调查处理，严格执行事故原因未查清不放过、责任人员未处理不放过、整改措施未落实不放过、有关人员未受教育不放过（简称"四不放过"原则）。负责审批分管范围内事故调查报告和事故统计报表，对事故统计报表的及时性、准确性、完整性负领导责任。负责分管范围内事故处理的善后工作。

（7）经常性深入一线班组及工作现场，开展监督检查和反违章工作，对作业环境、作业方法、作业流程、安全防护用品使用及《电力安全工作规程》执行情况等进行检查，及时发现问题并提出改进意见。

（8）负责分管范围内工作质量监督和管理，配合建立健全本单位质量监督体系。

（9）负责分管范围内的应急管理工作，配合建立健全本单位应急管理体系。组织制定（或修订）并实施分管范围内的突发事件应急预案和演练，协同处置其他专业范围内的防灾减灾、抢险救援等突发事件。

（10）充分发挥安全监督体系的作用，完善安全监督手段。经常听取安监部门的工作汇报，支持安监部门履行自己的职责和职权。督促分管部门和单位，主动接受安监部门的安全监督，加强对重大危险源、特种设备、特种作业人员、临时聘用人员的安全管理。

3．部分人员的安全职责

（1）单位行政正职的安全职责：

1）是本单位安全第一责任人，负责贯彻执行有关安全生产的法律、法规、规程、规定，把安全生产纳入企业发展战略和整体规划，做到同步规划、同步实施、同步发展。建立健全并落实本单位各级人员、各职能部门的安全责任制。

2）组织确定本单位年度安全工作目标，实行安全目标分级控制，审定有关安全工作的重大举措。建立安全指标控制和考核体系，形成激励约束机制。

3）亲自批阅上级有关安全的重要文件并组织落实，解决贯彻落实中出现的问题。协调和处理好领导班子成员及各职能管理部门之间在安全工作上的协作配合关系，建立和完善安全生产保证体系和监督体系，并充分发挥作用。

4）建立健全并落实各级领导人员、各职能部门、业务支撑机构、基层班组和生产人员的安全生产责任制，将安全工作列入绩效考核，促进安全生产责任制的落实。在干部考核、选拔、任用过程中，把安全生产工作业绩作为考察干部的重要内容。

5）组织制定本单位安全管理辅助性规章制度和操作规程；组织制定并实施本单位安全生产教育和培训计划，确保本单位从业人员具备与所从事的生产经营活动相应的安全生产知识和管理能力，做到持证上岗。

6）省公司级单位行政正职直接领导或委托行政副职领导本单位安监部门，

地市公司级单位、县公司级单位行政正职直接领导安监部门，定期听取安监部门的汇报，建立能独立有效行使职能的安监部门，健全安全监督体系，配备足够且合格的安全监督人员和装备。建立安全奖励基金并督促规范使用。

7）每年主持召开本单位年度安全工作会议，总结交流经验，布置安全工作；定期主持召开安全生产委员会议和安全生产月度例会，组织研究解决安全工作中出现的重大问题；对涉及人身、电网、设备安全的重大问题，亲自主持专题会议研究分析，提出防范措施，及时解决。督促、检查本单位安全工作，每年亲自参加春（秋）季安全大检查或重要的安全检查，针对发现的安全管理问题和安全事故隐患，及时提出并落实整改措施和治理措施。

8）确保安全生产所需资金的足额投入，保证反事故措施和安全技术劳动保护措施计划（简称"两措"计划）经费需求。

9）建立健全本单位应急管理体系。组织制定（或修订）并督促实施突发事件应急预案，根据预案要求担任相应等级的事件应急处置总指挥。

10）及时、如实报告安全生产事故。按照"四不放过"原则，组织或配合事故调查处理，对性质严重或典型的事故，应及时掌握事故情况，必要时召开专题事故分析会，提出防范措施。

11）定期向员工代表大会报告安全生产工作情况，广泛征求安全生产管理意见或建议，积极接受职代会有关安全方面的合理化建议。

12）其他有关安全管理规章制度中所明确的职责。

（2）基层单位二级机构（工地、分场、工区、室、所、队等）主要负责人的安全职责：

1）是本单位安全第一责任人。根据企业的年度安全目标计划，组织制定实现年度安全目标计划的具体措施，层层落实安全责任，确保本单位安全目标的实现。

2）组织实施上级下达的"两措"计划。结合安全性评价结果，组织编制本单位的年度"两措"计划，经审批后组织实施。

3）组织开展安全性评价，推行危险点分析和预控、标准化作业，切实落实各项现场安全措施。

4）组织或参加制定重要或大型检修（施工、操作）项目安全组织技术措施，并对措施的正确性、完备性承担相应的责任。

5）定期召开安全生产月度例会，每月至少参加一次班组的安全日活动，抽查班组安全活动记录，并提出改进要求。

6）组织本单位安全检查活动，检查指导安全生产工作，严肃查处违章违纪行为。

7）组织本单位安全规程规定和标准的学习、定期考试及新入职员工的安全教育工作，协调所属各班组、各专业之间的安全协作配合关系。

8）做好重大危险源、特种设备、危险物品、特种作业人员、临时聘用人员的安全管理工作。

9）参加有关事故的调查处理工作。对本单位事故统计报告和报表的及时性、准确性、完整性负责。

（3）供电所长的安全职责：

1）是本供电所安全第一责任人，对本供电所的安全生产负直接领导责任；对本供电所人员在生产中的安全和健康负责，对所辖设备（设施）的安全运行负责。

2）落实安全目标责任制，组织制定实现年度安全目标计划的具体措施，层层落实安全责任，确保安全目标的实现。

3）认真执行安全生产规章制度和操作规程；负责组织编制重大（或复杂）作业项目的安全技术措施，履行到位监督职责或到现场指挥作业，做好各项工作任务的事先"两交底"（即技术交底和安全措施交底），有序组织各项生产活动；遵守劳动纪律，不违章指挥、不强令作业人员冒险作业，及时纠正或制止各类违章行为。

4）加强所辖设备（设施）管理，组织开展电力设施的安装验收、巡视检查和维护检修，保证设备安全运行。定期开展设备（设施）质量监督及运行评价、分析，提出更新改造方案和计划，及时编制、提报年度"两措"计划，经审批下达后组织实施。

5）开展标准化作业，严格检修、施工等工作项目的安全技术措施审查，加强电能计量装置和用电信息采集等设备的装拆、周期轮换、故障处理、设备现场检验等工作安全组织措施和技术措施管理，防止因客户或微电网反送电影响工作安全。严格执行业务委托有关规定，做好安全管理工作。

6）建立健全安全设施和设备（如安全警示标志牌、剩余电流动作保护器等）、作业工器具、消防器材等管理制度，加强交通车辆安全管理，定期组织开展安全大检查、专项安全检查、隐患排查和安全性评价工作，根据存在问题制定整改措施计划，并组织整改。

7）组织编制各种应急预案和现场处置方案，为各类事故处理和灾后抢险恢复做好准备。针对特殊天气、节假日及重要社会活动，落实对重要客户、场所可靠供电的措施方案，开展用电安全检查，保证安全可靠供电。

8）定期组织开展安全工器具及劳动保护用品检查，对发现的问题及时处理和上报，确保作业人员工器具及防护用品符合国家、行业或地方标准要求，督促、检查、教育作业人员按规定佩戴和使用。

9）组织开展《电力法》《电力设施保护条例》《电力供应与使用条例》等法律、法规的宣贯，依法加强对所辖电力设施的保护，开展辖区安全用电检查和安全用电、依法用电知识的宣传普及工作。

10）对本供电所全体人员进行经常性的安全思想教育；协助做好岗位安全技术培训以及新入职人员、调换岗位人员的安全培训考试；组织本供电所人员参加紧急救护法的培训，做到全员正确掌握救护方法。

11）及时传达上级有关安全工作的文件、通知、事故通报等，组织开展安全事故警示教育活动，规范应用风险辨识、承载力分析等风险管控措施，做好安全事故防范措施的落实。领导、支持本供电所安全专责人的工作，亲自组织周安全日活动；经常检查现场生产工作，严肃查处违章、违纪行为。

12）严格执行电力安全事故（事件）报告制度，及时汇报安全事故（事件），保证汇报内容准确、完整，做好事故现场保护，配合开展事故调查工作。协助政府主管部门做好供电辖区人身触电伤亡事故的调查处理。

（4）班组长的安全职责：

1）是本班组安全第一责任人，对本班组在生产作业过程中的安全和健康负责，把保证人身安全和控制电网、设备、信息事件作为安全目标，组织全班人员开展设备运行安全分析、预测，做到及时发现异常并进行安全控制。

2）认真执行安全生产规章制度和操作规程，及时对现场规程提出修改建议；做好各项工作任务（倒闸操作、检修、试验、施工、事故应急处理等）的事先"两交底"工作，有序组织各项生产活动；遵守劳动纪律，不违章指挥、不强令作业人员冒险作业。

3）负责组织落实作业项目的安全技术措施，履行到位监督职责或到现场指挥作业，及时纠正或制止各类违章行为。

4）及时传达上级有关安全工作的文件、通知、事故通报等，组织开展安全事故警示教育活动，做好安全事故防范措施的落实，防止同类事故重复发生。规范应用风险辨识、承载力分析等风险管控措施，实施标准化作业，对生产现场安全措施的合理性、可靠性、完整性负责。

5）对班组全体人员进行经常性的安全思想教育；协助做好岗位安全技术培训以及新入职人员、调换岗位人员的安全培训考试；组织全班人员参加紧急救护法的培训，做到全员正确掌握救护方法。

6）经常检查本班组工作场所的工作环境、安全设施（如消防器材、警示标志、通风装置、氧量检测装置、遮栏等）、设备工器具（如绝缘工器具、施工机具、压力容器等）的安全状况，定期开展检查、试验，对发现的问题做到及时登记上报和处理。对本班组人员正确使用劳动防护用品进行监督检查。

7）负责主持召开班前、班后会和每周一次（或每个轮值）的班组安全日活动，丰富活动内容，增强活动针对性和时效性，并指导做好安全活动记录。

8）开展定期安全检查、隐患排查、"安全生产月"和专项安全检查活动，及时汇总反馈检查情况，落实上级下达的各项反事故技术措施。

9）严格执行电力安全事故（事件）报告制度，及时汇报安全事故（事件），保证汇报内容准确、完整，做好事故现场保护，配合开展事故调查工作。

10）支持班组安全员履行岗位职责。对本班组发生的事故（事件）、违章等，及时登记上报，并组织开展原因分析，总结教训，落实改进措施。

（5）班组安全员的安全职责：

1）是班组长在安全生产管理工作上的助手，负责监督检查现场安全措施是否正确完备、个人安全劳动防护措施是否得当，及时制止各类违章现象；遵守劳动纪律，制止违章指挥和强令作业人员冒险作业。

2）负责贯彻执行上级单位及本单位安全管理规章制度、电网调度管理条例、运行及检修规程等，教育本班组人员严格执行，做好人身、电网、设备、信息安全事件防范工作。

3）负责制定本班组年度安全培训计划，做好新入职人员、变换岗位人员的安全教育培训和考试；培训班组人员正确使用劳动保护用品和安全设施。

4）组织或参加周安全日活动，对本班组安全生产情况进行总结、分析，开展员工安全思想教育，联系实际，布置当前安全生产重点工作，批评忽视安全、违章作业等不良现象，并做好记录。

5）负责本班组安全工器具的保管、定期校验，确保安全防护用品及安全工器具处于完好状态。组织开展安全设施和设备（如安全工器具、安全警示标志牌、剩余电流动作保护器等）、作业工器具、消防器材等的安全检查，并做好记录。组织开展安全大检查、专项安全检查、隐患排查和安全性评价工作，及时汇报、处理有关问题。

6）参与本班组所承担基建、大修、技改等重点工作的组织措施、技术措施、安全措施（简称三大措施）的制定，做好对重点、特殊工作的危险点分析。积极开展技术革新，开展新技术研究应用；制定本班组保证安全的技术措施，为安全生产提供技术保证。

7）按时上报本班组安全活动总结、各类安全检查总结、安全情况分析等资料，负责本班组"两票"的检查、统计、分析和上报工作。

8）参加安全网会议或有关安全事件分析会，协助开展事故调查工作。

（6）班组员工的安全职责：

1）对自己的安全负责，认真学习安全生产知识，提高安全生产意识，增强自我保护能力；接受相应的安全生产教育和岗位技能培训，掌握必要的专业安全知识和操作技能；积极开展设备改造和技术创新，不断改善作业环境和劳动条件。

2）严格遵守安全规章制度、操作规程和劳动纪律，服从管理，坚守岗位，对自己在工作中的行为负责，履行工作安全责任，互相关心工作安全，不违章作业。

3）接受工作任务，应熟悉工作内容、工作流程、作业环境，掌握安全措施，明确工作中的危险点，并履行安全确认手续；严格执行"两票三制"并规范开展作业活动。

4）保证工作场所、设备（设施）、工器具的安全整洁，不随意拆除安全防护装置，正确操作机械和设备，正确佩戴和使用劳动防护用品。

5）有权拒绝违章指挥和强令冒险作业，发现异常情况及时处理和报告。在发现直接危及人身、电网和设备安全的紧急情况时，有权停止作业或在采取可能的紧急措施后撤离作业场所，并立即报告。

6）积极参加各项安全生产活动，做好安全生产工作。

三、《国家电网公司安全工作奖惩规定》（摘录）

为贯彻国家安全生产法规制度，建立健全安全激励约束机制，落实各级人员安全责任，国家电网公司组织修订了《国家电网公司安全工作奖惩规定》，并经国家电网公司第二届员工代表大会第六次会议审议通过，于2015年3月17日发布《国家电网公司安全工作奖惩规定》（国家电网企管〔2015〕266号）。

（一）总则

（1）为规范和加强国家电网公司（以下简称公司）安全监督管理工作，建立健全安全激励约束机制，落实各级人员安全责任，严格执行事故责任追究和考核，在安全工作中做到奖惩分明，依据《中华人民共和国安全生产法》《生产安全事故报告和调查处理条例》（国务院令第 493 号）、《电力安全事故应急处置和调查处理条例》（国务院令第 599 号）、《国家电网公司员工奖惩规定》（国家电网企管〔2014〕1553 号）等法规制度，制定本规定。

（2）公司实行安全目标管理和以责论处的奖惩制度。对实现安全目标的单位和对安全工作做出突出贡献的个人予以表扬和奖励；按照职责管理范围，从规划设计、招标采购、施工验收、生产运行和教育培训等各个环节，对发生安全事故（事件）（以下简称：事故）的单位及责任人进行责任追究和处罚；对事故单位党组（党委）书记按照一岗双责、同奖同罚的原则进行相应的处罚。

（3）安全奖惩坚持精神鼓励与物质奖励相结合、思想教育与处罚相结合的原则。

（4）本规定适用于公司总（分）部、各单位及所属各级单位（含全资、控股、代管单位、集体企业）的安全工作奖惩管理。

（二）职责分工

公司各级单位依据《国家电网公司安全事故调查规程》（国家电网安监〔2011〕2024 号），组织对相应等级的事故进行调查。公司各级安质部门负责依据事故定性和责任分析，对照本规定提出并汇总、整理、审核、呈报相关责任单位（部门）及相关责任人员的处罚意见，提请事故调查组审核。

公司各级办公、法律、人事（人董、人资）、政工、财务、监察、工会、运检、建设、营销、调控、信息通信等有关部门或专业，根据需要派员参加事故调查并提出涉及专业相关人员的处理意见。

公司各级人事（人董、人资）部门，负责落实对相关责任人员的奖惩。

（三）表扬和奖励

（1）公司每年对所属以下单位予以表扬奖励：

1）实现安全目标的国调中心、省（自治区、直辖市）电力公司、公司生产性直属单位（以下简称省级公司）。

2）实现安全目标的供电、发电、检修、施工、调控分中心、省调控中心、煤矿、信息通信运行维护单位（以下简称基层单位）。

（2）公司每年对实现安全目标的省级公司及所属各级单位中做出突出贡献的安全生产先进个人进行表扬。

表扬人员名额分配：每个省级公司及所属各级单位（不含国调中心、各分部）表扬人员共 20 名，其中基层单位班组生产一线人员不少于 10 名；国调中心表扬人员共 5 名，其中处级以下工作人员不少于 3 名；每个分部表扬人员共 3 名，均为调控分中心人员，其中科级以下工作人员不少于 2 人。公司可提出特定表扬人员。

（3）公司按照《国家电网公司企业负责人年度业绩考核管理办法》，每年对省级公司安全第一责任人及领导班子成员进行考核奖励。

（4）实现安全目标的基层单位、安全生产先进个人，由本单位提出申请，经省级公司评选审查后，报公司审批。

（5）实现安全目标的基层单位和安全生产先进个人申报表，于次年 1 月 15 日前报省级公司；省级公司评选审查后，于 1 月 30 日前将省级公司实现安全目标单位汇总表、省级公司安全生产先进个人汇总表报国家电网公司。

（6）安全生产纳入各级单位全员绩效考核，对实现安全目标的单位、安全生产先进个人及所属生产性企业实现连续安全生产 100 天等，在绩效考核中给予加分奖励，兑现绩效奖金。

（7）表彰奖励应重点向承担主要安全责任和风险的基层单位班组生产一线人员倾斜，基层单位班组生产一线人员奖励名额所占比例不少于 50%。

（四）处罚

（1）公司所属各级单位发生特别重大事故（一级人身、电网、设备事件），按以下规定处罚：

1）负主要及同等责任。

a. 对省级公司主要领导、有关分管领导给予记过至撤职处分。

b. 对省级公司有关责任部门负责人给予记大过至撤职处分。

c. 对事故责任单位（基层单位）主要领导、有关分管领导给予降级至撤职处分。

d. 对主要责任者所在单位二级机构（工地、分场、工区、室、所、队等，下同）负责人给予撤职至留用察看两年处分。

e. 对主要责任者、同等责任者给予解除劳动合同处分。

f. 对次要责任者给予留用察看两年至解除劳动合同处分。

g. 对上述有关责任人员给予 30000～50000 元的经济处罚。

2）负次要责任。

a. 对省级公司主要领导给予记过至降级处分。

b. 对省级公司有关分管领导给予记过至撤职处分。

c. 对省级公司有关责任部门负责人给予记过至撤职处分。

d. 对事故责任单位（基层单位）主要领导、有关分管领导给予记大过至撤职处分。

e. 对主要责任者所在单位二级机构负责人给予降级至留用察看一年处分。

f. 对主要责任者、同等责任者给予留用察看两年至解除劳动合同处分。

g. 对次要责任者给予留用察看一年至解除劳动合同处分。

h. 对上述有关责任人员给予 20000～40000 元的经济处罚。

（2）公司所属各级单位发生重大事故（二级人身、电网、设备事件），按以下规定处罚：

1）负主要及同等责任。

a. 对省级公司主要领导、有关分管领导给予记过至降级处分。性质特别严重的，责令主要领导、有关分管领导辞职。

b. 对省级公司有关责任部门负责人给予记过至撤职处分。

c. 对事故责任单位（基层单位）主要领导、有关分管领导给予记大过至撤职处分。

d. 对主要责任者所在单位二级机构负责人给予撤职至留用察看一年处分。

e. 对主要责任者、同等责任者给予留用察看两年至解除劳动合同处分。

f. 对次要责任者给予留用察看一年至解除劳动合同处分。

g. 对上述有关责任人员给予 20000～40000 元的经济处罚。

2）负次要责任。

a. 对省级公司主要领导给予警告至记过处分。

b. 对省级公司有关分管领导给予警告至记大过处分。

c. 对省级公司有关责任部门负责人给予警告至记大过处分。

d. 对事故责任单位（基层单位）主要领导给予记过至记大过处分。

e. 对事故责任单位（基层单位）有关分管领导给予记过至撤职处分。

f. 对主要责任者所在单位二级机构负责人给予记大过至留用察看一年处分。

g. 对主要责任者、同等责任者给予留用察看一年至解除劳动合同处分。

h. 对次要责任者给予留用察看一年至两年处分。

i. 对上述有关责任人员给予 10000～30000 元的经济处罚。

（3）公司所属各级单位发生较大事故（三级人身、电网、设备事件），按以下规定处罚：

1）负主要及同等责任。

a. 对省级公司主要领导、有关分管领导给予警告至记大过处分。

b. 对省级公司有关责任部门负责人给予记过至降级处分。

c. 对事故责任单位（基层单位）主要领导、有关分管领导给予记过至撤职处分。

d. 对主要责任者所在单位二级机构负责人给予记大过至撤职处分。

e. 对主要责任者、同等责任者给予留用察看一年至解除劳动合同处分。

f. 对次要责任者给予记大过至留用察看两年处分。

g. 对上述有关责任人员给予10000～30000元的经济处罚。

2）负次要责任。

a. 对省级公司有关分管领导给予通报批评。

b. 对省级公司有关责任部门负责人给予通报批评。

c. 对事故责任单位（基层单位）主要领导给予通报批评或警告处分。

d. 对事故责任单位（基层单位）有关分管领导给予警告处分。

e. 对主要责任者所在单位二级机构负责人给予记过至记大过处分。

f. 对主要责任者、同等责任者给予留用察看一年至两年处分。

g. 对次要责任者给予记大过至留用察看一年处分。

h. 对上述有关责任人员给予10000～20000元的经济处罚。

（4）公司所属各级单位发生一般事故（四级人身、电网、设备事件），按以下规定处罚：

1）人身事故。

a. 对事故责任单位（基层单位）主要领导、有关分管领导给予通报批评或警告至记过处分。

b. 对主要责任者所在单位二级机构负责人给予警告至降级处分。

c. 对主要责任者给予记过至解除劳动合同处分。

d. 对同等责任者给予记过至留用察看两年处分。

e. 对次要责任者给予警告至留用察看一年处分。

f. 对上述有关责任人员给予10000～20000元的经济处罚。

2）其他事故。

a. 对事故责任单位（基层单位）主要领导、有关分管领导给予通报批评。

b. 对主要责任者所在单位二级机构负责人给予通报批评或警告处分。

c. 对主要责任者给予记过至记大过处分。

d. 对同等责任者给予警告至记大过处分。

e. 对次要责任者给予警告至记过处分。

f. 对上述有关责任人员给予 5000～10000 元的经济处罚。

（5）公司所属各级单位发生五级事件（人身、电网、设备、信息系统），按以下规定处罚：

1）对主要责任者所在单位二级机构负责人给予通报批评。

2）对主要责任者给予警告至记过处分。

3）对同等责任者给予通报批评或警告至记过处分。

4）对次要责任者给予通报批评或警告处分。

5）对事故责任单位（基层单位）有关领导及上述有关责任人员给予 3000～5000 元的经济处罚。

（6）公司所属各级单位发生六级事件（人身、电网、设备、信息系统），按以下规定处罚：

1）对主要责任者给予通报批评或警告至记过处分。

2）对同等责任者给予通报批评或警告处分。

3）对次要责任者给予通报批评。

4）对事故责任单位（基层单位）有关分管领导、责任者所在单位二级机构负责人及上述有关责任人员给予 2000～3000 元的经济处罚。

（7）公司所属各级单位发生七级事件（人身、电网、设备、信息系统），按以下规定处罚：

1）对主要责任者给予通报批评或警告处分。

2）对同等责任者给予通报批评。

3）对事故责任者所在单位二级机构负责人及上述有关责任人员给予 1000～2000 元的经济处罚。

（8）公司所属各级单位发生八级事件（人身、电网、设备、信息系统），按以下规定处罚：

1）对主要责任者给予通报批评。

2）对事故责任者所在单位二级机构负责人及上述有关责任人员给予 500～1000 元的经济处罚。

（9）公司所属各级单位发生特大、重大交通事故，依据事故调查结论，对有关单位和人员参照较大事故（三级）、一般事故（四级）相关条款处罚。

（10）公司所属各单位半年内发生 2 次及以上一至四级的考核事故，对同一事故单位（含省级公司及基层单位）第二次及以上事故，按照相关条款上限或提高一个事故等级的处罚标准进行处罚。

（11）公司所属各级单位发生事故后有下列情况之一的，根据事故类别和级别，对有关单位和人员按照本规定相关条款至少提高一个事故等级的处罚标准进行处罚，对主要策划者和决策人按事故主要责任者给予处罚：

1）谎报或瞒报事故的。

2）伪造或故意破坏事故现场的。

3）销毁有关证据、资料的。

4）拒绝接受调查或拒绝提供有关情况和资料的。

5）在事故调查中作伪证或指使他人作伪证的。

6）事故发生后逃匿的。

（12）发生安全事故政府有关部门按照《中华人民共和国安全生产法》《生产安全事故报告和调查处理条例》（国务院令第 493 号）、《电力安全事故应急处置和调查处理条例》（国务院令第 599 号）等法规制度，对事故相关责任人员进行了经济处罚的，公司不再对其进行经济处罚。

（13）本规定所涉及的安全事故中，未明确的其他责任人员参照本规定给予相应处罚。

（14）公司实行安全事故"说清楚"制度。发生一般及以上人身事故、一般及以上电网事故或较大及以上设备事故，省级公司有关领导要在事故发生后的两周内到国家电网公司"说清楚"。

（15）公司所属各级单位发生事故，对责任单位和有关人员，依据事故调查组的调查报告结论，按人事管理权限和本规定给予处罚；对于由政府部门组织调查的事故，若对责任单位和有关人员的处理意见严于本规定，按政府部门处理意见执行。

（16）生产经营单位的主要领导、分管领导依照本规定受到撤职处分的，自受处分之日起，五年内不得担任任何生产经营单位的主要领导。

其中，安全事故等级与责任人员处罚对照表，见表 1-2。

四、《国家电网公司安全事故调查规程》（摘录）

为贯彻国家安全生产法规制度，适应国家电网公司安全管理工作要求，国家电网公司组织制定《国家电网公司安全事故调查规程》，经 2011 年 12 月 21 日公司党组会议审议通过并印发，自 2012 年 1 月 1 日起施行。

表1-2

安全事故等级与责任人员处罚对照表

事故等级 \ 责任人员	特别重大事故		重大事故		较大事故		一般事故		五级事件	六级事件	七级事件	八级事件
	主要及同等责任	次要责任	主要及同等责任	次要责任	主要及同等责任	次要责任	人身事故	其他事故				
省级公司主要领导	记过至撤职	记过至降级	记过至降级，性质特别严重的，应引咎辞职	警告至记过	警告记大过							
省级公司有关分管领导	记过至撤职	记过至降级	记过至撤职	警告至记大过	记过至降级	通报批评						
省级公司有关部门负责人	记大过至撤职	记过至撤职	记大过至撤职	记过至记大过	记过至降级	通报批评						
事故单位主要领导	撤职至留用察看两年	降级至留用察看一年	撤职至留用察看一年	记大过至撤职	记大过至撤职	记过至记大过	通报批评或警告至记过	通报批评	经济处罚			
事故单位有关分管领导	降级至留用察看一年	记大过至撤职	记大过至撤职	记过至撤职	记过至撤职	警告	警告			经济处罚		
基层单位二级机构负责人	撤职至留用察看两年	降级至留用察看一年	撤职至留用察看一年	记大过至留用察看一年	记大过至撤职	记过至记大过	警告至降级	通报批评或警告	通报批评	经济处罚	经济处罚	经济处罚

事故等级＼责任人员	特别重大事故		重大事故		较大事故		一般事故		五级事件	六级事件	七级事件	八级事件
	主要及同等责任	次要责任	主要及同等责任	次要责任	主要及同等责任	次要责任	人身事故	其他事故				
主要责任者	解除劳动合同	留用察看两年至解除劳动合同	留用察看两年至解除劳动合同	留用察看一年至解除劳动合同	留用察看一年至解除劳动合同	留用察看一至两年	记过至解除劳动合同	记过至记大过	警告至记过	通报批评或警告至记过	通报批评或警告	通报批评
同等责任者	留用察看两年至解除劳动合同	留用察看一年至解除劳动合同	留用察看一年至解除劳动合同	留用察看一至两年	记大过至留用察看两年	记大过至留用察看一年	记过至留用察看二年	警告至留用察看一年	通报批评或警告至记过	通报批评或警告	通报批评	
次要责任者	留用察看两年至解除劳动合同	留用察看一年至解除劳动合同	留用察看一至两年	记大过至留用察看一年	警告至留用察看一年	警告至记过	警告至留用察看一年	警告至记过	通报批评或警告	通报批评		
经济处罚（元）	30000～50000	20000～40000	20000～40000	10000～30000	10000～30000	10000～20000	10000～20000	5000～10000	3000～5000	2000～3000	1000～2000	500～1000

（一）总则

（1）为了规范国家电网公司系统安全事故报告和调查处理，落实安全事故责任追究制度，通过对事故的调查分析和统计，总结经验教训，研究事故规律，采取预防措施，防止和减少安全事故，根据《生产安全事故报告和调查处理条例》（国务院令第493号）、《电力安全事故应急处置和调查处理条例》（国务院令第599号）等法规，制定《国家电网公司安全事故调查规程》。

（2）《国家电网公司安全事故调查规程》规定：安全事故体系由人身、电网、设备和信息系统四类事故组成，分为一至八级事件，其中一至四级事件对应国家相关法规定义的特别重大事故、重大事故、较大事故和一般事故。

（3）发生特别重大事故、重大事故、较大事故和一般事故，需严格按照国家法规、行业规定及有关程序，向相关机构报告、接受并配合其调查、落实其对责任单位和人员的处理意见，同时还应按照《国家电网公司安全事故调查规程》进行报告和调查。

（4）交通事故等级划分和调查按照国家和行业有关规定执行。

（5）安全事故报告应及时、准确、完整，任何单位和个人对事故不得迟报、漏报、谎报或者瞒报。

（6）安全事故调查应坚持实事求是、尊重科学的原则，及时、准确地查清事故经过、原因和损失，查明事故性质，认定事故责任，总结事故教训，提出整改措施，并对事故责任者提出处理意见。做到事故原因未查清不放过、责任人员未处理不放过、整改措施未落实不放过、有关人员未受到教育不放过（简称四不放过）。

（7）任何单位和个人不得阻挠和干涉对事故的报告和调查处理。任何单位和个人对违反本规程规定、隐瞒事故或阻碍事故调查的行为有权向公司系统各级单位反映。

（8）《国家电网公司安全事故调查规程》适用于国家电网公司系统登记注册地位于中华人民共和国境内的各单位。

（9）《国家电网公司安全事故调查规程》仅用于国家电网公司系统内部安全监督和管理，其事故定义、调查程序、调查和统计结果、安全记录不作为处理和判定行政责任、民事责任的依据。

（二）事故定义和级别

1. 人身事故（事件）

（1）发生以下情况之一者为人身事故：

1）在公司系统各单位工作场所或承包承租承借的工作场所发生的人身伤亡。

2）被单位派出到用户工程工作过程中发生的人身伤亡。

3）乘坐单位组织的交通工具发生的人身伤亡。

4）单位组织的集体外出活动过程中发生的人身伤亡。

5）员工因公外出发生的人身伤亡。

（2）人身事故等级如下：

1）特别重大人身事故（一级人身事件）：一次事故造成 30 人及以上死亡，或者 100 人及以上重伤者。

2）重大人身事故（二级人身事件）：一次事故造成 10 人及以上 30 人以下死亡，或者 50 人及以上 100 人以下重伤者。

3）较大人身事故（三级人身事件）：一次事故造成 3 人及以上 10 人以下死亡，或者 10 人及以上 50 人以下重伤者。

4）一般人身事故（四级人身事件）：一次事故造成 3 人以下死亡，或者 10 人以下重伤者。

5）五级人身事件：无人员死亡和重伤，但造成 10 人及以上轻伤者。

6）六级人身事件：无人员死亡和重伤，但造成 5 人及以上 10 人以下轻伤者。

7）七级人身事件：无人员死亡和重伤，但造成 3 人及以上 5 人以下轻伤者。

8）八级人身事件：无人员死亡和重伤，但造成 1～2 人轻伤者。

2. 电网事故

（1）有下列情形之一者，为特别重大电网事故（一级电网事件）：

1）造成区域性电网减供负荷 30%以上者。

2）造成电网负荷 20000MW 以上的省（自治区）电网减供负荷 30%以上者。

3）造成电网负荷 5000MW 以上 20000MW 以下的省（自治区）电网减供负荷 40%以上者。

4）造成直辖市电网减供负荷 50%以上，或者 60%以上供电用户停电者。

5）造成电网负荷 2000MW 以上的省（自治区）人民政府所在地城市电网减供负荷 60%以上或者 70%以上供电用户停电者。

（2）有下列情形之一者，为重大电网事故（二级电网事件）：

1）造成区域性电网减供负荷 10%以上 30%以下者。

2）造成电网负荷 20000MW 以上的省（自治区）电网减供负荷 13%以上 30%以下者。

3）造成电网负荷 5000MW 以上 20000MW 以下的省（自治区）电网减供负荷 16%以上 40%以下者。

4）造成电网负荷 1000MW 以上 5000MW 以下的省（自治区）电网减供负荷 50%以上者。

5）造成直辖市电网减供负荷 20%以上 50%以下或者 30%以上 60%以下的供电用户停电者。

6）造成电网负荷 2000MW 以上的省（自治区）人民政府所在地城市电网减供负荷 40%以上 60%以下或者 50%以上 70%以下供电用户停电者。

7）造成电网负荷 2000MW 以下的省（自治区）人民政府所在地城市电网减供负荷 40%以上或者 50%以上供电用户停电者。

8）造成电网负荷 600MW 以上的其他设区的市电网减供负荷 60%以上或者 70%以上供电用户停电者。

（3）有下列情形之一者，为较大电网事故（三级电网事件）：

1）造成区域性电网减供负荷 7%以上 10%以下者。

2）造成电网负荷 20000MW 以上的省（自治区）电网减供负荷 10%以上 13%以下者。

3）造成电网负荷 5000MW 以上 20000MW 以下的省（自治区）电网减供负荷 12%以上 16%以下者。

4）造成电网负荷 1000MW 以上 5000MW 以下的省（自治区）电网减供负荷 20%以上 50%以下者。

5）造成电网负荷 1000MW 以下的省（自治区）电网减供负荷 40%以上者。

6）造成直辖市电网减供负荷达到 10%以上 20%以下或者 15%以上 30%以下供电用户停电者。

7）造成省（自治区）人民政府所在地城市电网减供负荷 20%以上 40%以下或者 30%以上 50%以下供电用户停电者。

8）造成电网负荷 600MW 以上的其他设区的市电网减供负荷 40%以上 60%以下或者 50%以上 70%以下供电用户停电者。

9）造成电网负荷 600MW 以下的其他设区的市电网减供负荷 40%以上或者 50%以上供电用户停电者。

10）造成电网负荷 150MW 以上的县级市电网减供负荷 60%以上或者 70%以上供电用户停电者。

11）发电厂或者 220kV 以上变电站因安全故障造成全厂（站）对外停电，

导致周边电压监视控制点电压低于调度机构规定的电压曲线值 20%并且持续时间 30 分钟以上或者导致周边电压监视控制点电压低于调度机构规定的电压曲线值 10%并且持续时间 1 小时以上者。

12）发电机组因安全故障停止运行超过行业标准规定的大修时间两周，并导致电网减供负荷者。

（4）有下列情形之一者，为一般电网事故（四级电网事件）：

1）造成区域性电网减供负荷 4%以上 7%以下者。

2）造成电网负荷 20000MW 以上的省（自治区）电网减供负荷 5%以上 10%以下者。

3）造成电网负荷 5000MW 以上 20000MW 以下的省（自治区）电网减供负荷 6%以上 12%以下者。

4）造成电网负荷 1000MW 以上 5000MW 以下的省（自治区）电网减供负荷 10%以上 20%以下者。

5）造成电网负荷 1000MW 以下的省（自治区）电网减供负荷 25%以上 40%以下者。

6）造成直辖市电网减供负荷 5%以上 10%以下，或者 10%以上 15%以下供电用户停电者。

7）造成省（自治区）人民政府所在地城市电网减供负荷 10%以上 20%以下，或者 15%以上 30%以下供电用户停电者。

8）造成其他设区的市电网减供负荷 20%以上 40%以下，或者 30%以上 50%以下供电用户停电者。

9）造成电网负荷 150MW 以上的县级市电网减供负荷 40%以上 60%以下，或者 50%以上 70%以下供电用户停电者。

10）造成电网负荷 150MW 以下的县级市电网减供负荷 40%以上，或者 50%以上供电用户停电者。

11）发电厂或者 220kV 以上变电站因安全故障造成全厂（站）对外停电，导致周边电压监视控制点电压低于调度机构规定的电压曲线值 5%以上 10%以下并且持续时间 2 小时以上者。

12）发电机组因安全故障停止运行超过行业标准规定的小修时间两周，并导致电网减供负荷者。

（5）未构成一般以上电网事故（四级以上电网事件），符合下列条件之一者定为五级电网事件：

1）造成电网减供负荷 100MW 以上者。

2）220kV 以上电网非正常解列成三片以上，其中至少有三片每片内解列前发电出力和供电负荷超过 100MW。

3）220kV 以上系统中，并列运行的两个或几个电源间的局部电网或全网引起振荡，且振荡超过一个周期（功角超过 360°），不论时间长短，或是否拉入同步。

4）变电站内 220kV 以上任一电压等级母线非计划全停。

5）220kV 以上系统中，一次事件造成同一变电站内两台以上主变跳闸。

6）500kV 以上系统中，一次事件造成同一输电断面两回以上线路同时停运。

7）±400kV 以上直流输电系统双极闭锁或多回路同时换相失败。

8）500kV 以上系统中，开关失灵、继电保护或自动装置不正确动作致使越级跳闸。

9）电网电能质量降低，造成下列后果之一者：

① 频率偏差超出以下数值：在装机容量 3000MW 以上电网，频率偏差超出(50±0.2)Hz，延续时间 30 分钟以上；在装机容量 3000MW 以下电网，频率偏差超出(50±0.5)Hz，延续时间 30 分钟以上。

② 500kV 以上电压监视控制点电压偏差超出±5%，延续时间超过 1 小时。

10）一次事件风电机组脱网容量 500MW 以上。

11）装机总容量 1000MW 以上的发电厂因安全故障造成全厂对外停电。

12）地市级以上地方人民政府有关部门确定的特级或一级重要电力用户电网侧供电全部中断。

（6）未构成五级以上电网事件，符合下列条件之一者定为六级电网事件：

1）造成电网减供负荷 40MW 以上 100MW 以下者。

2）变电站内 110kV（含 66kV）母线非计划全停。

3）一次事件造成同一变电站内两台以上 110kV（含 66kV）主变跳闸。

4）220kV（含 330kV）系统中，一次事件造成同一变电站内两条以上母线或同一输电断面两回以上线路同时停运。

5）±400kV 以下直流输电系统双极闭锁或多回路同时换相失败；或背靠背直流输电系统换流单元均闭锁。

6）220kV 以上 500kV 以下系统中，开关失灵、继电保护或自动装置不正确动作致使越级跳闸。

7）电网安全水平降低，出现下列情况之一者：

①区域电网、省（自治区、直辖市）电网实时运行中的备用有功功率不能满足调度规定的备用要求。

②电网输电断面超稳定限额连续运行时间超过 1 小时。

③220kV 以上线路、母线失去主保护。

④互为备用的两套安全自动装置（切机、切负荷、振荡解列、集中式低频低压解列等）非计划停用时间超过 72 小时。

⑤系统中发电机组 AGc 装置非计划停用时间超过 72 小时。

8）电网电能质量降低，造成下列后果之一者：

①频率偏差超出以下数值：

在装机容量 3000MW 以上电网，频率偏差超出（50±0.2）Hz；

在装机容量 3000MW 以下电网，频率偏差超出（50±0.5）Hz。

②220kV（含 330kV）电压监视控制点电压偏差超出+5%，延续时间超过 30 分钟。

9）装机总容量 200MW 以上 1000MW 以下的发电厂因安全故障造成全厂对外停电。

10）地市级以上地方人民政府有关部门确定的二级重要电力用户电网侧供电全部中断。

（7）未构成六级以上电网事件，符合下列条件之一者定为七级电网事件：

1）35kV 以上输变电设备异常运行或被迫停止运行，并造成减供负荷者。

2）变电站内 35kV 母线非计划全停。

3）220kV 以上单一母线非计划停运。

4）110kV（含 66kV）系统中，一次事件造成同一变电站内两条以上母线或同一输电断面两回以上线路同时停运。

5）直流输电系统单极闭锁；或背靠背直流输电系统单换流单元闭锁。

6）110kV（含 66kV）系统中，开关失灵、继电保护或自动装置不正确动作致使越级跳闸。

7）110kV（含 66kV）变压器等主设备无主保护，或线路无保护运行。

8）地市级以上地方人民政府有关部门确定的临时性重要电力用户电网侧供电全部中断。

（8）未构成七级以上电网事件，符合下列条件之一者定为八级电网事件：

1）10kV（含 20kV、6kV）供电设备（包括母线、直配线）异常运行或被迫停止运行，并造成减供负荷者。

2）10kV（含 20kV、6kV）配电站非计划全停。

3）直流输电系统被迫降功率运行。

4）35kV 变压器等主设备无主保护，或线路无保护运行。

3. 设备事故

（1）有下列情形之一者，为特别重大设备事故（一级设备事件）：

1）造成 1 亿元以上直接经济损失者。

2）600MW 以上锅炉爆炸者。

3）压力容器、压力管道有毒介质泄漏，造成 15 万人以上转移者。

（2）有下列情形之一者，为重大设备事故（二级设备事件）：

1）造成 5000 万元以上 1 亿元以下直接经济损失者。

2）600MW 以上锅炉因安全故障中断运行 240 小时以上者。

3）压力容器、压力管道有毒介质泄漏，造成 5 万人以上 15 万人以下转移者。

（3）有下列情形之一者，为较大设备事故（三级设备事件）：

1）造成 1000 万元以上 5000 万元以下直接经济损失者。

2）锅炉、压力容器、压力管道爆炸者。

3）压力容器、压力管道有毒介质泄漏，造成 1 万人以上 5 万人以下转移者。

4）起重机械整体倾覆者。

5）供热机组装机容量 200MW 以上的热电厂，在当地人民政府规定的采暖期内同时发生 2 台以上供热机组因安全故障停止运行，造成全厂对外停止供热并且持续时间 48 小时以上者。

（4）有下列情形之一者，为一般设备事故（四级设备事件）：

1）造成 100 万元以上 1000 万元以下直接经济损失者。

2）特种设备事故造成 1 万元以上 1000 万元以下直接经济损失者。

3）压力容器、压力管道有毒介质泄漏，造成 500 人以上 1 万人以下转移者。

4）电梯轿厢滞留人员 2 小时以上者。

5）起重机械主要受力结构件折断或者起升机构坠落者。

6）供热机组装机容量 200MW 以上的热电厂，在当地人民政府规定的采暖期内同时发生 2 台以上供热机组因安全故障停止运行，造成全厂对外停止供热并且持续时间 24 小时以上者。

（5）未构成一般以上设备事故（四级以上设备事件），符合下列条件之一者定为五级设备事件：

1）造成 50 万元以上 100 万元以下直接经济损失者。

2）输变电设备损坏，出现下列情况之一者：

① 220kV 以上主变压器、换流变压器、高压电抗器、平波电抗器发生本体爆炸、主绝缘击穿。

② 500kV 以上断器发生套管、灭弧室或支柱瓷套爆裂。

③ 220kV 以上主变压器、换流变压器、高压电抗器、平波电抗器、换流器（换流阀本体及阀控设备，下同）、组合电器（GIS），500kV 以上断路器等损坏，14 天内不能修复或修复后不能达到原铭牌出力；或虽然在 14 天内恢复运行，但自事故发生日起 3 个月内该设备非计划停运累计时间达 14 天以上。

④ 500kV 以上电力电缆主绝缘击穿或电缆头损坏。

⑤ 500kV 以上输电线路倒塔。

⑥ 装机容量 600MW 以上发电厂或 500kV 以上变电站的厂（站）用直流全部失电。

3）10kV 以上电气设备发生下列恶性电气误操作：带负荷误拉（合）隔离开关、带电挂（合）接地线（接地开关）、带接地线（接地开关）合断路器（隔离开关）。

4）主要发电设备和 35kV 以上输变电主设备异常运行已达到现场规程规定的紧急停运条件而未停止运行。

5）发电厂出现下列情况之一者：

① 因安全故障造成发电厂一次减少出力 1200MW 以上。

② 100MW 以上机组的锅炉、发电机组损坏，14 天内不能修复或修复后不能达到原铭牌出力；或虽然在 14 天内恢复运行，但自事故发生日起 3 个月内该设备非计划停运累计时间达 14 天以上。

③ 水电厂（抽水蓄能电站）大坝漫坝、水淹厂房或火电厂灰坝垮坝。

④ 水电机组飞逸。

⑤ 水库库盆、输水道等出现较大缺陷，并导致非计划放空处理；或由于单位自身原因引起水库异常超汛限水位运行。

⑥ 风电场一次减少出力 200MW 以上。

6）通信系统出现下列情况之一者：

① 国家电力调度控制中心与直接调度范围内超过 30%的厂站通信业务全部中断。

② 电力线路上的通信光缆因故障中断，且造成省级以上电力调度控制中心

与超过 10%直调厂站的调度电话、调度数据网业务全部中断。

③ 省电力公司级以上单位本部通信站通信业务全部中断。

7）国家电力调度控制中心或国家电网调控分中心、省电力调度控制中心调度自动化系统 SCADA 功能全部丧失 8 小时以上，或延误送电、影响事故处理。

8）由于施工不当或跨越线路倒塔、断线等原因造成高铁停运或其他单位财产损失 50 万元以上者。

9）火工品、剧毒化学品、放射品丢失；或因泄漏导致环境污染造成重大影响者。

10）主要建筑物垮塌。

11）大型起重机械主要受力结构或机构发生严重变形或失效；飞行器坠落（不涉及人员）；运输机械、牵张机械、大型基础施工机械主要受力结构件发生断裂。

（6）未构成五级以上设备事件，符合下列条件之一者定为六级设备事件：

1）造成 20 万元以上 50 万元以下直接经济损失者。

2）输变电设备损坏，出现下列情况之一者：

① 110kV（含 66kV）以上 220kV 以下主变压器、换流变压器、平波电抗器发生本体爆炸、主绝缘击穿。

② 220kV 以上 500kV 以下断路器发生套管、灭弧室或支柱瓷套爆裂。

③ 110kV（含 66kV）以上 220kV 以下主变压器、换流变压器、换流器、交（直）流滤波器、平波电抗器、高压电抗器、组合电器（GIS），220kV 以上 500kV 以下断路器等损坏，14 天内不能修复或修复后不能达到原铭牌出力；或虽然在 14 天内恢复运行，但自事故发生日起 3 个月内该设备非计划停运累计时间达 14 天以上。

④ 220kV 以上主变压器、换流变压器、高压电抗器、平波电抗器、换流器（换流阀本体及阀控设备，下同）、组合电器（GIS），500kV 以上断路器等损坏，7 天内不能修复或修复后不能达到原铭牌出力；或虽然在 7 天内恢复运行，但自事故发生日起 3 个月内该设备非计划停运累计时间达 7 天以上 14 天以下。

⑤ 220kV 以上 500kV 以下电力电缆主绝缘击穿或电缆头损坏。

⑥ 220kV 以上 500kV 以下输电线路倒塔。

⑦ 装机容量 600MW 以下发电厂、220kV 以上 500kV 以下变电站的厂（站）用直流全部失电；装机容量 600MW 以上发电厂或 500kV 以上变电站的厂（站）用交流全部失电。

3）3kV 以上 10kV 以下电气设备发生下列恶性电气误操作：带负荷误拉（合）隔离开关、带电挂（合）接地线（接地开关）、带接地线（接地开关）合断路器（隔离开关）。

4）3kV 以上电气设备，发生下列一般电气误操作，使主设备异常运行或被迫停运：

①误（漏）拉合断路器（隔离开关）、误（漏）投或停继电保护安全自动装置（包括连接片）、误设置继电保护及安全自动装置定值。

②错误下达调度命令、错误安排运行方式、错误下达继电保护及安全自动装置定值或错误下达其投、停命令。

5）3kV 以上电气设备，因以下原因使主设备异常运行或被迫停运：

①继电保护及安全自动装置人员误动、误碰、误（漏）接线。

②继电保护及安全自动装置（包括热工保护、自动保护）的定值计算、调试错误。

③热机误操作：误停机组、误（漏）开（关）阀门（挡板）、误（漏）投（停）辅机等。

④监控过失：人员未认真监视、控制、调整等。

6）发电厂出现下列情况之一者：

①发电机组非计划停止运行或停止备用 7 天以上 14 天以下。

②发电机组烧损轴瓦；或水电机组过速停机。

③水电厂（抽水蓄能电站）泄洪闸门等重要防洪设施不能按调度要求启闭。

④由于水工设备、水工建筑损坏或其他原因，造成水库不能正常蓄水。

⑤主要构建筑物缺陷导致非计划停机处理。

⑥风电机组塔筒或塔架倒塌；或机舱着火、坠落；或桨叶折断；或机组飞车。

⑦风电场一次减少出力 100MW 以上 200MW 以下。

7）通信系统出现下列情况之一者：

①国家电网调控分中心、省电力调度控制中心与直接调度范围内超过 30%的厂站通信业务全部中断。

②电厂、变电站场内通信光缆因故障中断，造成该通信站调度电话及调度数据网业务全部中断。

③地市供电公司级单位本部通信站通信业务全部中断。

8）地市电力调度控制中心调度自动化系统 SADA 功能全部丧失 8 小时以

上，或延误送电、影响事故处理。

9）小型基础施工机械主要受力结构件发生断裂；起重机械、运输机械、牵张机械操作系统失灵或安全保护装置失效。

（7）未构成六级以上设备事件，符合下列条件之一者定为七级设备事件：

1）造成 10 万元以上 20 万元以下直接经济损失者。

2）输变电设备损坏，出现下列情况之一者：

① 35kV 以上 110kV 以下主变压器、换流变压器、平波电抗器发生本体爆炸、主绝缘击穿。

② 35kV 以上输变电主设备被迫停运，时间超过 24 小时。

③ 110kV（含 66kV、±120kV）电力电缆主绝缘击穿或电缆头损坏。

④ 35kV 以上 220kV 以下输电线路倒塔。

⑤ 110kV（含 66kV）变电站站用直流全部失电。

⑥ 装机容量 600MW 以下发电厂、220kV 以上 500kV 以下变电站的厂（站）用交流全部失电。

3）发电厂出现下列情况之一者：

① 发电机组非计划停止运行或停止备用 24 小时以上、168 小时以下。

② 酸、碱、氨水等液体大量向外泄漏，构成环境污染事件。

③ 同一风电场内 20 台以上风电机组故障停运，或故障停运风电机组总容量超过 50MW。

4）通信系统出现下列情况之一者：

① 地市电力调度控制中心与直接调度范围内超过 30%的厂站通信业务全部中断。

② 省电力公司级以上单位电视电话会议，发生超过 10%的参会单位音、视频中断。

③ 省电力公司级以上单位行政电话网故障，中断用户数量超过 30%，且时间超过 4h。

5）县电力调度控制中心调度自动化系统 SCADA 功能全部丧失 8 小时以上，或延误送电、影响事故处理。

6）发生火灾。

7）起重机械、运输机械、牵张机械、大型基础施工机械发生严重故障；轻小型重要受力工（机）器具（滑车、卡线器、连接器等）发生严重变形。

（8）未构成七级以上设备事件，符合下列条件之一者定为八级设备事件：

1）造成 5 万元以上 10 万元以下直接经济损失者。

2）10kV 以上输变电设备跳闸（10kV 线路跳闸重合成功不计）、被迫停运、非计划检修、停止备用；或设备异常造成限（降）负荷（输送功率）运行。

3）35kV 变电站站用直流全部失电。

4）110kV（含 66kV）变电站站用交流全部失电。

5）发电厂出现下列情况之一者：

① 发电机组被迫停止运行或停止备用。

② 主要构建筑物、水库库盆、输水道等出现缺陷需要处理的。

③ 主要辅机和公用系统被迫停止运行或停止备用。

④ 发变组主保护非计划停运，导致主保护非计划单套运行，时间超过 24 小时。

⑤ 供热发电机组对用户停止供热。

⑥ 风电机组故障停运。

6）通信系统出现下列情况之一者：

① 地市级以上电力调度控制中心中心站调度台全停，或调度交换网汇接中心单台调度交换机故障全停，且时间超过 30 分钟。

② 地市级以上电力调度控制中心通信中心站的调度交换录音系统故障，造成 7 天以上数据丢失或影响电网事故调查处理。

③ 承载 220kV 以上线路保护、安全自动控制装置或省级以上电力调度控制中心调度电话、调度数据网业务的通信光缆或电缆线路连续故障，时间超过 8 小时。

④ 通信系统故障造成地市供电公司级以上单位行政电话网中断，中断用户数量超过 30%，且时间超过 2 小时。

⑤ 地市供电公司级以上单位所辖通信站点单台传输设备、数据网设备，因故障全停，且时间超过 8 小时。

⑥ 通信异常造成未经批准的调度电话、调度数据网、线路保护和安全自动装置通道中断。

7）发生火警。

8）设备加工机械及其他一般（中小型）施工机械发生严重故障或损坏。

4. 信息系统事件

（1）五级信息系统事件：

1）因信息系统原因导致涉及国家秘密信息外泄；或信息系统数据遭恶意篡

改，对公司生产经营产生重大影响。

2）营销、财务、电力市场交易、安全生产管理等重要业务应用 3 天以上数据完全丢失，且不可恢复。

3）公司各单位本地信息网络完全瘫痪，且影响时间超过 8 小时（一个工作日）。

4）公司总部与分部、省电力公司、国家电网公司直属公司网络中断或省电力公司（国家电网公司直属公司）与各下属单位网络中断，影响范围达 80%，且影响时间超过 12 小时；或影响范围达 40%，且影响时间超过 24 小时。

5）一类业务应用服务完全中断，影响时间超过 8 小时；或二类业务应用服务中断，影响时间超过 24 小时；或三类业务应用服务中断，影响时间超过 2 个工作日。

6）全部信息系统与公司总部纵向贯通中断，影响时间超过 12 小时。

7）国家电网公司直属公司其他核心业务应用服务中断，影响时间超过 2 个工作日。

（2）未构成五级信息系统事件，符合下列条件之一者定为六级信息系统事件：

1）因信息系统原因导致公司秘密信息外泄，或信息系统数据遭恶意篡改，对公司生产经营产生较大影响。

2）财务、营销、电力市场交易、安全生产管理等重要业务应用 1 天以上数据完全丢失，且不可恢复。

3）公司各单位本地网络完全瘫痪，且影响时间超过 4 小时。

4）公司总部与分部、省电力公司、国家电网公司直属公司网络中断或省电力公司（国家电网公司直属公司）与各下属单位网络中断，影响范围达 80%，且影响时间超过 4 小时；或影响范围达 40%，且影响时间超过 12 小时；或影响范围达 20%，且影响时间超过 24 小时。

5）一类业务应用服务完全中断，影响时间超过 4 小时；或二类业务应用服务中断，影响时间超过 12 小时。或三类业务应用服务中断，影响时间超过 1 个工作日。

6）全部信息系统与公司总部纵向贯通中断，影响时间超过 4 小时。

7）国家电网公司直属公司其他核心业务应用服务中断，影响时间超过 1 个工作日。

（3）未构成六级以上信息系统事件，符合下列条件之一者定为七级信息系统事件：

1）利用公司信息系统造成公司敏感信息外泄，或信息系统数据遭恶意篡改。

2）财务、营销、电力交易、安全生产管理等重要业务应用数据丢失，且不可恢复。

3）公司各单位本地网络完全瘫痪。

4）公司总部与分部、省电力公司、国家电网公司直属公司网络中断或省电力公司（国家电网公司直属公司）与各下属单位网络中断，影响范围达80%，且影响时间超过2小时；或影响范围达40%，且影响时间超过6小时；或影响范围达20%，且影响时间超过12小时。

5）一类业务应用服务完全中断，影响时间超过2小时；或二类业务应用服务中断，影响时间超过4小时；或三类业务应用服务中断，影响时间超过8小时。

6）全部信息系统与公司总部纵向贯通中断，影响时间超过1小时。

7）国家电网公司直属公司其他核心业务应用服务中断，影响时间超过8小时。

8）地市供电公司级以上单位本部全部用户不能使用计算机终端设备超过2小时；或超过80%用户影响时间超过4小时。

（4）未构成七级以上信息系统事件，符合下列条件之一者定为八级信息系统事件：

1）除财务、营销、电力交易、安全生产管理等重要业务应用外的其他业务应用数据完全丢失，对业务应用造成一定影响。

2）公司总部与分部、省电力公司、国家电网公司直属公司网络中断或省电力公司（国家电网公司直属公司）与各下属单位网络中断，影响时间超过1小时或影响范围达10%。

3）一类业务应用服务完全中断，影响时间超过30分钟；或二、三类业务应用服务中断，影响时间超过1小时。

4）全部信息系统与公司总部纵向贯通中断。

5）国家电网公司直属公司其他核心业务系统应用服务中断，影响时间超过1小时。

6）地市供电公司级以上单位本部全部用户不能使用计算机终端设备超过30分钟，或超过80%用户影响时间超过1小时；或对超过50%小于80%的用户影响时间超过2小时。

7）县供电公司级单位全部用户不能使用计算机终端设备超过 1 小时，或超过 80%用户影响时间超过 2 小时；或对超过 50%小于 80%的用户影响时间超过 4 小时。

8）县供电公司级单位本地或广域信息网络完全瘫痪，影响时间超过 2 小时。

（三）事故归类统计

1. 事故的责任归类

（1）主要责任，事故发生或扩大主要由一个主体承担责任者。

（2）同等责任，事故发生或扩大由多个主体共同承担责任者。

（3）次要责任，承担事故发生或扩大次要原因的责任者，包括一定责任和连带责任。

2. 不同性质事故的统计

（1）与电力生产有关工作过程中发生的事故统计为电力生产安全事故。

（2）与煤矿以及装备制造等其他产业生产有关工作过程中发生的事故统计为煤矿及产业生产安全事故。

（3）在非生产性办公经营场所发生的事故统计为非生产性安全事故。

（4）由各级政府相关机构调查处理的道路交通、水上交通等事故统计为交通事故。

（5）由火灾引起的事故统计为火灾事故。

（6）发生信息系统损坏或信息系统泄密的事件统计为信息系统安全事件。

（7）公司系统外单位承包系统内工作，发生由系统内单位负同等以下责任的人身事故统计为外包事故。

（8）以下事故统计为农电人身事故。

1）代管县（县级市）供电公司（局）生产经营活动中发生的人身事故。

2）直管或控股时间不到 2 年的县（县级市）供电公司（局）生产经营活动中发生的人身事故。

3）直管、控股县（县级市）供电公司（局）所属农村供电所组织从事农村供电所管辖范围内的 10kV 及以下生产经营等业务活动中发生的人身事故。

3. 人身事故统计

（1）发生人身事故，公司系统内各有责单位均统计一次事故，统计应包括一次事故中所有的人身伤亡。

（2）发生交通事故由交通工具使用单位统计。

（3）发生其余人身事故由伤亡员工所在单位统计。

4. 不同管理层次下的事故统计

（1）县供电公司级单位下属和管理的所有单位发生的事故，统计汇总为该县供电公司级单位的事故。地市供电公司级单位下属和管理的所有单位发生的事故，统计汇总为该地市供电公司级单位的事故。省电力公司和国家电网公司直属公司下属和管理的所有单位发生的事故，统计汇总为上述公司的事故。

（2）公司系统内产权与建设运行管理相分离的（仅指国家电网公司委托给省电力公司或国家电网公司直属公司的业务），事故由建设运行管理单位统计。

（3）任何单位承包公司系统内产权单位或运行管理单位的工作中，造成其电网、设备或信息系统事故的，均由该运行管理单位或产权单位统计。

（4）公司系统内基建工程或技改项目，验收移交生产前发生的设备事故，均由建设单位统计。施工单位施工设备事故由其自行统计。（注：建设单位指负责基建工程或技改项目全面建设管理的建设公司，非施工单位。）

5. 由于同一原因而引起多次事故的统计

（1）一条线路或同一设备由于同一原因在 24 小时内发生多次跳闸停运构成事故时，可统计为一次事故。

（2）同一个供电（输电）单位的几条线路或几个变电站，由于同一次自然灾害，如暴风、雷击、地震、洪水、泥石流等原因，发生多条线路、多个变电站跳闸停运时，可统计为一次事故。

由于同一次自然灾害引发同一省电力公司的几个供电（输电）单位多条线路、多个变电站跳闸停运时，可由管辖以上单位的上级单位统计为一次事故。

（3）发电厂由于燃煤（油）质量差、煤湿等原因，在一个运行班的值班时间内，发生两次以上灭火停炉、降低出力，可按最高等级统计为一次事故。

（4）由于同一个原因导致信息系统不可用、应用系统数据丢失、网络瘫痪等信息系统事件时，可按最高等级统计为一次事件。

6. 不同类型不同级别事故的统计

（1）一次事故既构成电网事故条件，也构成设备事故条件时，公司系统内各相关单位均应遵循"不同等级，等级优先；相同等级，电网优先"的原则统计报告。

（2）一次事故既构成人身事故条件，也构成电网（设备）事故条件时，人身和电网（设备）事故应各统计一次。

7. 一次事故涉及几个单位时的事故统计

（1）电网事故涉及一个省（自治区、直辖市）内多行政区域的，事故等级不同的按高等级统计一次；事故等级相同的统计为管辖这些行政区域电网的上级单位的电网事故。

（2）输电线路发生瞬时故障，由于继电保护或断路器失灵，在断路器跳闸后拒绝重合构成事故时，统计为管辖该继电保护或断路器单位的电气（变电）事故；如果输电线路发生永久性故障，无论继电保护或断路器是否失灵，均应统计为管辖该线路单位的输电事故。

（3）一条线路由两个以上单位负责运行管理，该线路故障跳闸构成事故时，如果各单位经过检查均未发现故障点，应各统计一次。由于电力调度控制中心过失，如调度命令下达错误、保护定值整定错误等，造成输变电或发电设备异常运行并构成事故者，电力调度控制中心应统计为一次事故。

（四）事故即时报告

（1）公司系统各单位事故发生后，事故现场有关人员应当立即向本单位现场负责人报告。现场负责人接到报告后，应立即向本单位负责人报告。

情况紧急时，事故现场有关人员可以直接向本单位负责人报告。

（2）各有关单位接到事故报告后，应当依照下列规定立即上报事故情况：

1）发生五级以上人身、电网、设备和信息系统事故，应立即按资产关系或管理关系逐级上报至国家电网公司；省电力公司上报国家电网公司的同时，还应报告相关分部。

2）发生六级人身、电网、设备和信息系统事件，应立即按资产关系或管理关系逐级上报至省电力公司或国家电网公司直属公司。

3）发生七级人身、电网、设备和信息系统事件，应立即按资产关系或管理关系上报至上一级管理单位。

每级上报的时间不得超过1小时。

（3）安全事故报告应及时、准确、完整，任何单位和个人对事故不得迟报、漏报、谎报或者瞒报。必要时，可以越级上报事故情况。

（4）即时报告可以电话、电传、电子邮件、短信等形式上报。五级以上的即时报告事故均应在24h以内以书面形式上报，其简况至少应包括以下内容：

1）事故发生的时间、地点、单位。

2）事故发生的简要经过、伤亡人数、直接经济损失的初步估计。

3）电网停电影响、设备损坏、应用系统故障和网络故障的初步情况。

4）事故发生原因的初步判断。

（5）即时报告后事故出现新情况的，应当及时补报。

（五）事故调查

1．调查组织

（1）公司系统各单位根据事故等级的不同组织调查，并按要求填写事故调查报告书。上级管理单位可根据情况派员督查。

（2）一般（四级）以上人身、五级以上电网、较大（三级）以上设备事故，以及五级信息系统事件由国家电网公司或其授权的分部、省电力公司、国家电网公司直属公司组织调查。

（3）五级人身、六级电网事件，一般（四级）设备事故和五级设备事件，以及六级信息系统事件由省电力公司（国家电网公司直属公司）或其授权的单位组织调查，国家电网公司认为有必要时可以组织、派员参加或授权有关单位调查。

（4）六级人身、七级电网、六级设备和七级信息系统事件由地市供电公司级单位（或其授权的单位）或事件发生单位组织调查，上级管理单位认为有必要时可以组织、派员参加或授权有关单位调查。

（5）七级人身、八级电网、七级设备和八级信息系统事件由事件发生单位自行组织调查，上级管理单位认为有必要时可以组织、派员参加或授权有关单位调查。

（6）八级人身和设备事件由事件发生单位的安监部门或指定专业部门组织调查。

（7）人身事故调查组由相应调查组织单位的领导或其指定人员主持，安监、生产（生技、基建、营销、农电等）、监察、人力资源（社保）、工会等有关部门派员参加。

（8）其他事故调查组由相应调查组织单位的领导或其指定人员主持，按事故的不同等级和性质，安监、调度、生技、基建、营销、农电、信息、监察等有关部门人员和车间（工区、项目部）负责人参加。调查组可根据事故的具体情况，指定有关发、供电单位参加。

产权与运行管理相分离的，由运行管理单位组织调查，也可由资产所有单位组织调查。性质严重或涉及两个以上单位的事故，上级管理单位应指派安监人员和有关专业人员参加调查或组织调查。

（9）初步认定事故发生由质量原因造成时，可组成安全和质量事故调查组，按有关规定开展联合调查。

2. 调查程序

（1）保护事故现场。

1）事故发生后，事故发生单位必须迅速抢救伤员并派专人严格保护事故现场。未经调查和记录的事故现场，不得任意变动。

2）事故发生后，事故发生单位安监部门或其指定的部门应立即对事故现场和损坏的设备进行照相、录像、绘制草图、收集资料。

3）因紧急抢修、防止事故扩大以及疏导交通等，需要变动现场，必须经单位有关领导和安监部门同意，并做出标志、绘制现场简图、写出书面记录，保存必要的痕迹、物证。

（2）收集原始资料。

1）事故发生后，事故发生单位安监部门或其指定的部门应立即组织当值值班人员、现场作业人员和其他有关人员在离开事故现场前，分别如实提供现场情况并写出事故的原始材料。

应收集的原始资料包括：有关运行、操作、检修、试验、验收的记录文件，系统配置和日志文件，以及事故发生时的录音、故障录波图、计算机打印记录、现场影像资料、处理过程记录等。

安监部门或指定的部门要及时收集有关资料，并妥善保管。

2）事故调查组成立后，安监部门或指定的部门应及时将有关材料移交事故调查组。

3）事故调查组在收集原始资料时应对事故现场搜集到的所有物件（如破损部件、碎片、残留物等）保持原样，并贴上标签，注明地点、时间、物件管理人。

4）事故调查组要及时整理出说明事故情况的图表和分析事故所必需的各种资料和数据。

5）事故调查组有权向事故发生单位、有关部门及有关人员了解事故的有关情况并索取有关资料，任何单位和个人不得拒绝。

（3）调查事故情况。

1）人身事故应：

① 查明伤亡人员和有关人员的单位、姓名、性别、年龄、文化程度、工种、技术等级、工龄、本工种工龄等。

② 查明事故发生前伤亡人员和相关人员的技术水平、安全教育记录、特殊工种持证情况和健康状况，过去的事故记录、违章违纪情况等。

③ 查明事故发生前工作内容、开始时间、许可情况、作业程序、作业时的

行为及位置、事故发生的经过、现场救护情况等。

④查明事故场所周围的环境情况（包括照明、湿度、温度、通风、声响、色彩度、道路、工作面状况以及工作环境中有毒、有害物质和易燃、易爆物取样分析记录）、安全防护设施和个人防护用品的使用情况（了解其有效性、质量及使用时是否符合规定）。

2）电网、设备事故应：

①查明事故发生的时间、地点、气象情况，以及事故发生前系统和设备的运行情况。

②查明事故发生经过、扩大及处理情况。

③查明与事故有关的仪表、自动装置、断路器、保护、故障录波器、调整装置、遥测、遥信、遥控、录音装置和计算机等记录和动作情况。

④查明事故造成的损失，包括波及范围、减供负荷、损失电量、停电用户性质，以及事故造成的设备损坏程度、经济损失等。

⑤调查设备资料（包括订货合同、大小修记录等）情况以及规划、设计、选型、制造、加工、采购、施工安装、调试、运行、检修等质量方面存在的问题。

3）信息系统事件应：

①查明事件发生前系统的运行情况。

②查明事件发生经过、扩大及处理情况。

③调查系统和设备资料（包括订货合同、维护记录等）情况以及规划、设计、建设、实施、运行等方面存在的问题。

④查明事件造成的损失，包括影响时间、影响范围、影响严重程度等。

4）事故调查还应了解现场规章制度是否健全，规章制度本身及其执行中暴露的问题；了解各单位管理、安全生产责任制和技术培训等方面存在的问题；了解全过程管理是否存在漏洞；事故涉及两个以上单位时，应了解相关合同或协议。

（4）分析原因责任。

1）事故调查组在事故调查的基础上，分析并明确事故发生、扩大的直接原因和间接原因。必要时，事故调查组可委托专业技术部门进行相关计算、试验、分析。

2）事故调查组在确认事实的基础上，分析是否人员违章、过失、违反劳动纪律、失职、渎职；安全措施是否得当；事故处理是否正确等。

3）根据事故调查的事实，通过对直接原因和间接原因的分析，确定事故的直接责任者和领导责任者；根据其在事故发生过程中的作用，确定事故发生的主要责任者、同等责任者、次要责任者、事故扩大的责任者；根据事故调查结果，确定相关单位承担主要责任、同等责任、次要责任或无责任。

4）发生以下事项之一造成事故的，确认为本单位负同等以上责任：

① 本单位和本单位承包、承租、承借的工作场所，由于本单位原因，致使劳动条件或作业环境不良，管理不善，设备或设施不安全，发生触电、高处坠落、设备爆炸、火灾、生产建（构）筑物倒塌等造成事故。

② 发包工程项目，发生以下情形之一者：

a.资质审查不严，承包方不符合要求。

b.开工前未对承包方负责人、工程技术人员和安监人员进行应由发包方交代的安全技术交底，且没有完整的记录。

c.对危险性生产区域（指容易发生触电、高空坠落、爆炸、爆破、起吊作业、中毒、窒息、机械伤害、火灾、烧烫伤等引起人身和设备事故的场所）内作业未事先进行专门的安全技术交底，未按安全施工要求配合做好相关的安全措施（含有关设施、设备上设置明确的安全警告标志等）。

d.未签订安全生产管理协议，或协议中未明确各自的安全生产职责。

③ 事故调查组认定的本单位负同等以上责任的其他情形。

5）凡事故原因分析中存在下列与事故有关的问题，确定为领导责任：

① 安全生产责任制不落实。

② 规程制度不健全。

③ 对员工教育培训不力。

④ 现场安全防护装置、个人防护用品、安全工器具不全或不合格。

⑤ 反事故措施、安全技术劳动保护措施计划和应急预案不落实。

⑥ 同类事故重复发生。

⑦ 违章指挥或决策不当。

⑧ 政府相关部门规定的工程项目有关安全施工证件不全。

⑨ 事故调查组确定的应为领导责任的其他情形。

（5）提出防范措施。事故调查组应根据事故发生、扩大的原因和责任分析，提出防止同类事故发生、扩大的组织（管理）措施和技术措施。

（6）提出人员处理意见。

1）事故调查组在事故责任确定后，要根据有关规定提出对事故责任人员的处理意见。由有关单位和部门按照人事管理权限进行处理。

2）对下列情况应从严处理。

①违章指挥、违章作业、违反劳动纪律造成事故发生的。

②事故发生后迟报、漏报、瞒报、谎报或在调查中弄虚作假、隐瞒真相的。

③阻挠或无正当理由拒绝事故调查或提供有关情况和资料的。

3）在事故处理中积极抢救、安置伤员和恢复设备、系统运行的，在事故调查中主动反映事故真相，使事故调查顺利进行的有关事故责任人员，可酌情从宽处理。

3. 事故调查报告

（1）由政府有关机构组织的事故调查，调查完成后，有关调查报告书应由事故发生单位留档保存，并逐级上报至国家电网公司。

（2）事故调查报告书。

1）下列事故应由调查组填写事故调查报告书：

①人身死亡、重伤事故，填写《人身事故调查报告书》。

②五级以上电网事故填写《电网事故调查报告书》。

③五级以上设备事故填写《设备事故调查报告书》。

④六级以上信息系统事件填写《信息系统事件调查报告书》。

⑤其他由国家电网公司、省电力公司、国家电网公司直属公司根据事故性质及影响程度指定填写的。

2）事故调查报告书由事故调查的组织单位以文件形式在事故发生后的 30 日内报送。特殊情况下，经上级管理单位同意可延至 60 日。

3）上级管理单位接到事故调查报告后，15 日内以文件形式批复给事故调查的组织单位。

4）所列事故（重伤除外），应随事故调查报告书上报事故影像资料。

（3）事故调查结案后，事故调查的组织单位应将有关资料归档，资料必须完整，根据情况应有：

1）人身、电网、设备、信息系统事故报告。

2）事故调查报告书、事故处理报告书及批复文件。

3）现场调查笔录、图纸、仪器表计打印记录、资料、照片、录像（视频）、操作记录、配置文件、日志等。

4）技术鉴定和试验报告。

5）物证、人证材料。

6）直接和间接经济损失材料。

7）事故责任者的自述材料。

8）医疗部门对伤亡人员的诊断书。

9）发生事故时的工艺条件、操作情况和设计资料。

10）处分决定和受处分人的检查材料。

11）有关事故的通报、简报及成立调查组的有关文件。

12）事故调查组的人员名单，内容包括姓名、职务、职称、单位等。

（六）安全记录

（1）安全周期：安全天数达到 100 天为一个安全周期。

（2）发生五级以上人身事故中断有责单位的安全记录；本单位无责的人身事故不中断安全记录。

（3）发生负同等责任以上的重大以上交通事故中断事故发生单位的安全记录。

（4）除下述免责条款外，无论原因和责任，发生六级以上电网、设备和信息系统事故均中断事故发生单位的安全记录。发生七级电网、设备和信息系统事件，中断发生事故的县供电公司级单位或地市供电公司级单位所属车间（工区、分部、分厂）的安全记录。

1）因暴风、雷击、地震、洪水、泥石流等自然灾害超过设计标准承受能力和人力不可抗拒而发生的电网、设备和信息系统事故。

2）为了抢救人员生命而紧急停止设备运行构成的事故。

3）示范试验项目以及事先经过上级管理部门批准进行的科学技术实验项目，由于非人员过失所造成的事故。

4）非人员责任引起的直流输电系统单极闭锁。

5）新投产设备（包括成套性继电保护及安全自动装置）一年以内发生由于设计、制造、施工安装、调试、集中检修等单位负主要责任造成的五至七级电网和设备事件。

6）地形复杂地区夜间无法巡线的 35kV 以上输电线路或不能及时得到批准开挖检修的城网地下电缆，停运后未引起对用户少送电或电网限电，停运时间不超过 72 小时者。

7）发电机组因电网安全运行需要设置的安全自动切机装置，由于电网原因造成的自动切机装置动作，使机组被迫停机构成事故者。若切机后由于人员处理不当或设备本身故障构成事故条件的，仍应中断安全记录。

8)电网因安全自动装置正确动作或调度运行人员按事故处理预案进行处理

的非人员责任的电网失去稳定事故。若由于人员处理不当或设备本身故障构成事故者，仍应中断安全记录。

9）不可预见或无法事先防止的外力破坏事故。

10）无法采取预防措施的户外小动物引起的事故。

11）公司系统内产权与运行管理相分离，发生五级及以下电网和设备事件且运行管理单位没有责任者。

12）发生公司系统内其他单位负同等责任以上的七级电网、设备和信息系统事件，运行管理单位负同等责任以下者，不中断其安全记录。

（5）发电厂（风电场）或用户引起的涉网事故，不中断输变电、供电单位和电力调度控制中心的安全记录。

（6）县供电公司级单位发生六级以上中断安全记录的电网、设备和信息系统事故时，同时中断管理该单位的地市供电公司级单位的安全记录。

第二章　安全管理知识

第一节　安全生产管理概念和内容

一、安全生产管理相关概念

1. 安全

按照系统安全工程观点，安全是指生产系统中人员免遭不可承受危险的伤害。在生产过程中，不发生人员伤亡、职业病或设备、设施损害或环境危害的条件，是指安全条件。不因人、机、环境的相互作用而导致系统失效、人员伤害或其他损失，是指安全状况。

人们从事的某项活动或某系统，即某一客观事物，是否安全，是人们对这一事物的主观评价。当人们均衡利害关系，认为该事物的危险程度可以接受时，则这种事物的状态是安全的，否则就是危险的。

2. 事故

在生产过程中，事故是造成人员伤亡、伤害、职业病、财产损失或其他损失的意外事件。从这个解释可以看出，事故是意外事件，是人们不希望发生的；同时该事件产生了违背人们意愿的后果。如果事件的后果是人员死亡、受伤或身体的损害就称为人员伤亡事故，如果没有造成人员伤亡就是非人员伤亡事故。

事故的分类方法有很多种，我国在工伤事故统计中，按照导致事故发生的原因，将工伤事故分为 20 类，分别为物体打击、车辆伤害、机械伤害、起重伤害、触电、淹溺、灼烫、火灾、高处坠落、坍塌、冒顶片帮、透水、放炮（是指爆破作业中发生的伤亡事故）、火药爆炸（是指火药、炸药及其制品在生产、加工、运输、贮存中发生的爆炸事故）、瓦斯爆炸、锅炉爆炸、容器爆炸、其他爆炸、中毒和窒息及其他伤害。

3. 风险

某一特定危险情况发生的可能性和后果的组合。风险是对某种可预见的危险情况发生的可能性和后果严重程度这两项指标的综合描述。可能性是指危险情况发生的难易程度；严重性是指危险情况一旦发生后，将造成人员伤害和经济损失的大小和程度。两项指标中任意一个值过高或过低都会使风险产生巨大变化，如果其中一项指标不存在，或为零，则这种风险不存在。

4. 危险源

从安全生产角度，危险源是指可能造成人员伤害、疾病、财产损失、作业环境破坏或其他损失的根源或状态。

"可能"意味着"潜在"，是指危险源是一种客观存在的、具有导致伤害或疾病等情况的潜在能力。"根源或状态"意味着危险源的存在形式或者可能导致伤害等的主体对象，或者是可能诱发主体对象导致伤害或疾病等的状态。例如：液化石油气储罐中液化石油气是可能导致火灾、爆炸事故的根源，而储罐破裂、泄漏是可能导致火灾爆炸事故的状态。

5. 事故隐患

事故隐患泛指生产系统中可导致事故发生的人的不安全行为、物的不安全状态和管理上的缺陷。在生产过程中，凭着对事故发生与预防规律的认识，为了预防事故的发生，可制定生产过程中物的状态、人的行为和环境条件的标准、规章、规定、规程等，如果生产过程中物的状态、人的行为和环境条件不能满足这些标准、规章、规定、规程等，就可能发生事故。

国家安监总局令第 16 号《安全生产事故隐患排查治理暂行规定》对事故隐患的定义是：本规定所称安全生产事故隐患（以下简称事故隐患），是指生产经营单位违反安全生产法律、法规、规章、标准、规程和安全生产管理制度的规定，或者因其他因素在生产经营活动中存在可能导致事故发生的物的危险状态、人的不安全行为和管理上的缺陷。

6. 安全生产

《辞海》中将安全生产解释为：安全生产是指为预防生产过程中发生人身、设备事故，形成良好劳动环境和工作秩序而采取的一系列措施和活动。

《中国大百科全书》中将安全生产解释为：安全生产指在保护劳动者在生产过程中安全的一项方针，也是企业管理必须遵循的一项原则，要求最大限度地减少劳动者的工伤和职业病，保障劳动者在生产过程中的生命安全和身体健康。后者将安全生产解释为企业生产的一项方针、原则或要求，前者则解释为企业生产的一系列措施和活动。

根据现代系统安全工程的观点，上述解释各代表了一个方面，但都不够全面。概括地说，安全生产是为了使生产过程在符合规定的物质条件和工作秩序下进行，防止发生人身伤亡和财产损失等生产事故，消除或控制危险、有害因素，保障人身安全与健康、设备和设施免受损坏、环境免遭破坏的总称。

7. 安全生产管理

安全生产管理是针对人们生产过程中的安全问题，运用有效的资源，发挥人们的智慧，通过人们的努力，进行有关决策、计划、组织和控制等活动，实现生产过程中人与机器设备、物料、环境的和谐，达到安全生产的目标。

安全生产管理的目标是：减少和控制危害，减少和控制事故，尽量避免生产过程中由于事故所造成的人身伤害、财产损失、环境污染以及其他损失。安全生产管理包括安全生产法制管理、行政管理、监督检查、工艺技术管理、设备设施管理、作业环境和条件管理等。

安全生产管理的基本对象是企业的员工，涉及企业中的所有人员、设备设施、物料、环境、财务、信息等各个方面。安全生产管理的内容包括：安全生产管理机构和安全生产管理人员，安全生产责任制、安全生产管理规章制度、安全生产策划、安全培训教育、安全生产档案等。

二、安全生产管理内容

1. 安全生产组织管理的内容

（1）建立企业安全生产责任制。

（2）建立和健全安全生产各项规章制度。

（3）建立和健全安全生产管理机构和配备安全生产管理人员。

（4）实行安全生产目标管理。

（5）组织各类安全生产检查。

（6）建立和健全安全生产教育制度。

（7）建立事故隐患排查治理管理制度。

（8）认真执行安全生产设施与主体工程同时设计、同时施工、同时投产使用的"三同时"管理制度。

（9）开展安全生产评价，正确掌握企业生产中的危险源，同时按各种危险源的实际情况采取各项防患措施。

（10）进行科学的工伤事故管理，对企业中发生的各类事故进行报告、登记、统计、分析、处理。

（11）对女员工、未成年工进行特殊保护。

（12）企业员工的工时、休假制度的管理。

（13）实行安全生产考核、奖惩制度管理。

（14）对员工的劳动防护用品的发放和使用的管理。

2．安全生产技术管理

（1）机械设备的安全管理：一般机械设备的安全管理、危险性较大设备的安全管理。

（2）电气设备的安全管理。

（3）防火防爆安全管理。

（4）各类安全装置的设置和管理。

（5）根据企业特殊需要的安全技术管理。

3．职业卫生技术管理

（1）职业性有害因素及其预防措施。

（2）对职业病患者的管理。

4.安全生产管理台账建设

建立健全企业安全生产管理台账，是企业贯彻落实政府关于强化企业安全生产主体责任落实、全面推进企业安全生产标准化建设的要求。

第二节 安全生产管理理论

一、安全生产管理模式

安全生产管理模式是在新的经济运行机制下提出来的，其思想是无论是人身伤亡事故，还是财产损失事故，无论是交通事故，还是生产事故，甚至火灾或治安案件，都对人类造成危害和损害。这些人们不希望的现象，无论从根源、过程和后果，都有共同的特点和规律，企业对其进行防范和控制，也都有共同的对策和手段。因此，把企业的生产安全、交通安全、消防、环保等专业进行综合管理，对于提高企业的综合管理效率和降低管理成本有着重要的作用。为此，建立"大安全"的综合安全管理管理模式是21世纪企业安全生产管理的发展趋势。

1．对象化的安全生产管理模式

（1）"以人为中心"的企业安全生产管理模式。作为企业，研究科学、合理、有效的安全生产管理模式是安全生产管理的基础。以人为中心的管理模式，其基本内涵是把管理的核心对象集中于生产作业人员，即安全管理应该建立在研究人的心理、生理素质上，以纠正人的不安全行为、控制人的误操作作为安全管理的目标。这种模式的代表有马钢公司的"三不伤害"活动（不伤害自己、不伤害他人、不被他人伤害）、上海浦东钢铁公司的"安全人"管理模式、长城特殊钢厂的"人基严"模式（人为中心，基本功、基层工作、基层建设，严字当头、从严治厂）等。这些安全生产管理方式都是以人为中心的管理模式的体现。

（2）以"管理为中心"的企业安全生产管理模式。一切事故原因源于管理缺陷，因此，现今的管理模式既要吸收经典安全管理的精华，又要总结本企业安全生产的经验，更要能够运用现代化管理的理论。比较著名的有扬子石化公司的"0457"管理模式和系统安全管理模式。

所谓"0457"安全生产管理模式是指：

围绕一个安全目标——事故为零。

以"四全"——全员、全过程、全方位、全天候管理为对策。

五项标准——安全法规标准系列化、安全管理科学化、教育培训正规化、工艺设备安全化、安全卫生设施现代化为基础。

七大体系——安全生产责任制落实体系（各司其职、各负其责）、规章制度体系（安全生产工作标准化、制度化）、监督检查体系（杜绝违章违纪，消除事故隐患）、教育培训体系（增强安全意识，提高安全技术素质）、设备维护整改体系（设备无缺陷、无隐患，安全运行）、事故抢救体系（事故损失减到最小）、科研防治体系（消灭急性、慢性职业中毒，改善劳动条件，保护员工的安全健康）为保护。

2. 程序化的安全生产管理模式

（1）事后型的安全管理模式。事后型管理模式是一种被动的管理模式。即在事故或灾难发生后进行亡羊补牢，以避免同类事故再发生的一种管理方式。这种模式遵循如下技术步骤：事故或灾难发生—调查原因—分析主要原因—提出整改对策—实施对策—进行评价—新的对策，如图 2-1 所示。

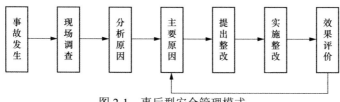

图 2-1　事后型安全管理模式

（2）预防型的安全管理模式。预防型模式是一种主动、积极地预防事故或灾难发生的对策。显然是现代安全管理和减灾对策的重要方法和模式。其基本的技术步骤是：提出安全目标—分析存在的问题—找出主要问题—制定实施方案—落实方案—评价—新的目标，如图2-2所示。

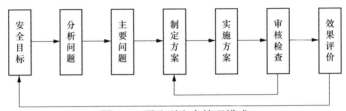

图 2-2　预防型安全管理模式

21世纪将是安全科学管理得以深化，安全管理的作用和效果不断加强的时代。现代安全管理将逐步实现：变传统的纵向单因素安全管理为现代的横向综合安全管理；变事故管理为现代的事件分析与隐患管理（变事后型为预防型）；变被动的安全管理对象为现代的安全管理动力；变静态安全管理为现代的安全动态管理；变过去只顾生产效益的安全辅助管理为现代的效益、环境、安全与卫生的综合效果的管理；变被动、辅助、滞后的安全管理程式为现代主动、本质、超前的安全管理程式；变外迫型安全指标管理为内激型的安全目标管理（变次要因素为核心事业）。

二、安全生产管理的组织形式

1. 企业法定代表人

企业法定代表人对企业安全生产工作负有全面责任。

2. 企业分级管理

分级管理就是把企业从上至下分为若干个安全生产管理层次，明确各自在安全生产方面的责任，有效地实现全面安全生产管理。

安全生产管理层次与企业规模有关。大型企业或企业集团的管理层次相对比较多，就一般企业的管理层次分为三层：厂级（总公司）、车间（分厂、分公司）、班组（工段）。但无论何种规模企业，安全生产管理层次都可以归纳为决策层、管理层、执行层、操作层。

决策层主要起奖惩、指挥作用，贯彻落实国家有关安全生产法律、法规及方针政策；根据法律、法规制定本企业安全生产规章制度；落实制定安全生产规划、计划；建立健全安全机构、配备人员；保证安全资金和物资投入，为员工提供安全卫生的工作场所。

管理层主要对安全生产进行日常管理，贯彻落实企业安全生产规章制度，并负责检查落实，由各职能部门领导层以及安全管理机构的管理人员构成。

执行层主要以生产管理人员和班组长为主构成，主要职责是通过生产的推进，督促操作人员遵守安全生产的规章制度和操作规范，防止冒险违章作业。

操作层应严格遵守安全生产规章制度，遵守操作规程，杜绝违章，防止事故发生，操作层是安全生产的基础环节，以生产作业人员为主体。

3. 企业各部门安全生产管理

企业按业务需要分为若干个职能部门，各业务部门在负责本部门的同时，应对本部门的安全生产工作负责。主要职能部门有生产、经营、科技、动力、基建、劳动人事、财务、后勤等。

有些企业成立了安全生产委员会，由各职能部门主管安全的领导以及党政工团等组织的代表共同组成，一般由厂长或主管安全的副厂长任主任，定期或不定期地举行委员会会议，研究讨论重大安全生产问题。工会组织在企业安全生产方面发挥着重要的监督作用。

三、安全生产管理原理和原则

任何一种活动都有一种理论在指导，安全生产管理活动也不例外。安全生产管理作为管理的主要组成部分，遵循管理的普遍规律，既服从管理的基本原理与原则，又有其特殊的原理与原则。

原理是对客观事物实质内容及其基本运动规律的表述。原理与原则之间存在内在的、逻辑对应的关系。安全生产管理原理是从生产管理的共性出发，对生产管理工作的实质内容进行科学分析、综合、抽象与概括所得出的生产管理规律。

原则是根据对客观事物基本规律的认识引发出来的，需要人们共同遵循的行为规范和准则。安全生产原则是指在生产管理原理的基础上，指导生产管理活动的通用规则。

原理与原则的本质与内涵是一致的。一般来说，原理更基本，更具普遍意义；原则更具体，对行动更有指导性。

（一）系统原理——抓安全要综合考虑

1. 系统原理的含义

系统原理是现代管理学的一个最基本原理。它是指人们在从事管理工作时，运用系统理论、观点和方法，对管理活动进行充分的系统分析，以达到管理的优化目标，即用系统论的观点、理论和方法来认识和处理管理中出现的问题。

所谓系统是由若干相互作用又相互依赖的部分组成的、具有特定功能的、并处于一定环境中的有机整体。任何管理对象都可以作为一个系统。系统可以分为若干个子系统，子系统可以分为若干个要素，即系统是由要素组成的。按照系统的观点，管理系统具有6个特征，即集合性、相关性、目的性、整体性、层次性和适应性。

安全生产管理系统是生产管理的一个子系统，包括各级安全管理人员、安全防护设备与设施、安全管理规章制度、安全生产操作规范和规程以及安全生产管理信息等。安全贯穿于生产活动的方方面面，安全生产管理是全方位、全天候和涉及全体人员的管理。

2. 运用系统原理的原则

（1）动态相关性原则。动态相关性原则告诉我们，构成管理系统的各要素是运动和发展的，它们相互联系又相互制约。显然，如果管理系统的各要素都处于静止状态，就不会发生事故。

（2）整分合原则。高效的现代安全生产管理必须在整体规划下明确分工，在分工基础上有效综合，这就是整分合原则。运用该原则，首先要求企业的行政一把手在进行企业的宏观决策时必须把安全纳入，在考虑资金、人员和体系时，都必须将安全生产作为一项重要内容加以考虑；其次，安全管理必须做到分工明确，建立健全的组织体系和责任制；再则，要强化专职安全部门的职责，提高其权威性，保证强有力的调控性，实现有效的综合。

（3）控制原则。指施控主体对施控对象施加的一种能动影响或作用，以保持或改变对象的某种状态，使其达到施控主体预期目标的活动。简言之，系统或系统要素之间有目的的影响或干扰就是控制。企业为了实现自己的目标而在企业内部实施的各项管理就是控制，如安全目标管理。

企业管理中的控制工作十分广泛，控制的过程基本相同，一般步骤为：

1）拟订控制标准。控制必须以一定的标准为依据。标准是评价工作绩效的尺度，是达到目标的具体指标，控制标准要量化，要有科学依据。

2）评价绩效，寻找偏差。通过收集信息对工作绩效进行评价，并与控制标准比较，找出偏差。

3）纠正偏差。纠正偏差就是执行控制。在纠正偏差时一定要分析偏差产生的原因，对症下药地消除产生偏差的原因，通过改变输入，使系统运行在实现目标的轨道上。

（4）反馈原则。反馈是控制过程中对控制机构的反作用。成功、高效的管理，离不开灵活、准确、快速的反馈。企业生产的内部条件和外部环境在不断变化，所以必须及时捕获、反馈各种安全生产信息，以便及时采取行动。

（5）封闭原则。在任何一个管理系统内部，管理手段、管理过程等必须构成一个连续封闭的回路，才能形成有效的管理活动，这就是封闭原则。封闭原则告诉我们，在企业安全生产中，各管理机构之间、各种管理制度和方法之间，必须具有紧密的联系，形成相互制约的回路，才能有效。

（二）人本原理——抓安全要抓根本

1. 人本原理的含义

在管理中必须把人的因素放在首位，体现以人为本的指导思想，这就是人本原理。以人为本有两层含义：一是一切管理活动都是以人为本展开的，人既是管理的主体，也是管理的客体，每个人都处在一定的管理层面上，离开人就无所谓管理；二是管理活动中，作为管理对象的要素和管理系统各环节，都需要人掌管、运作、推动和实施，如管理过程中的计划、组织、指挥、协调、控制等环节，靠人去实现，管理的手段——机构和章法，靠人去建立。一切管理活动的核心是人，要实现有效的管理，必须充分调动人的积极性、主动性。所以，抓安全，抓其根本，首先要抓"人"。

2. 运用人本原理的原则

（1）动力原则。推动管理活动的基本力量是人，管理必须有能够激发人的工作能力的动力，这就是动力原则。对于管理系统，有三种基本动力，即物质动力、精神动力和信息动力。物质动力不仅是物质鼓励，还包括社会效益。因为企业生产的经济效益同员工的物质利益相联系，故应把经济效益转化为物质动力。精神动力非常重要，人的精神需要是最高层次的需要，精神上的追求能产生最强大的动力，所以要采用恰当的方法和思想工作，来激励人的精神追求。信息动力是一种客观存在，不论在国家、企业或个人，掌握了感兴趣的信息，从比较中了解差距，常会发奋图强，急起直追，激发人去进取。三种动力相辅相成，要综合使用，且刺激量要适当，只有运用得当，才会产生良好的效果。

（2）能级原则。现代管理认为，单位和个人都具有一定的能量，并且可按照能量的大小顺序排列，形成管理的能级，就像原子中电子的能级一样。在管理系统中，建立一套合理能级，根据单位和个人能量的大小安排其工作，发挥不同能级的能量，保证结构的稳定性和管理的有效性，这就是能级原则。

（3）激励原则。管理中的激励就是利用某种外部诱因的刺激，调动人的积极性和创造性，以科学的手段，激发人的内在潜力，使其充分发挥积极性、主动性和创造性，这就是激励原则。人的工作动力来源于内在动力、外部压力和工作吸引力。

（三）预防原理——抓安全重在预先防范

1. 预防原理的含义

安全生产管理工作应该做到预防为主，通过有效的管理和技术手段，减少和防止人的不安全行为和物的不安全状态，这就是预防原理。在可能发生人身伤害、设备或设施损坏和环境破坏的场合，事先采取措施，防止事故发生。

2. 运用预防原理的原则

（1）偶然损失原则。事故后果以及后果的严重程度，都是随机的、难以预测的。反复发生的同类事故，并不一定产生完全相同的后果，这就是事故损失的偶然性。偶然损失原则告诉我们，无论事故损失的大小，都必须做好预防工作。

（2）因果关系原则。事故的发生是许多因素互为因果连续发生的最终结果，只要诱发事故的因素存在，就会发生事故，只是时间或迟或早而已，这就是因果关系原则。

（3）3E原则。造成人的不安全行为和物的不安全状态的原因可归结为四个方面：技术原因、教育原因、身体和态度原因以及管理原因。针对这四方面的原因，可以采取三种防止对策，即工程技术（Engineering）对策、教育（Education）对策和法制（Enforcement）对策，即所谓3E原则。

（4）本质安全化原则。本质安全化原则是指从一开始和从本质上实现安全化，从根本上消除事故发生的可能性，从而达到预防事故发生的目的。本质安全化原则不仅可以应用于设备、设施，还可以应用于建设项目。

（四）强制原理

1. 强制原理的含义

采取强制管理的手段控制人的意愿和行为，使个人的活动、行为等受到安全生产管理要求的约束，从而实现有效的安全生产管理，这就是强制原理。所谓强制就是绝对服从，不必经被管理者同意便可采取控制行动。

2. 运用强制原理的原则

（1）安全第一原则。安全第一就是要求在进行生产和其他工作时把安全工作放在一切工作的首要位置；当生产和其他工作与安全发生矛盾时，要以安全为主，生产和其他工作要服从于安全，这就是安全第一原则。

（2）监督原则。监督原则是指在安全工作中，为了使安全生产法律法规得到落实，必须设立安全生产监督管理部门，对企业生产中的守法和执法情况进行监督。

四、事故致因理论

防范事故的科学已经历了漫长的岁月，从事后型的"亡羊补牢"到预防型的本质安全；从单因素的就事论事到安全系统工程；从事故致因理论到安全科学管理，安全科学理论体系在不断发展和完善。在事故管理理论中，事故致因理论是指导事故预防工作的基本理论。

工业革命以后工业事故频繁发生，人们在与各种工业事故斗争的实践中不断总结经验，探索事故发生的规律，相继提出了阐明事故为什么会发生、事故是怎样发生的，以及如何防止事故发生的理论。由于这些理论着重解释事故发生的原因，以及针对事故致因因素如何采取措施防止事故，所以被称作事故致因理论。

1. 海因里希的事故法则

美国安全工程师海因里希（Heinrich）曾统计了 55 万件机械事故，其中死亡、重伤事故 1666 件，轻伤 48334 件，其余则为无伤害事故。从而得出一个重要结论，即在机械事故中，死亡、重伤、轻伤和无伤害事故的比例为 1∶29∶300，国际上把这一法则叫事故法则，如图 2-3 所示。这个法则说明，在机械生产过程中，每发生 330 起意外事件，有 300 件未产生人员伤害，29 件造成人员轻伤，1 件导致重伤或死亡。对于不同的生产过程，不同类型的事故上述比例关系不一定完全相同，但这个统计规律说明了在进行同一项活动中，无数次意外事件，必然导致重大伤亡事故的发生。而要防止重大事故的发生必须减少和消除无伤害事故，要重视事故的苗头和未遂事故，否则终会酿成大祸。

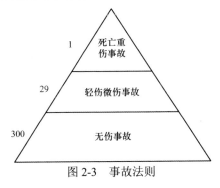

图 2-3 事故法则

例如，某机械师企图用手把皮带挂到正在旋转的皮带轮上，因未使用拨皮带的杆，且站在摇晃的梯板上，又穿了一件宽大长袖的工作服，结果被皮带轮绞入碾死。事故调查结果表明，他这种上皮带的方法使用已有数年之久。查阅四年病志（急救上药记录），发现他有33次手臂擦伤后治疗处理记录，他手下工人均佩服他手段高明，结果还是导致死亡。这一事例说明，重伤和死亡事故虽有偶然性，但是不安全因素或动作在事故发生之前已暴露过许多次，如果在事故发生之前，抓住时机，及时消除不安全因素，许多重大伤亡事故是完全可以避免的。

2. 因果连锁理论

因果连锁理论，也称作多米诺骨牌理论。该理论认为，一种可防止的伤亡事故的发生，是一系列事件顺序发生的结果。它引用了多米诺效应的基本含义，认为事故的发生，就好像是一连串垂直放置的骨牌，前一个倒下，引起后面的一个个倒下。当最后一个倒下，就意味着伤害结果发生。最初，海因里希认为，事故是沿着如下顺序发生、发展的：人体本身—按人的意志进行动作—潜在的危险—发生事故—伤害。这个顺序表明：事故发生的最初原因是人的本身素质，即生理、心理上的缺陷，或知识、意识、技能方面的问题等，按这种人的意志进行动作，即出现设计、制造、操作、维护错误；潜在危险，则是由个人的动作引起的设备不安全状态和人的不安全行为；发生事故，则是在一定条件下，这种潜在危险引起的事故发生；伤害，则是事故发生的后果。

后来，我国有关专家对此又做了一些修改，变为：社会环境和管理欠缺、人为过失—不安全行为和不安全状态—意外事件—伤亡。也就是说，事故发生的基础原因是社会环境和管理的欠缺。这里强调了社会和管理的作用，但却忽略了人本身的先天素质和后天素质、生理素质和心理素质。其余的内容与原来的几乎没有区别，只是更具体、更明确了。根据骨牌理论提出的防止事故措施是：从骨牌顺序中移走某一个中间骨牌。例如，尽一切可能消除人的不安全行为和物的不安全状态，则伤害就不会发生。当前，我国正在兴起的安全文化，其目的在于消除事故发生的背景原因，也就是要造就一个人人重视安全的社会环境和企业环境，从提高人的素质方面来解决安全问题。这样，无论从管理上还是从技术上都不会发生人为失误，从而以上三个环节都不存在问题，也就从根本上解决事故发生的问题。

3. 轨迹交叉理论

该理论认为，在人与机器这个"两方共系"中，人的因素的运动轨迹与物的因素运动轨迹的交点，就是事故发生的时间和空间。即人的不安全行为和物的不安全状态发生于同一时间、同一地点出现，或者说人的不安全行为和物的不安全状态相遇，则将在此时间、空间发生事故。按照该理论，可以通过避免人与物两种因素运动轨迹交叉，即避免人的不安全行为和物的不安全状态同时、同地出现，来预防事故的发生，如消除人的疏忽，或对机器进行安全防护，将人与机器隔离等。

值得注意的是，许多情况下人与物又互为因果。有时物的不安全状态诱发了人的不安全行为，而人的不安全行为又促进了物的不安全状态的发展或导致新的不安全状态的出现。因而，实际的事故并非简单地按照人、物两条轨迹进行，而是呈现非常复杂的因果关系。

这种理论顾及到人（操作者或进入场地者）的不安全因素和物（机器设备等）的不安全状态的两个方面，无疑对揭示事故成因有很大的启示，但它的缺陷在于没有指明导致事故发生的主要原因是什么。

4. 事故致因理论

在二次世界大战期间使用的军用飞机速度快、战斗力强，但是它们的操纵装置和仪表非常复杂。飞机操纵装置和仪表的设计往往超出人的能力范围，或者容易引起驾驶员误操作而导致严重事故。为防止飞行事故，飞行员要求改变那些看不清楚的仪表的位置，改变与人的能力不适合的操纵装置和操纵方法。这些要求推动了人机工程学的研究，对后来的工业事故预防产生了深刻的影响。

人机工程学是研究如何使机械设备、工作环境适应人的生理、心理特征，使人员操作简便、准确、失误少、工作效率高的学问。人机工程学的兴起标志着工业生产中人与机械关系的重大变化：以前是按机械的特性训练工人，让工人满足机械的要求，工人是机械的奴隶和附庸；现在是在设计机械时要考虑人的特性，使机械适合人的操作。从事故致因的角度，机械设备、工作环境不符合人机工程学要求可能是引起人失误、导致事故的原因。

与早期的事故频发倾向理论、海因里希因果连锁论等强调人的性格特征、遗传特征等不同，战后人们逐渐地认识了管理因素作为背后原因在事故致因中的重要作用。人的不安全行为或物的不安全状态是工业事故的直接原因，必须加以追究。但是，它们只不过是其背后的深层次原因和管理上缺陷的反映，只有找出深层次、背后的原因，改进企业管理，才能有效地防止事故。

5. 人为失误理论

人为失误理论认为，一切事故都是由于人的失误造成的。如工人的操作失误、管理监督失误、计划设计失误、领导决策失误等。我国受这种事故模式的影响很深，在对事故的分析、处理和对策上，过分强调人的作用，常常忽略生产过程中的物质因素，如设备、原材料、工器具、客观环境的关键作用。实践证明，在这种理论指导下，很难控制事故的发生和发展，其理论的片面性和局限性是显然的。

6. 系统安全理论

系统安全是指在系统寿命期间内应用系统安全工程和管理方法，辨识系统中的危险源，并采取控制措施使其危险性最小，从而使系统在规定的性能、时间和成本范围内达到最佳的安全程度。系统安全工程创始于美国，并且首先使用于军事工业方面。20 世纪 50 年代末，科学技术进步的一个显著特征是设备、工艺和产品越来越复杂。战略武器的研制、宇宙开发和核电站建设等使得作为现代先进科学技术标志的复杂巨系统相继问世。这些复杂巨系统往往由数以千万计的元件、部件组成，元件、部件之间以非常复杂的关系相连接；在它们被研制和被利用的过程中常常涉及高能量。系统中的微小的差错就可能引起大量的能量意外释放，导致灾难性的事故。这些复杂巨系统的安全性问题受到了人们的关注。人们在开发研制、使用和维护这些复杂巨系统的过程中，逐渐萌发了系统安全的基本思想。作为现代事故预防理论和方法体系的系统安全产生于美国研制民兵式洲际导弹的过程中。系统安全是人们为预防复杂巨系统事故而开发、研究出来的安全理论、方法体系。

系统安全在许多方面发展了事故致因理论。系统安全认为，系统中存在的危险源是事故发生的原因。不同的危险源可能有不同的危险性。危险性是指某种危险源导致事故、造成人员伤害、财物损坏或环境污染的可能性。由于不能彻底地消除所有的危险源，也就不存在绝对的安全，所谓的安全，只不过是没有超过允许限度的危险。因此，系统安全的目标不是事故为零而是最佳的安全程度。

系统安全理论认为可能意外释放的能量是事故发生的根本原因，而对能量控制的失效是事故发生的直接原因，这涉及能量控制措施的可靠性问题。在系统安全研究中，不可靠被认为是不安全的原因，可靠性工程是系统安全工程的基础之一。研究可靠性时，涉及物的因素时，使用故障这一术语；涉及人的因素时，使用人失误这一术语。这些术语的含义较以往的人的不安全行为、物的不安全状态深刻的多。一般地，一起事故的发生是许多人失误和物的故障相互复杂关联、共同作用的结果，即许多事故致因因素复杂作用的结果。因此，在预防事故时必须在弄清事故致因相互关系的基础上采取恰当的措施，而不是相互孤立地控制各个因素。

7. 能量意外释放理论

1961 年，吉布森（Gibson）提出事故是一种不正常的或不希望的能量释放，各种形式的能量是构成伤害的直接原因。因此，应该通过控制能量或控制作为能量达及人体媒介的能量载体来预防伤害事故。

1966 年，在吉布森的基础上，哈登（Harden）完善了能量意外释放理论，提出"人受伤害的原因只能是某种能量的转移"的理论，并提出了能量逆流于人体造成伤害的分类方法，将伤害分为两类：第一类伤害是由于施加了局部或全身性损伤阈值的能量引起的；第二类伤害是由影响了局部或全身性能量交换引起的，主要指中毒窒息和冻伤。哈登认为，在一定条件下，某种形式的能量能否产生造成人员伤亡事故的伤害取决于能量大小、接触能量时间长短和频率以及力的集中程度。根据能量意外释放论，可以利用各种屏蔽来防止意外的能量转移，从而防止事故的发生。

8. 综合事故模式理论

该理论从事物普遍联系的观点出发，经过研究探讨，得出了这样的结论：任何特定事故都具有若干事件同时存在并同时发生作用的特点，这些因素包括人、物、自然和社会环境等。就人的因素这一点看，包括人与人的差异。如遗传、生理上的差异，后天的经验、知识、技能及观念等个性心理上的差异等。它认为事故的发生绝不是偶然的也不是单一的，而是有着综合且深刻原因的，包括直接原因、间接原因和基础原因。事故是社会因素、管理因素和生产中的危险因素被偶然事件触发所造成的结果，可用公式表达，即：事故=生产中的危险因素+触发因素。这种模式的结构如图 2-4 所示。

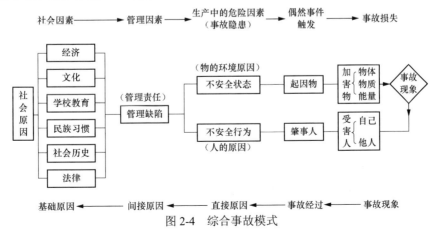

图 2-4　综合事故模式

图中表示事故直接原因是指不安全状态（条件）和不安全行为（动作）。它们是生产中的危险因素（或称为事故隐患），是由作业现场的物质、环境以及人的原因构成。而发生事故的间接原因是指管理缺陷、管理因素和管理责任。将造成间接原因的因素称为基础原因，主要包括经济、文化、学校教育、民族习惯、社会历史、法律等。认为任何事故的突然发生都有一个偶然事件的触发。所谓偶然事件触发，是指由于起因物和肇事人偶然作用，造成突发事故的过程。

显然，该理论综合地考虑了各种事故现象和因素，有利于各种事故的分析、预防和处理，是世界上最为流行的理论。目前，美国、日本和中国仍然主张按这种模式研究和调查事故。即研究事故产生过程的模式是：由于"社会因素"产生"管理因素"，进一步产生"生产中的危险因素"，通过偶然事件触发而发生伤亡、损失的过程。

调查事故过程的模式则与此相反，应当通过事故现象，查询事故经过，摸清触发事件，进而依次了解其直接原因、间接原因和基础原因。

然而，综合论虽然承认事物联系的普遍性，却忽视了这一事物与另一事物相区别并以独特形式存在的特殊性，未能注意到每起事故都会有不同于以往事故的成因。如按照综合论指导事故预防工作，可能出现无所不抓、面面俱到的情况，以至于找不到发生事故的主要矛盾，抓不住预防事故的重点。

第三节　安全管理体系

一、安全目标管理体系

各单位、部门、班组应建立目标明确、层次清晰的安全目标管理体系。

根据各级安全目标，层层分解，制定保证措施，落实到每个岗位，并严格监督考核，做到一级保一级，一级对一级负责。

二、安全组织体系

建立健全安全生产保证体系、监督体系，发挥二个组织体系的共同作用，对企业生产、基建、农电、多经等安全实施"四全"监督与管理，建立大安全防控体系，如图 2-5 所示。

根据《中央企业安全生产监督管理暂行办法》，第二类企业（电力）应当在有关职能部门中设置负责安全生产监督管理工作的内部专业机构；安全生产任

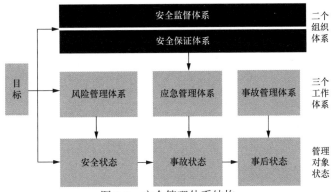

图 2-5　安全管理体系结构

务较重的企业应当设置负责安全生产监督管理工作的独立职能部门。公司系统设立了独立的安全生产监督管理职能部门，形成了相对独立的安全生产监督体系，对安全生产工作实施内部监督。

1. 安全保证体系

按照"管业务必须管安全"的原则，建立以行政领导为主的安全生产指挥体系，以党委为核心的安全生产思想保障体系、以总工程师为首的安全技术保障体系，充分发挥安全生产保证作用，确保企业安全地完成各项生产任务，实现安全生产。

2. 安全监督体系

安全监督组织机构、安全监督网络、安全监督制度，构成完整的安全生产监督体系。

电力生产的安全监督，根据资产和管理关系，实行母公司对子公司、总公司对分公司的安全生产监督；在企业内部实行上级对下级的安全生产监督；代管企业对被代管企业依据协议实行安全生产监督。

各企业的安全生产除接受公司系统的内部监督外，还应接受所在地政府有关部门的监督。

电力生产的安全监督，属于电力行业内部的监督，具有双重职能。一是运用上级赋予的职权，对电力生产和建设全过程中的人身和财产安全进行监督，并具有一定的权威性、公正性和带有强制性的特征。二是协助领导抓好安全管理工作，开展各项安全活动，做好自己职责范围内的安全统计、分析、安全目标管理、考核等工作。

三、安全工作体系

1. 风险管理体系

在正常情况下，管理对象处在安全状态，即风险处在可接受的水平或受控的状态，因此在日常工作中要贯彻预防为主原则，通过实施安全风险管理体系，开展风险辨识、评估、分析和控制，落实事故预防措施，使管理对象始终保持在安全状态，防止风险失控。

安全管理的实质是风险管理，风险管理的核心是形成安全风险预控机制，目标是防止风险失控，保证安全可控、能控、在控。

按照国家电网公司《安全风险管理体系实施指导意见》要求，以提高员工安全风险意识和辨识防控能力为根本，以提升企业控制人身、电网和设备事故能力为重点，立足基层班组、一线员工和作业现场，建立健全安全风险管理体系，全面开展安全风险辨识、评估和控制工作。

2. 应急管理体系

当管理对象因某种因素引起风险失控，导致安全事故的发生，立即通过应急管理体系启动预警和应急机制，实施应急处置和抢修恢复，使事故造成的影响和损失最小。

应急管理的本质是危机管理，要立足于事故肯定会发生，预案要管用、有效。

建立应急组织机构，健全应急指挥协调机制；完善应急预案体系，规范应急预案管理；加强预防预警机制建设，提高电网防灾减灾水平；统一突发事件信息发布流程，规范应急响应和处置程序；加强应急队伍建设，完善应急物资准备；加强培训和演练，提升突发事件处置能力。切实防范和有效处置对公司和社会有严重影响的各类安全生产事故和社会稳定事件。

3. 事故管理体系

事故发生后，要依据有关法规制度，通过事故管理体系，开展事故调查和责任分析，按照"四不放过"原则，举一反三，采取措施，防范事故发生，落实事故责任追究。

事故管理的目的是吸取教训，落实措施，防范事故，要建立合法合理适度的奖惩机制。

贯彻国家、国家电网公司安全事故管理工作要求，按照"四不放过"原则，开展安全事故调查、分析、处置，执行严格的信息报告制度，吸取事故教训，追究事故责任，落实防范措施。

安全风险管理、应急管理和事故管理，是由安全保证体系和安全监督体系依据目标按照各自承担的职责，具体组织实施。

安全风险管理、应急管理和事故管理反映了安全管理全过程的要求，指导安全管理和工作机制。从更远来说，应建设先进的安全文化，发扬企业团队精神，最终实现安全管理的升华。

第四节 安全管理机制

一、安全风险管控机制

按照国家电网公司发布的《安全生产风险管理体系规范》《安全风险管理工作基本规范（试行）》和《生产作业风险管控工作规范（试行）》等标准规范，制定本企业的《作业安全风险辨识评估与控制实施办法》，其基本思路是以生产计划和安全风险库为基础，以作业项目安全风险辨识和风险等级评估为核心，依据国家电网公司发布的《供电企业安全风险评估规范》等对静态风险进行辨识和评估，建立作业安全风险库；运用三维辨识法、依据作业项目风险评估标准，对作业项目进行风险辨识和评估；利用作业安全风险控制措施卡、标准化作业指导书、工作票、操作票等安全组织、技术措施及安全措施进行现场风险控制，着力实施作业现场的安全风险管控，将安全风险管理的理念和思路落地生根到每个班组、每个作业项目和每个员工。

1. 安全风险辨识

风险辨识是指辨识风险的存在并确定其特性的过程。

（1）静态风险一般依据《供电企业安全风险评估规范》等事先拟好的检查清单对现场风险点进行辨识，制定风险控制措施。

（2）动态风险一般对照作业安全风险辨识范本对作业过程中的风险点进行辨识，制定风险控制措施。

（3）作业项目一般采用三维辨识法对整个项目所包含的风险点进行辨识。三维辨识法是指通过对照作业安全风险辨识范本辨识作业过程中的动态风险、查看作业安全风险库辨识作业过程中的静态风险、现场踏勘确认风险的一种方法。

2. 安全风险评估

对事故发生的可能性和后果进行分析与评估，并给出风险等级的过程。风险等级分为一般、较大、重大三级。

（1）静态风险评估一般采用 LEC 法、动态风险评估一般采用 PR 法。

（2）作业项目风险评估指针对某一类作业项目，综合考虑其技术难度、对电网的影响程度、发生事故的可能性和后果等因素，在对项目风险进行风险辨识后，依据作业项目风险评估标准划定作业项目的整体风险等级。

（3）作业项目的风险等级依据最大风险等级法则，以作业项目内各项工作任务中的最大风险等级来确定该作业项目的风险等级。

3. 安全风险控制

采取预防或控制措施将风险降低到可接受的程度。静态风险采用消除、隔离、防护、减弱等控制方法；动态风险利用标准化作业指导书、工作票、操作票和由风险评估结果生成的作业安全风险控制措施卡等组织措施、技术措施及安全措施进行现场风险控制。

4. 班组安全承载能力评估

针对作业项目，从作业人员、生产装备和安全工器具三方面对班组安全承载能力进行分析评估，以优化人员安排和装备配置，确保现场作业风险可控、能控、在控。风险等级为一般及以上的作业项目，必须开展承载能力分析。

二、电网风险预控机制

电网风险预控机制旨在为加强电网运行安全管控，突出预防为主，深化风险管理，构建全面覆盖、纵向贯通、横向协同、责任明确、闭环落实的电网运行风险预警管控工作机制，有效防范电网安全事故。

电网风险预控是指针对电网检修、施工、调试等带来运行方式变化，输变电设备缺陷或异常带来运行状况变化，气候来水等外部因素带来运行环境变化，引起电网出现计划性、短期性、预见性的运行安全风险，制定采取相应的预警和控制措施。而对于网架薄弱、设备容量受限、线路卡脖子等结构性安全风险，需要从规划、建设、改造等方面予以解决。

电网风险预控工作流程包括风险评估、预警发布、预警承办和预警解除。按照"分级预警、分层管控"原则，发布各级风险预警。

电网运行风险预警管控重点抓好风险辨识和管控措施落实，满足"全面性、准确性、及时性、可靠性"要求。

电网运行风险预警管控应抓好与电网应急工作的有序衔接，针对电网风险可能失控的情况，制定完善应急预案，制定落实应急措施，及时启动应急机制，全方位做好电网运行安全工作。

应建立电网运行风险预警管控评估、检查、考核机制，不断提升运转效率和效果。

三、安全性评价常态机制

1. 安全性评价机制概述

安全性评价工作遵循"贵在真实、重在整改"的原则，体现"超前发现电气设备、作业环境和安全管理等方面上存在的薄弱环节和问题，提出防控治理措施，寻求最低事故率、最小事故损失和最优安全投资效益"的工作理念，侧重于输变电一/二次设备、劳动作业环境和安全管理，包括信息安全、应急管理，涵盖企业生产管理的全过程，具有相当的广度和深度。

安全性评价工作 2～3 年为一个周期，包括初查和复查两个阶段，每个阶段均包含单位自查、上级单位查评、闭环整改三个分阶段。

2. 安全性评价三级工作体系

输电网安全性评价面向 500kV 电网及跨省输变电设备的安全性评价。

地市级供电企业安全性评价面向地区电网，主要针对地区电网输变电设备、劳动作业安全环境和安全管理的评价。

县级供电企业的安全性评价面向县级电网，主要针对县级城配网设备、劳动作业安全环境和安全管理的安全性评价。

在三级安全性评价工作基础上，省公司级各单位还开展针对施工企业的多经安全性评价和针对调度专业的调度安全保障能力评估。

3. 安全性评价标准及查评依据

根据国家电网公司印发的评价标准进行查评。

四、隐患排查治理机制

安全隐患排查治理是企业管理的重要内容，是贯彻落实"安全第一、预防为主、综合治理"方针的体现，应按照"谁主管、谁负责"和"全覆盖、勤排查、快治理"的原则，明确责任主体，落实职责分工，实行分级分类管理，做到全过程闭环管控，形成长效工作机制。

安全隐患是指安全风险程度较高，可能导致事故发生的作业场所、设备设施、电网运行的不安全状态、人的不安全行为和安全管理方面的缺失。

据可能造成的事故后果，安全隐患分为Ⅰ级重大事故隐患、Ⅱ级重大事故隐患、一般事故隐患和安全事件隐患四个等级，其中Ⅰ级重大事故隐患和Ⅱ级重大事故隐患"合称"重大事故隐患"）。

安全隐患排查治理工作流程及要求：

（1）隐患排查治理应纳入日常工作中，按照"排查（发现）—评估报告—

治理（控制）—验收销号"的流程形成闭环管理。

（2）各级单位、各专业应采取技术、管理措施，结合常规工作、专项工作和监督检查工作排查、发现安全隐患，明确排查的范围和方式方法，专项工作还应制定排查方案。

（3）安全隐患的等级由隐患所在单位按照预评估、评估、认定三个步骤确定。重大事故隐患由省公司级单位或总部相关职能部门认定，一般事故隐患由地市公司级单位认定，安全事件隐患由地市公司级单位的二级机构或县公司级单位认定。

（4）安全隐患一经确定，隐患所在单位应立即采取防止隐患发展的控制措施，防止事故发生，同时根据隐患具体情况和急迫程度，及时制定治理方案或措施，抓好隐患整改，按计划消除隐患，防范安全风险。重大事故隐患治理方案由省公司级单位专业职能部门负责或其委托地市公司级单位编制，一般事故隐患治理方案或管控（应急）措施应由地市公司级单位负责，安全事件隐患的治理措施应由地市公司级单位二级机构或县公司级单位完成。

（5）隐患治理完成后，隐患所在单位应及时报告有关情况、申请验收。省公司级单位组织对重大事故隐患治理结果和规定的安全隐患进行验收，地市公司级单位组织对一般事故隐患治理结果进行验收，县公司级单位或地市公司级单位二级机构组织对安全事件隐患治理结果进行验收。

（6）隐患排查治理工作执行上级对下级监督，同级间安全生产监督体系对安全生产保证体系进行监督的督办机制。分部、省公司级单位对重大事故隐患实施挂牌督办，地市公司级单位对一般事故隐患实施挂牌督办，县公司级单位及地市公司级单位其他二级机构对安全事件隐患实施挂牌督办，指定专人管理、督促整改。

五、反违章常态机制

反违章工作是指企业在预防违章、查处违章、整治违章等过程中，在制度建设、培训教育、现场管理、监督检查、评价考核等方面开展的相关工作。反违章工作贯彻"落实责任，健全机制，查防结合，以防为主"的基本原则，建立健全行之有效的预防违章和查处违章工作机制，发挥安全保障体系和安全监督体系的共同作用，持续深入地开展反违章。

违章是指在电力生产活动过程中，违反国家和电力行业安全生产法律法规、规程标准，违反公司安全生产规章制度、反事故措施、安全管理要求等，可能对人身、电网和设备构成危害并容易诱发事故的管理的不安全作为、人的不安全行为、物的不安全状态和环境的不安全因素。违章按照性质分为管理违章、行为违章和装置违章三类。

（1）管理违章是指各级领导、管理人员不履行岗位安全职责，不落实安全管理要求，不健全安全规章制度，不执行安全规章制度等的各种不安全作为。

（2）行为违章是指现场作业人员在电力建设、运行、检修、营销服务等生产活动过程中，违反保证安全的规程、规定、制度、反事故措施等的不安全行为。

（3）装置违章是指生产设备、设施、环境和作业使用的工器具及安全防护用品不满足规程、规定、标准、反事故措施等的要求，不能可靠保证人身、电网和设备安全的不安全状态和环境的不安全因素。

按照违章性质、情节及可能造成的后果，可分为严重违章和一般违章两级进行管控。严重违章是指可能直接造成人身、电网、设备事故，或虽不直接对人身、电网、设备造成危害，但性质恶劣的违章现象。一般违章是指对人身、电网、设备不直接造成危害，且达不到严重违章标准的违章现象。

1. 反违章工作机制的内容

（1）开展违章自查自纠。充分调动基层班组和一线员工的积极性、主动性，紧密结合生产实际，鼓励员工自主发现违章，自觉纠正违章，相互监督整改违章。

（2）执行违章"说清楚"。对查出的每起违章，应做到原因分析清楚，责任落实到人，整改措施到位。在分析违章直接原因的同时，还应深入查找其背后的管理原因，着力做到违章问题的根治。对性质特别恶劣的违章、反复发生的同类性质违章，以及引发安全事件的违章，责任单位要到上级单位"说清楚"。

（3）建立违章曝光制度。在网站、公示栏等内部媒体上开辟反违章工作专栏，对事故监察、安全检查、专项监督、违章纠察（稽查）等查出的违章现象，予以曝光，形成反违章舆论监督氛围。

（4）开展违章人员教育。对严重违章的人员，应进行教育培训；对多次发生严重违章或违章导致事故发生的人员，应进行待岗教育培训，经考试、考核合格后方可重新上岗。

（5）推行违章记分管理。根据违章种类和违章性质等因素，分级制定违章减分和反违章加分规则，并将违章记分纳入个人和单位安全考核以及评选先进的依据。

（6）开展违章统计分析。以月、季、年为周期，统计违章现象，分析违章规律，研究制定防范措施，定期在安委会会议、安全生产分析会、安全监督（安全网）例会上通报有关情况。

2. 反违章工作机制的要求

（1）成立反违章工作领导机构，负责制定本单位反违章工作目标、重点措施、奖惩办法和考核规则，组织实施本单位反违章工作，并为反违章工作开展提供人员、资金和装备保障。

（2）各级领导应带头遵守安全生产规章制度，积极参与反违章，按照"谁主管、谁负责"原则，组织开展分管范围内的反违章工作，督促落实反违章工作要求。

（3）根据实际需要，应安排或聘请熟悉安全生产规章制度、具备较强业务素质、具有反违章工作经验且责任心强的人员，组成反违章监督检查专职或兼职队伍。

（4）各单位制定反违章监督检查标准，明确监督检查内容，规范监督检查流程，建立反违章监督检查标准化工作机制。

（5）配足反违章监督检查必备的设备（如录音、照相、摄像器材，望远镜等），保证交通工具使用，提高监督检查效率和质量。

（6）反违章监督检查一旦发现违章现象，应立即加以制止、纠正，说明违章判定依据，做好违章记录，必要时由上级单位下达违章整改通知书，督促落实整改措施。

（7）建立现场作业信息网上公布制度，提前公示作业信息，明确作业任务、时间、人员、地点，主动接受反违章现场监督检查。

六、作业标准化机制

开展现场标准化作业，按照国家电网公司要求，全面实施现场标准化作业，强化现场作业安全生产执行力，严格执行安全工作规程、规范和标准化作业指导书，将安全风险管控措施纳入标准化作业指导书，做到方便、简洁、实用、有针对性和可操作性，使员工充分接受并严格执行，有效防止人员责任性事故的发生。

规范现场作业安全要求，通过实施《变电运行倒闸操作和工作票执行"三要、六禁、九步"》《变电检修"三要、六禁、九步"》《输电线路巡视、检修"三要、六禁、九步"》《变电二次现场作业安全规范》等现场安全作业要点，严格规范现场作业人员行为。

七、应急管理机制

应急管理就是对突发事件进行有效预防、应对准备、应急响应和恢复重建过程的管理。其目的是预防和减少突发事件的发生，控制、减轻和消除突发事件引起的危害。

电网企业应急管理必须坚持统一领导、综合协调、分类管理、分级负责、属地管理为主的应急管理体制。突发事件应对工作必须遵循预防为主、预防与应急相结合的原则。必须建立符合电网企业特色的应急管理体系。

1. 应急管理机制的内容

应急管理的主要内容是"一案三制"。"一案"即应急预案，"三制"即应急管理法制、应急管理体制、应急管理机制。

（1）应急预案，是针对可能发生的突发事件（事故），为迅速、有序地开展应急行动而预先制定的行动方案。应急预案管理工作应当遵循统一标准、分类管理、分级负责、条块结合、协调衔接的原则。应急预案体系由总体应急预案、专项应急预案和现场处置方案构成。应急预案体系建设的要求：横向到边、纵向到底、上下对应、内外衔接。

（2）应急管理法制，是指应对突发事件的法律、法规、规章和制度。我国目前已基本建立以《中华人民共和国宪法》为依据、以《中华人民共和国突发事件应对法》为核心、以相关单项法律法规为配套的应急管理法制体系，应急管理工作也逐渐进入了制度化、规范化、法制化的轨道。应急管理法制建设的要求：有法可依，有法必依，执法必严，违法必究。

（3）应急管理体制，是指为保障应急管理而建立的组织机构。包括领导机构、办事机构、管理机构、工作机构、指挥机构、专家机构等。应急管理体制建设的要求：政府主导、统一领导、综合协调、分类管理、分级负责、属地管理为主。

（4）应急管理机制，是指突发事件发生后，相关各方为应对突发事件应采取的行动。主要包括预防准备、监测预警、信息报告、决策指挥、公众沟通、社会动员、恢复重建、调查评估、应急保障等内容。应急管理机制建设的要求：统一指挥，综合协调，反应快速，运转高效。

2. 应急管理机制的要求

电网企业应当建立"统一指挥、结构合理、功能实用、运转高效、反应灵敏、资源共享、保障有力"的应急体系。电网企业应急体系建设内容主要包括：

（1）"五大"体系建设，即应急组织体系、应急制度体系、应急预案体系、应急培训演练体系、应急科技支撑体系。

（2）"四个"能力建设，即应急队伍处置救援能力、综合保障能力、舆情应对能力、恢复重建能力。

（3）"两个"系统建设，即预防预测和监控预警系统、应急信息与指挥系统。

应急救援协调联动机制是指在应急救援过程中，电网企业相关单位沟通协作、共同行动、协调处置突发事件的规律性运作模式。电网企业应当建立与当地气象、水利、地震、地质、交通等政府部门建立信息沟通机制，共享信息，提高预警和处置的科学性，并与地方政府、社会机构、电力用户建立应急沟通与协调机制，切实履行社会责任，积极参与应急救援，共同应对突发事件。

电网企业还应当按照"信息互通、资源共享、快速响应、协同应对"原则，分层分级建立相关省电力公司（直属单位）、市供电公司（厂矿企业）、区县供电公司间应急救援协调联动和资源共享机制。通过加强在准备预防、监测预警、处置响应、恢复重建等阶段的沟通协作、相互支援，提高突发事件处置能力，最大限度地减少突发事件造成的损失和影响。

八、安全教育培训机制

建立以省电力安全培训中心为主、地（市）、县电力企业安全培训机构为辅的三级安全教育培训体系，全面开展安全生产方针、政策、法规和标准的宣贯工作，组织安全培训、技能培训、新员工岗位培训，强化员工安全意识，使员工实现从"要我安全"到"我要安全""我会安全"的转变。

1. 新上岗生产人员安全教育

对新上岗生产人员，实行企业（公司）、专业室（部门）和班组三级安全教育，经考试合格后方可进入生产现场工作。对新上岗生产运行、检修人员和特种作业人员，经专项培训，考试合格后持证上岗。

2. 在岗生产人员安全教育

对在岗生产人员定期组织并开展有针对性的现场考问、反事故演习、技术问答、事故预想典型案例分析等现场培训和专项培训活动，经考试合格后，方可上岗作业。

3. 新任命生产领导人员安全教育

对新任命生产领导人员进行有关安全生产方针、法规、规程制度和岗位安全职责的专项培训学习，考试合格后上岗履职。

4. 三种人安全教育

对工作票签发人、工作负责人、工作许可人每年进行培训，经考试合格后，书面公布。

5.《安规》考试

对从事电力生产的员工每年定期组织《国家电网公司电力安全工作规程》等规程培训考试，同时结合"安全学习周""安全月"活动，开展《安规》教育和调考等专项活动。

6. 其他安全教育

运用网站、刊物、录像、黑板报、图片展览、动画、安全教育室等载体，采用考试、演讲、竞赛、动漫等形式，进行有针对性、形象化的安全教育培训，提高员工的安全意识、安全技术水平和自我防护能力。

第五节　专业管理安全监督

为适应电网生产技术进步和电网企业安全生产管理精益化、规范化，应积极开展标准化安全监督和持卡安全检查工作，一方面，编制相应专业安全监督重点，指导员工掌握相关安全管理知识和规范；另一方面，对照监督重点编写安全监督检查表（卡），提出监督标准和检查方式或步骤，有利于员工实施安全管理和现场安全工作标准化监督。

限于篇幅，以下仅列举生产现场专业管理通用安全监督重点，供读者参考。班组管理和现场作业标准化安全监督内容，请参阅各专业分册第八章。

一、缺陷管理

1. 缺陷分类原则

根据设备缺陷的性质和轻重程度可将缺陷分为危急缺陷、严重缺陷、一般缺陷三类。

危急缺陷是指电网设备在运行中发生了偏离且超过运行标准允许范围的误差，直接威胁安全运行并需立即处理，否则随时可能造成设备损坏、人身伤亡、大面积停电、火灾等事故的缺陷。

严重缺陷是指电网设备在运行中发生了偏离且超过运行标准允许范围的误差，对人身或设备有重要威胁，暂时尚能坚持运行，不及时处理有可能造成事故的缺陷。

一般缺陷是指电网设备在运行中发生了偏离运行标准的误差，尚未超过允许范围，在一定期限内对安全运行影响不大的缺陷。

2. 缺陷建档与上报

运检（维）班组发现缺陷后应参照缺陷定性标准对缺陷进行定性和状态评

价，并录入生产管理信息系统。监控班组发现的缺陷应告知运检（维）班组。

发现危急缺陷后，运检（维）班组人员应立即汇报班组长，各级运检部、检修公司专责获取信息后应立即履行缺陷审核和批准流程，对缺陷描述和定性进行确认后立即通知所辖当值调度，并将检修处理意见报所辖当值调度，按所辖当值调度的指令采取应急处理措施，在应急处理后及时将缺陷信息按要求录入生产管理信息系统。

发现严重缺陷后，运检（维）班组人员应立即汇报班组长，各级运检部、检修公司专责及时履行缺陷审核和批准流程。

发现一般缺陷后，运检（维）班组人员应定期上报，以便安排处理。

3. 缺陷处理

设备缺陷应按期处理，危急缺陷处理时限不超过 24h，严重缺陷处理时限不超过一个月，需停电处理的一般缺陷处理时限不超过一个例行试验检修周期，可不停电处理的一般缺陷处理时限原则上不超过三个月。

消除缺陷前，应根据缺陷情况，进行综合分析判断后，制定必要的预控措施和应急预案。

新建投产一年内发生的缺陷处理，由运检部门会同建设单位（或部门）进行消缺。

对超过规定消除期限的缺陷，设备运维单位催促缺陷处理归口单位安排消除。

4. 缺陷验收

缺陷处理验收合格后，运检班组应将处理情况和验收意见录入到生产管理信息系统，，实行闭环管理。

5. 缺陷跟踪、分析

设备运维单位发现缺陷后，应对缺陷进行跟踪。未消除时，跟踪缺陷的发展，及时向主管部门汇报。消除后，应跟踪缺陷消除质量。

设备运维单位应定期对缺陷分类统计，进行分析，缺陷分析内容应有缺陷内容、缺陷性质、缺陷发现时间、缺陷消除时间、缺陷处理情况、缺陷复发情况，为设备运行状况分析、设备检修及家族缺陷的判定提供依据。

经认定的家族缺陷发布后，应按照家族缺陷管理流程进行管理。

二、外来人员管理

外来人员指进入设备场区或施工现场的非本单位人员，主要包括参观人员、外来工作人员等。

1. 基本要求

参观人员必须得到安全保卫部门的许可,办理相关手续和证件,在运维人员或专业人员的陪同下进入设备场区或施工作业现场。

外来工作人员进入现场工作前,应组织接受用人单位现场安全教育,学习《安规》等安全管理规章制度,经考试合格后方可作为工作班成员参加工作。外来工作人员工作时应有专人监护,并做好安全措施。

外来工作人员必须持证(卡)并佩戴标志上岗。外来工作人员应具备以下条件并办理施工证:

(1)无妨碍工作的病症(由外来工作人员负责人确认落实)。

(2)具备必要的电气知识和业务技能,且按其工作性质,熟悉《安规》的相关部分,并经考试合格,考试成绩报发包方备案。

(3)具备必要的安全生产知识,能正确使用安全防护用品,能识别各种安全警示标志。

(4)特种作业人员应持有相应的特种作业资格证书。

(5)电工作业人员应持进网电工作业证。

2. 安全技术交底与危险点告知

用工(或工程管理)部门应在工作前带领外来工作人员到工作现场,委托设备运维管理部门进行安全技术交底,将带电区域和部位等危险区域、警告标志的含义交代清楚并要求外来工作人员复述,复述正确方可开工,双方在交底书上签字。

外来工作人员进入变电站从事电气工作或临近带电部分的工作,设备运维管理部门还应告知电气设备接线情况。

3. 现场管理

参观人员应按照运维人员或专业人员指定的路线进行参观,不得擅自随意走动或滞留。

外来工作人员在开始工作前,应等待工作负责人办理工作票,在非设备区等候,不得进入主控室及设备区。

外来工作人员应在工作负责人带领下到工作票所列范围以内的设备区域开展工作,必要时设立专职监护人进行监护。

外来工作人员不准动用工作票所列范围以外的电气设备。作业中发生疑问时,应先停止作业,立即报告运维人员。

外来工作人员施工作业中使用变电站电源时,必须经变电站运维人员同意,在指定位置接引。

外来工作人员的劳动防护用品应合格、齐备，进入高压室、户外高压场地或进入高处作业场所应戴安全帽。进行高处作业应正确使用安全带，安全带应系在牢固构件上，并应采用高挂低用的方式。

外来工作人员所使用的绝缘工器具应经检验合格，并在校验有效期内；登高工具应经检验合格，正确使用。

外来工作人员需要动火工作时应办理相应等级的动火工作票，并按照动火工作管理要求进行。

三、工作票管理

1. 工作票分类及要求

变电工作票包括变电站第一种工作票、电力电缆第一种工作票、变电站第二种工作票、电力电缆第二种工作票、变电站带电作业工作票和变电站事故紧急抢修单。

线路工作票包括电力线路第一种工作票、电力电缆第一种工作票、电力线路第二种工作票、电力电缆第二种工作票、电力线路带电作业工作票和电力线路事故紧急抢修单。

配电工作票包括配电第一种工作票、配电第二种工作票、配电带电作业工作票、低压工作票和配电故障紧急抢修单。

工作签发人、工作负责人、工作许可人应每年进行培训，经考试合格后发文公布。

2. 工作票填用

工作票应用黑色或蓝色的钢（水）笔或圆珠笔填写与签发，一式两份，内容应正确，填写应清楚，不得任意涂改。如有个别错、漏字需要修改时，应使用规范的符号，字迹应清楚。

一张工作票中，变电工作票许可人与工作负责人不得兼任。线路工作票签发人和工作许可人不得兼任工作负责人。配电工作票签发人、工作许可人和工作负责人三者不得为同一人，工作许可人中只有现场工作许可人（作为工作班成员之一，进行该工作任务所需现场操作及做安全措施者）可与工作负责人兼任。

一个工作负责人不能同时执行多张工作票。

变电第一种工作票所列工作地点超过两个，或有两个及以上不同的工作单位（班组）在一起工作时，可采用总工作票和分工作票形式。总、分工作票应由同一个工作票签发人签发，分工作票应一式两份，由总工作票负责人和分工作票负责人分别收执。分工作票的许可和终结，由分工作票负责人与总工作票负责人办理。分工作票必须在总工作票许可后才可许可，总工作票必须在所有分工作票终结后才可终结。

一张线路工作票或配电工作票下设多个小组工作时，每个小组应指定小组负责人（监护人），并使用工作任务单。工作任务单一式两份，由工作票签发人或工作负责人签发，一份工作负责人留存，一份交负责人执行。工作任务单由工作负责人许可，工作结束后，由小组负责人交回工作任务单，向工作负责人办理工作结束手续。

几个班同时进行工作时，总工作票的工作班成员栏内，只填明各分工作票的负责人，不必填写全部工作班人员姓名。分工作票上要填写全部工作班人员姓名。

工作许可手续完成后，工作负责人、专责监护人应向工作班成员交待工作内容、人员分工、带电部位和现场安全措施，进行危险点告知，并履行确认手续，工作班方可开始工作。

第一、第二种工作票和带电作业工作票的有效时间，以批准的检修期为限。第一、第二种工作票的延期只能办理一次，带电作业工作票不准延期。

变电第一、第二种工作票如需办理延期手续，应在工期结束前由工作负责人向运维负责人提出申请（属于调控中心管辖、许可的检修设备，还应通过值班调控人员批准）。

线路第一种工作票如需办理延期手续，应在有效时间结束前由工作负责人向工作许可人提出申请。线路第二种工作票如需办理延期手续，应在有效时间结束前由工作负责人向签发人提出申请。

配电工作票如需办理延期手续，应在工作票有效时间内，由工作负责人向工作许可人提出申请。不需要办理许可手续的配电第二种工作票如需办理延期手续，由工作负责人向签发人提出申请。

工作完毕后，工作负责人应进行检查，确认全体作业人员撤离工作地点，与运维人员共同检查设备状况、状态，有无遗留物件，是否清洁等，然后在工作票上填明工作结束时间。经双方签字后，表示工作终结。

3. 评价保存

按照工作票评价要求定期评价已经执行完毕的工作票，存在的问题应及时纠正。

已执行的工作票（含工作任务单）、事故（故障）紧急抢修单至少保存1年。

四、工器（机）具管理

工器（机）具可分成安全工器具、施工机具和带电作业工具。

1. 一般管理要求

工器（机）具应统一编号、专人保管、登记造册，建立试验、检修、使用记录。

工器（机）具入库、出库、使用前应进行检查。

禁止使用损坏、变形、有故障等不合格的工器（机）具。

工器（机）具的各种监测仪表以及制动器、限位器、安全阀、闭锁机构等安全装置应齐全、完好。

2. 保管与存放

安全工器具室内应配置适用的柜、架，宜存放在温度为-15～+35℃、相对湿度为80%以下、干燥通风的安全工器具室内。对于不同材质的安全工器具保管、存在还有以下要求：

（1）橡胶塑料类安全工器具应存放在干燥、通风、避光的环境下，存放时离开地面和墙壁20cm以上，离开发热源1m以上，避免阳光、灯光或其他光源直射，避免雨雪浸淋，防止挤压、折叠和尖锐物体碰撞，严禁与油、酸、碱或其他腐蚀性物品存放在一起。

（2）环氧树脂类安全工器具应置于通风良好、清洁干燥、避免阳光直晒和无腐蚀、有害物质的场所保存。

（3）纤维类安全工器具应放在干燥、通风、避免阳光直晒、无腐蚀及有害物质的位置，并与热源保持1m以上的距离。

（4）安全围栏（网）应保持完整、清洁无污垢，成捆整齐存放；标识牌、警告牌等，应外观醒目，无弯折、无锈蚀，摆放整齐。

施工机具应有专用库房存放，库房要经常保持干燥、通风。

带电作业工具应存放于通风良好、清洁干燥的专用工具房内。工具房门窗应密闭严实，地面、墙面及顶面应采用不起尘、阻燃材料制作。室内的相对湿度应保持在50%～70%，室内温度应略高于室外，且不低于0℃。高架绝缘斗臂车应存放在干燥通风的车库内，其绝缘部分应由防潮措施。

3. 检查与试验

各类安全工器具应经过国家规定的型式试验、出厂试验和使用中的周期性试验。并做好记录。试验合格后应在不妨碍绝缘性能且醒目的部位粘贴合格证。

施工机具应定期进行检查、维护、保养。施工机具的转动和传动部分应保持润滑。不合格或应报废的机具应及时清理。

带电作业工具应定期进行电气试验及机械试验，并保存相关记录。

五、竣工验收管理

1. 工作准备

项目法人成立工程启动验收委员会，下设工程竣工验收组，负责工程启动验收期间的验收工作。

工程竣工验收应具备的条件：

（1）工程已按设计要求全部安装、调试完毕，并已满足生产运行的要求。

（2）施工单位三级自检、监理单位初检、建设单位预检均已完成。

（3）查出的缺陷已整改闭环。

工程竣工验收前，建设管理单位（业主项目部）和运维管理部门应共同编制验收方案、计划，明确验收的安全、组织和技术措施。

2. 竣工验收

工程竣工验收组应按照相关验收方案的要求进行验收，按照分工、验收内容、验收时序开展验收。

验收后，工程竣工验收组应形成书面的工程验收意见，提出限期整改项目及建议措施，并经相关负责人签字。

竣工验收工作涉及运用中的设备时，应按规定执行工作票制度。

各相关单位（部门）领导干部和管理人员应按到岗到位标准参加竣工验收。

3. 验收整改

责任单位应根据工程竣工验收组提出的整改意见和建议措施及时进行整改，整改完毕后由工程验收组组织复查。

工程竣工投产后，各有关建设、施工等单位应按各专业的相关竣工验收规程或大纲的规定，按期做好工程资料的移交并符合工程档案管理的要求。

4. 验收交接

新设备竣工验收合格后，施工单位和运行单位应办理交接手续，交接以书面交接记录为准。

交接手续完成后，新设备由运维单位管理，施工人员不允许擅自改变交接后的设备状态；需在新设备上进行的工作，必须履行工作票手续。

六、运行准备管理

1. 运维单位的提前介入

根据基建工程进度，运维单位应制定提前介入方案。

建设单位、监理单位、运维单位应按期召开协调会，对基建过程中存在的问题及时解决，不留安全隐患。

2. 人员培训

运维人员数量、技术力量满足运行需要，且经培训、考试合格，持证上岗。

3. 运行准备

结合工程实际情况，对现有相关生产管理制度和章程进行修订。

编制运行单位现场运行规程、典型操作票、标准化作业卡、投运启动方案、应急预案等规程制度，并组织相关专业人员进行审查。

对于新建变电站应保证安全工器具、备品备件、消防设施等足量按时到位，安全工器具应经检验合格。

生产区、生活区隔离措施应安全、可靠。

对于新安装的变、配电设备应保证防误闭锁装置的安装和调试工作已完成，设备命名牌、安全标示牌已安装到位。

对于新建线路项目应保证安全标示牌、相序标志等设施已悬挂到位（对于同杆塔架设的双回或多回线路应完成色标涂刷工作），并在规定时间内完成杆号编制和群众护线组织等工作。

对于新建变电站应保证变电站内通信电话已开通，220kV 及以上变电站还应开通传真、办公系统，满足调度需要。

七、启动投运管理

1. 组织机构

按规定成立启动委员会，由建设、调度、运维、监理、施工、设计、质量监督等有关单位和部门人员组成。

2. 启动投运应具备的条件

调度部门制定的设备启动投运方案已提交启动委员会，并经审核批准。

工程竣工验收组已向启动委员会提交竣工验收报告，确认竣工验收提出的消缺内容已整改完毕并闭环。

工程质量监督机构已对工程进行检查，证实提出的消缺内容已整改完毕并闭环，并出具认可文件。

工程安装、调试完毕，运行准备及启动调试准备工作已完成，具备启动条件。

（1）变电站消防工程安装完毕，取得当地消防管理部门出具的验收报告。

（2）变电站防误装置与主设备同时安装、调试，并经验收合格。

（3）调试单位、运维单位参与启动投运的人员已落实，满足启动需要。

（4）现场一、二次设备命名标识、警示牌已完善，安全工器具、备品备件已就位并满足需要。

（5）设备运维单位根据启动方案已开具相关的操作票，调试单位根据调试方案已准备好相关工作票并抄送运行单位。

（6）输、配电工程线路上的障碍物和临时接地线（包括两端变电站、开关站）已全部拆除。

3. 启动投运工作过程控制

启动操作及试验应执行操作票和工作票制度。

启动操作及试验过程中投产设备发生异常或事故，应按现场规程规定处理，同时汇报调度员和启动现场总指挥。

启动现场应按批准的调试方案和启动方案进行启动直至完成，不得随意变更，如特殊情况需要调整试验项目或流程时，应报请启动委员会批准。

启动操作过程中应严格执行防误钥匙管理规定，严禁随意解锁。

相关单位（部门）领导干部和管理人员应按到岗到位标准参加启动投运。

4. 试运行阶段

设备运维单位制定完善的试运行特殊巡视方案，明确试运行阶段对设备的重点监控项目和标准，依据巡视卡和巡视周期对试运行设备进行巡视，巡视应分为日常巡视、夜间巡视和特殊巡视。

运维人员在巡视过程中发现缺陷，应按缺陷闭环管理规定及时汇报并做好相关记录。

设备运维单位应按照调度命令调整运行方式、投退继电保护和安全自动装置，并做好相关记录。

八、电力设施保护管理

1. 建立组织机构

成立市、县二级电力设施保护领导小组。

成立由单位主管领导任组长、相关部门负责人为成员的电力设施保护领导小组，下设由归口管理部门负责人任组长、其他相关部门相关人员为成员的工作组，设施管理单位应将电力设施保护职责落实到班组一线人员。

同时，建立警企联络室和群众护线组织。

2. 建立管理制度

建立的管理制度包括：电力设施保护管理制度，警企联络室工作管理制度，举报破案奖励制度，护线队员管理等制度。

3. 建立单位电力设施保护工作台账

（1）电力设施外力破坏处置流程。

（2）电力设施保护的人防、物防、技防等防范措施情况。

（3）年度工作计划、半年度工作分析、年度工作总结。

（4）电力设施保护专项费用使用记录资料。

（5）开展电力设施保护法制宣传教育活动的记录资料。

（6）警企"打击与防范"工作开展活动的记录资料。

（7）协助配合政府部门、公检法机关开展保护电力设施专项整治工作的记录资料。

（8）盗窃、破坏电力设施案件发生数、有向公安机关报案数及回执。公安机关破案数、被打击处理情况记录资料。

（9）盗窃破坏电力设施案件保险公司索赔数、赔偿记录资料。

（10）外力损坏电力设施事件发生数、赔偿情况。保险公司索赔数、赔偿情况。

（11）举报、奖励记录资料。

4. 建立设施运维单位工作台账

（1）变电站（主要包括变电站地名、电压等级、变电容量、主变台数、供电范围、变电设施区域平面图）、输、配电线路（主要包括线路的长度、杆塔数、电压等级、线路设施的名称）基础资料。

（2）群众护线员护线范围（杆塔编号）基础资料。

（3）变电站、输、配电线路人防、物防、技防设施及技防设施维保记录资料。

（4）危及电力设施安全运行的安全隐患档案记录资料。

（5）外力损坏电力设施安全运行处理及索赔记录资料。

（6）盗窃、破坏电力设施案件发生数、直接经济损失数，向公安机关报案数及回执记录资料。

（7）电力设施保护群众举报，调查取证的记录材料。

5. 电力设施隐患排查治理

设施管理单位应明确电力设施的运维人员，运维人员作为本单位电力设施保护工作组成员参与电力设施保护隐患治理工作，建立隐患档案，并及时更新。

设施管理单位应积极与地方政府相关部门联系，建立沟通机制，强化信息沟通，预先了解各类市政、绿化、道路建设等工程的规划和建设情况，及早采取预防措施。线路规划应尽量远离人口活动及机械作业频繁的区域，尽量避免跨越建筑物和构筑物，保证通道内无影响线路安全运行的建筑物、构筑物。竣工时，通道清理情况应经设施管理单位验收合格。

设施管理单位发现可能危及电力设施安全的行为，应立即加以制止，并向当事单位（人）发送《安全隐患告知书》限期整改。

设施管理单位应积极配合政府相关部门严格执行可能危及电力设施安全的建设项目、施工作业的审批制度，预防施工外力损坏电力设施事故的发生。

属地供电企业每年应定期开展电力线路、电缆通道和通信线缆附近施工外力、异物挂线、树竹障碍等隐患排查治理专项活动，对排查出的隐患要及时治理，必要时报请政府相关部门依法督促隐患整改。

设施管理单位和属地供电企业应组织建立吊车、水泥罐车等特种工程车辆车主、驾驶员及大型工程项目经理、施工员、安全员等相关人员数据库（台账资料），开展电力安全知识培训和宣传工作。

对施工外力隐患（如大型施工项目），设施管理单位应事先与施工单位（含建设单位、外包单位）沟通，根据签订的《电力设施保护安全协议》，指导施工单位制订详细的《电力设施防护方案》。对每个可能危及电力设施安全运行的施工工序开始前，通知设施管理单位派人前往现场监护。如遇复杂施工项目，设施管理单位应派人 24h 看守监护。

设施管理单位应定期主动与施工单位联系，了解工程进度，必要时参加其组织的工程协调会，分析确定阶段施工中的高危作业，提前预警。

第三章　现场作业安全知识

第一节　基　本　知　识

一、作业现场的基本条件

为使作业现场的安全生产条件符合法律、法规的要求，对作业现场应具备的基本条件作出了规定。

（1）作业现场的生产条件和安全设施等应符合有关标准、规范的要求，工作人员的劳动防护用品应合格、齐备。

（2）经常有人工作的场所及施工车辆上宜配备急救箱，存放急救用品，并应指定专人经常检查、补充或更换。

（3）现场使用的安全工器具应合格并符合有关要求。

（4）各类作业人员应被告知其作业现场和工作岗位存在的危险因素、防范措施及事故紧急处理措施。

二、作业人员的基本条件

由于电气作业具有一定的危险性、较强的专业性和高危性，《安规》对作业人员的身体条件、电气知识、技术技能和安全生产知识提出以下要求。

（1）经医师鉴定，无妨碍工作的病症（体格检查每两年至少一次）。有以下病症的人员不能从事电气作业：严重心脏病、3 级以上的高血压、癫痫病、精神病、关节僵硬和习惯性脱臼症、代偿性肺结核、耳聋、严重色盲等。

（2）具备必要的电气知识和业务技能，且按工作性质，熟悉《安规》的相关部分，并经考试合格。

（3）具备必要的安全生产知识，学会紧急救护法，特别要学会触电急救。

三、教育和培训

《安全生产法》《劳动法》规定企业必须对员工进行安全教育，通过安全教育，提高企业各级领导和广大员工充分认识安全生产的重要性、牢固树立"安全第一"思想观念，使员工掌握安全操作技能知识和专业安全技术，顺利完成生产任务和确保安全生产。

（1）各类作业人员应接受相应的安全生产教育和岗位技能培训，经考试合格上岗。

（2）作业人员对《安规》应每年考试一次。因故间断电气工作连续三个月以上者，应重新学习《安规》，并经考试合格后，方能恢复工作。

（3）新参加电气工作的人员、实习人员和临时参加劳动的人员（管理人员、非全日制用工等），应经过安全知识教育后，方可下现场参加指定的工作，并且不得单独工作。

（4）外单位承担或外来人员参与公司系统电气工作的工作人员应熟悉《安规》并经考试合格，经设备运行管理单位认可，方可参加工作。工作前，设备运行管理单位应告知现场电气设备接线情况、危险点和安全注意事项。

四、保证安全的组织措施

保证安全的组织措施是对电力线路、电气设备所进行的维护、检修作业全过程安全管控流程的精确提炼，正确实施保证安全的组织措施，有利于维护、检修工作的有序开展，有利于保证工作人员在工作中的人身安全不受侵害，有利于电网的安全稳定运行。

（1）在电力线路上工作，保证安全的组织措施有现场勘察制度、工作票制度、工作许可制度、工作监护制度、工作间断制度、工作终结和恢复送电制度。

（2）在电气设备上工作，保证安全的组织措施有工作票制度、工作许可制度、工作监护制度、工作间断/转移和终结制度。

（3）在配电线路和设备上工作，保证安全的组织措施有现场勘察制度、工作票制度、工作许可制度、工作监护制度、工作间断/转移制度、工作终结制度。

五、保证安全的技术措施

在电力线路、电气设备上工作时，为了保证工作人员的安全，一般都是在停电状态下进行，停电分为全部停电和部分停电，不管是在全部停电还是部分停电的电力线路、电气设备上工作，都必须采取保证工作人员安全的技术措施。

（1）在电力线路上工作，保证安全的技术措施有停电、验电、接地、使用个人保安线、悬挂标示牌和装设遮栏（围栏）。

（2）在电气设备上工作，保证安全的技术措施有停电、验电、接地、悬挂标示牌和装设遮栏（围栏）。

（3）在配电线路和设备上工作，保证安全的技术措施有停电、验电、接地、悬挂标示牌和装设遮栏（围栏）。

六、其他规定

（1）安全工作必须牢固树立违章必纠的思想，作业人员执行《安规》过程中应当相互监督，任何人发现有违反《安规》的情况，应立即制止，经纠正后才能恢复作业。各类作业人员有权拒绝违章指挥和强令冒险作业；在发现直接危及人身、电网和设备安全的紧急情况时，有权停止作业或者在采取可能的紧急措施后撤离作业场所，并立即报告。

（2）在试验和推广新技术、新工艺、新设备、新材料的同时，应制定相应的安全措施，经本单位批准后执行。

（3）电气设备分为高压和低压两种。

1）高压电气设备：电压等级在 1000V 以上者。

2）低压电气设备：电压等级在 1000V 及以下者。

（4）《安规》适用于在运用中的发电、输电、变电（包括特高压、高压直流）、配电和用户电气设备上及相关场所工作的所有人员，其他单位和相关人员参照执行。

运用中的电气设备指全部带有电压、一部分带有电压或一经操作即带有电压的电气设备。

第二节　电气安全

随着电力的广泛应用，电气设备在各行各业的运用已相当普遍，如果电气设备安装不恰当、使用不合理、维修不及时，尤其是电气工作人员缺乏必要的电气安全知识，极易造成电气事故，危及人身安全，给国家和人民群众带来损失。因此，电气安全在生产领域和生活领域都具有特殊的重大意义，越来越引起人们的关注和重视。本节主要从人身安全角度出发讨论电气安全有关问题。

一、电流对人体的危害

电对人体的伤害主要来自电流。电流流过人体时，随着电流的增大，人体会产生不同程度的刺麻、酸疼、打击感，并伴随不自主的肌肉收缩、心慌、惊恐等症状，直至出现心律不齐、昏迷、心跳呼吸停止、死亡的严重后果。

所谓触电是指电流流过人体时对人体产生的生理和病理伤害。这种伤害是多方面的，可以分为电击和电伤两种类型。

1. 电击

电击是电流通过人体内部对人体所产生的伤害。它主要是破坏了人体的心脏、呼吸和神经系统的正常工作，危及人的生命。例如，电流通过心脏，造成心脏功能紊乱、导致血液循环的停止；电流通过中枢神经系统的呼吸控制中心使呼吸停止；电流通过胸部可使胸肌收缩迫使呼吸停顿，这几种情况都会导致死亡。一般来说，触电死亡事故中的绝大多数是由于电击造成的。

2. 电伤

电伤是电流的热效应、化学效应和机械效应对人体外部造成的局部伤害。电伤往往在肌体上留下伤痕，严重时也可致死。电伤可分为电灼伤、电烙伤和皮肤金属化三种。

电灼伤是由于电流热效应而产生的电伤，如带负荷拉开隔离开关时的强烈的电弧对皮肤的烧伤，灼伤也称为电弧伤害。灼伤的后果是皮肤发红、起泡以及烧焦、皮肤组织破坏等。

电烙伤发生在人体与带电体有良好的接触的情况下，在皮肤表面留下和被接触带电体形状相似的肿块痕迹。有时在触电后并不立即出现，而是相隔一定时间后出现，电烙印一般不发炎或化脓，但往往造成局部麻木和失去知觉。

皮肤金属化是指在电流作用下，熔化和蒸发的金属微粒产生的电伤，这种电伤，是金属微粒渗入皮肤表面层，使皮肤受伤害的部分变得粗糙、硬化或使局部皮肤变为绿色或暗黄色。

二、影响电流对人体伤害程度的因素

1. 电流强度

通过人体的电流越大，人体的生理反应越强烈，对人体的伤害就越大。按照人体对电流的生理反应强弱和电流对人体的伤害程度，可将电流大致分为感知电流、摆脱电流和致命电流三级。上述这几种电流的大小与触电对象的性别、年龄以及触电时间等因素有关。

感知电流是指能引起人体感觉但无有害生理反应的最小电流。试验表明，不同的人其感知电流是不相同的，对应于 50%的感知电流，成年男子约为 1.1mA，成年女子约为 0.7mA。

摆脱电流是指人体触电后能自主摆脱电源而无病理性危害的最大电流。当电流增大到一定程度时，触电者因肌肉收缩而紧抓带电体，不能自行摆脱电源。对应于 50%的摆脱电流，成年男子约为 16mA，成年女子约为 10.5mA，对应于

99.5%的摆脱电流，则分别为 9mA 和 6mA，儿童的摆脱电流较小。

致命电流是指能引起心室颤动而危及生命的最小电流。致命电流为 50mA（通过时间在 ls 以上时）。

在一般情况下，可取 30mA 为安全电流，即以 30mA 为人体所能忍受而无致命危险的最大电流。但在有高度触电危险的场所，应取 10mA 为安全电流，而在空中或水面触电时，考虑到人受电击后有可能会因痉挛而摔死或淹死，则应取 5mA 作为安全电流。

2. 电流通过人体的持续时间

触电致死的生理险象是心室颤动，电流通过人体的持续时间越长越容易引起心室颤动；另一方面是由于心脏在收缩与舒张的时间间隙（约 0.1s）内对电流最为敏感，通电时间长，重合这段间隙的可能性就越大，心室颤动的可能性也就越大。此外，通电时间长，电流的热效应和化学效应将会使人体出汗和组织电解，从而降低人体电阻，使流过人体的电流逐渐增大，加重触电伤害。

3. 电流的频率

人体对不同频率的生理敏感性是不同的，因而不同种类的电流对人体的伤害也就有区别。工频（30～100Hz）电流对人体的伤害最为严重；高频电流对人体的伤害程度远不及工频交流电严重，故医疗临床上有利用高频电流作理疗者，但电压过高的高频电流仍会使人触电致死；冲击电流是作用时间极短（以微秒计）的电流，如雷电放电电流和静电放电电流。冲击电流对人体的伤害程度与冲击放电能量有关，由于冲击电流作用的时间极短暂，数十毫安才能被人体所感知。

4. 电流通过人体的路径

电流取任何路径通过人体都可以致人死亡。但电流通过心脏、中枢神经（脑部和脊髓）、呼吸系统是最危险的。因此，从左手经前胸到脚是最危险的电流路径，这时心脏、肺部、脊髓等重要器官都处于路径内，很容易引起心室颤动和中枢神经失调而死亡。从右手到脚的危险性要小些，但会因痉挛而摔倒，导致电流通过全身或二次伤害。

5. 人体状况

试验研究表明，触电危险性与人体状况有关。触电者的性别年龄、健康状况、精神状态和人体电阻都会对触电后果产生影响。例如，一个患有心脏病、结核病、内分泌器官疾病的人，由于自身的抵抗力低下，会使触电后果更为严重。相反，一个身心健康，经常从事体育锻炼的人，触电的后果相对来说会轻一些。妇女、儿童、老年人以及体重较轻的人耐受电流刺激的能力也相对要弱一些，触电的后果也比青壮年男子更为严重。

人体电阻的大小是影响触电后果的重要物理因素。显然，当作用于人体的电压一定时，人体电阻越小，流过人体的电流越大，触电者也就越危险。人体电阻包括体内电阻和皮肤电阻，体内电阻较小（约为 500Ω），而且基本不变。人体电阻主要是皮肤电阻，其值与诸多因素有关，如接触电压、接触面积、接触压力、皮肤表面状况（干湿程度、有无组织损伤、是否出汗、有无导电粉尘、皮肤表层角质层的厚薄）等因素都会影响人体电阻的大小。必须指出，人体电阻只对低压触电有限流作用。

6. 作用于人体的电压

触电伤亡的直接原因在于电流在人体内引起的生理病变。但电流的大小与作用于人体的电压高低有关。这不仅是由于就一定的人体电阻而言（电压越高，电流越大），更由于人体电阻将随着作用于人体的电压升高而呈非线性急剧下降，致使通过人体的电流显著增大，使得电流对人体的伤害更加严重。

究竟多高的电压才是人体所能耐受的呢？这与人体所处的环境有关。上面提到在一般环境中的安全电流可按 30mA 考虑，人体电阻在一般情况下可按 1000～2000Ω计算。这样一般环境下的安全电压范围是 30～60V。我国规定的安全电压等级是 42、36、24、12、6V，当设备采用超过 24V 安全电压时，应采取防止直接接触带电体的安全措施。对于一般环境的安全电压为可取 36V，但在比较危险的地方、工作地点狭窄、周围有大面积接地体、环境湿热场所，如电缆沟、煤斗、油箱等地，则采用的电压不准超过 12V。

规程规定电压等级在 1000V 及以上的电气装置称为高压设备，电压等级在 1000V 以下的电气装置称为低压设备。虽然高压对人体的危害比低压要严重得多，但是由于高压电气设备有较完善的安全防范措施，人们与高压设备接触机会较少，而且思想上较为重视，因此高压触电事故反而比低压触电事故少。值得注意的是，在潮湿的环境中也曾发生过 36V 触电死亡的事故。

三、人体触电

1. 人体触电的类型

人体触电的方式多种多样，一般可分为直接接触触电和间接接触触电两种类型。此外，还有高压电场、高频电磁场、静电感应、雷击等触电方式。

（1）直接接触触电。人体直接触及或过分靠近电气设备及线路的带电导体而发生的触电现象称为直接接触触电。单相触电、两相触电、电弧伤害都属于直接接触触电。

（2）间接接触触电。人体触及正常情况下不带电，而故障情况下变为带电的设备外露的导体，所引起的触电现象，称为间接接触触电。例如，电气设备在正常运行时，其金属外壳或结构是不带电的，当电气设备绝缘损坏而发生接地短路故障（俗称"碰壳"或"漏电"）时，其金属外壳便带有电压，人体触及便会发生触电，此为间接接触触电。

2. 单相触电

人体直接碰触带电设备或线路的一相导体时，电流通过人体而发生的触电现象称之为单相触电。

电网可分为中性点直接接地系统和中性点不接地（或经消弧线圈接地）系统。由于系统中性点的运行方式不同，发生单相触电时，电流经过人体的路径及大小就不一样，触电危险性也不相同。

在中性点直接接地的电网中发生单相触电的情况如图 3-1（a）所示。设人体与大地接触良好，土壤电阻忽略不计，由于人体电阻比中性点工作接地电阻大得多，加于人体的电压几乎等于电网相电压，这时流过人体的电流为

$$I_b = \frac{U_{ph}}{R_b + R_c}$$

式中　　I_b——流过人体的电流，A；

　　　　U_{ph}——电网相电压，V；

　　　　R_c——电网中性点工作接地电阻，Ω；

　　　　R_b——人体电阻，Ω。

对于 380/220V 三相四线制电网，U_{ph} =220V，R_c =4Ω，若取人体电阻 R_b =1000Ω，则由上式可算出流过人体的电流 I_b=219mA，足以危及触电者的生命。

显然，单相触电的后果与人体和大地间的接触状况有关。如果人体站立在干燥的绝缘地板上，由于人体与大地间有很大的绝缘电阻，通过人体的电流就很小，就不会造成触电危险，但如地板潮湿，就有触电危险。

中性点不接地电网中发生单相触电的情况如图 3-1（b）所示。这时电流将从电源相线经人体、其他两相的对地阻抗（由线路的绝缘电阻和对地电容构成）回到电源的中性点形成回路，此时，通过人体的电流与线路的绝缘电阻和对地电容有关。在低压电网中，对地电容很小，通过人体的电流主要取决于线路绝缘电阻，正常情况下，设备的绝缘电阻相当大，通过人体的电流很小，一般不

至造成对人体的伤害，但当线路绝缘下降时，单相触电对人体的危害仍然存在。而在高压中性点不接地电网中（特别在对地电容较大的电缆线路上）线路对地电容较大，通过人体的电容电流，将危及触电者的安全。

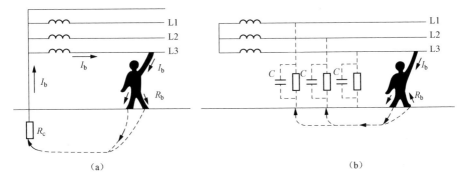

图 3-1　单相触电示意图
（a）中性点直接接地电网；（b）中性点不接地电网

3. 两相触电

人体同时触及带电设备或线路中的两相导体而发生的触电方式称为两相触电，如图 3-2 所示。

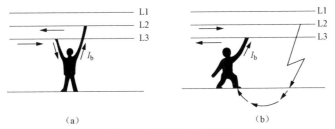

图 3-2　两相触电示意图
（a）两相直接触电；（b）两相与大地构成回路发生触电

两相触电时，作用于人体上的电压为线电压，电流将从一相导体经人体流入另一相导体，这种情况是很危险的。以 380/220V 三相四线制为例，这时加于人体的电压为 380V，若人体电阻按 1000Ω 考虑，则流过人体内的电流将达 380mA，足以致人死亡。因此，两相触电要比单相触电严重得多。

4. 电弧触电

电弧是气体间隙被强电场击穿时电流通过气体的一种现象。之所以将电弧伤害视为直接接触触电，是因为弧隙是被游离的带电气态导体，被电弧"烧"着的人，将同时遭受电击和电伤。在引发电弧的种种情形中，人体过分接近高压带电体所引起的电弧放电以及带负荷拉、合刀闸造成的弧光短路，对人体的危害往往是致命的。电弧不仅使人受电击，而且由于弧焰温度极高（中心温度高达 6000～10000℃），将对人体造成严重烧伤，烧伤部位多见于手部、胳膊、脸部及眼睛，造成皮肤组织金属化，失明或视力减退。

5. 接触电压触电

（1）接地故障电流入地点附近地面电位分布。当电气设备发生碰壳故障、导线断裂落地或线路绝缘击穿而导致单相接地故障时，电流便经接地体或导线落地点呈半球形向地中流散，如图 3-3（a）所示。由于接近电流入地点的土层具有最小的流散截面，呈现出较大的流散电阻，接地电流将在流散途径的单位长度上产生较大的电压降，而远离电流入地点土层处电流流散的半球形截面随该处与电流入地点距离增大而增大，相应的流散电阻随之逐渐减少，接地电流在流散电阻上的压降也随之逐渐降低。于是，在电流入地点周围的土壤中和地表面各点便具有不同的电位分布，电位分布曲线如图 3-3（b）所示。

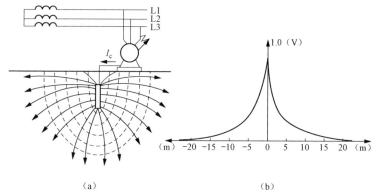

（a）   （b）

图 3-3　地中电流的流散电场和地面电位分布

（a）电流在地中的分布；（b）电流入地点周围的地面电位分布曲线

图 3-3（b）中曲线表明，在电流入地点处电位最高，随着离此点的距离增大，地面电位呈先急后缓的趋势下降，在离电流入地点 10m 处，电位已下降至电流入地点的 8%。在离电流入地点 20m 以外的地面，流散半球的截面已经相当大，相应的流散电阻可忽略不计，或者说地中电流不再于此处产生电压降，可以认为该地面电位为零，电工技术上所谓的"地"就是指此零电位处的地，而不是电流入地点的周围 20m 之内的"地"。通常我们所说的电气设备对地电压也是指带电体对此零电位点的电位差。

（2）接触电压及接触电压触电。当电气设备因绝缘损坏而发生接地故障时，如人体的两个部分（通常是手和脚）同时触及漏电设备的外壳和地面，人体两部分分别处于不同的电位，其间的电位差即为接触电压，用 U_j 表示。图 3-4（a）所示的触电者手（电压 U_1）、脚电压 U_2 之间的电位差 $U_j = U_1 - U_2$ 便是该触电者承受的接触电压。在电气安全技术中是以站立在离漏电设备水平方向 0.8m 的人，手触及漏电设备外壳距地面 1.8m 处时，其手与脚两点间的电位差为接触电压计算值。由于受接触电压作用而导致的触电现象称为接触电压触电。

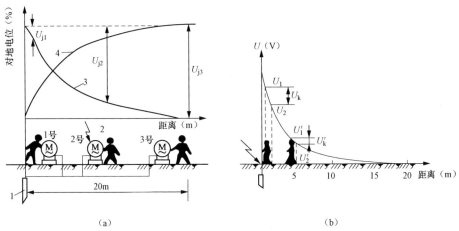

图 3-4　接触电压和跨步电压触电示意图

（a）接触电压触电示意图；（b）跨步电压触电示意图

1—接地体；2—漏电设备；3—设备出现接地故障时，接地体附近各点电位分布曲线；
4—人体距接地体位置不同时，接触电压变化曲线

接触电压的大小，随人体站立点的位置而异。人体距离接地极越远，受到的接触电压越高，如图 3-4（a）曲线 4 所示。当 2 号电动机碰壳时，离接地极（电流入地点）远的 3 号电动机的接触电压比离接地极近的 1 号电动机的接触电压高，即 $U_{j3} > U_{j1}$，这是因为三台电动机的外壳都等于接地极电位之故。

6. 跨步电压触电

电气设备发生接地故障时，在接地电流入地点周围电位分布区（以电流入地点为圆心，半径为 20m 的范围内）行走的人，其两脚处于不同的电位，两脚之间（一般人的跨步约为 0.8m）的电位差称之为跨步电压。设前脚的电位为 U_1，后脚的电位为 U_2，则跨步电压 $U_k = U_1 - U_2$，人体距电流入地点越近，其所承受的跨步电压越高，如图 3-4（b）所示，$U_k > U_k'$。人体受到跨步电压作用时，电流将从一只脚经胯部到另一只脚与大地形成回路。触电者的症象是脚发麻、抽筋、跌倒在地。跌倒后，电流可能改变路径（如从头到脚或手而流经

人体重要器官，使人致命。

跨步电压触电还会发生在其他一些场合，如架空导线接地故障点附近或导线断落点附近，防雷接地装置附近地面等。

接触电压和跨步电压的大小与接地电流的大小、土壤电阻率、设备接地电阻及人体位置等因素有关。当人穿有靴鞋时，由于地板和靴鞋的绝缘电阻上有电压降，人体受到的接触电压和跨步电压将明显降低，因此，严禁裸臂赤脚去操作电气设备。

四、防止触电的安全技术

对系统或设备本身及工作环境采取技术措施是防止人身触电行之有效的方法，防止触电的技术措施主要有防止接触带电部件，如绝缘、屏护和安全间距；防止电气设备漏电伤人措施，如保护接地和保护接零；采用安全电压；安装漏电保护器等。

1. 绝缘防护

电气设备无论其结构多么复杂，都可看作是由导电材料、导磁材料和绝缘材料这三者组成的。有些设备没有导磁体（如白炽灯、电阻炉等），有些设备有导磁体（如电动机、变压器、电磁开关），而导电体和绝缘体是任何电气设备不可缺少的两个基本部分。使用绝缘材料将带电导体封护或隔离起来，使电气设备及线路能正常工作，防止人身触电，这就是所谓绝缘防护。比如用绝缘布带把裸露的接线头包扎起来就是绝缘防护的一例。完善的绝缘可保证人身与设备的安全；绝缘不良，会导致设备漏电、短路，从而引发设备损坏及人身触电事故。所以，绝缘防护是最基本的安全保护措施。

绝缘材料的绝缘性能恶化或破坏将引起绝缘事故，在现场作业中，预防电气设备绝缘事故的措施有以下几种：

（1）不使用质量不合格的电气产品。

（2）按规程和规范安装电气设备或线路，例如：电线管与蒸汽管道之间的距离应符合规范要求，不能满足时应在管外包以隔热层；在有腐蚀性气体或蒸汽的场所，动力配线应选用塑料绝缘导线，断路器设备应装在特制的密封箱内或浸在绝缘油中等。

（3）按工作环境和使用条件正确选用电气设备，例如：潮湿场所使用的电动机，应选用密封型的。

（4）按照技术参数使用电气设备，避免过电压和过负荷运行。过负荷将使绝缘温升过高，引起绝缘材料软化，过电压有击穿绝缘的危险。

（5）正确选用绝缘材料，例如，在修理电动机时，不应降低绝缘材料的耐热等级，否则绝缘的允许温升将降低，电动机额定电流将减小。

（6）按规定的周期和项目对电气设备进行绝缘预防性试验。对有绝缘缺陷的设备及时进行处理。

（7）改善绝缘结构也是积极的绝缘防护措施之一，例如：采用双重绝缘结构对于家用电器和手持电动工具有显著作用。

（8）在搬运、安装、运行和维修中避免电气设备的绝缘结构受机械损伤、受潮、脏污。

（9）在中性点不接地的电力系统中装设绝缘监察装置。在这类电网中，当发生单相接地故障（一相绝缘降低）时，其他两相对地电压将升高，由于接地故障电流是电容电流而不是短路电流，短路保护装置不会动作，电网将长时间在故障状态下运行。这不仅会使非故障相的绝缘承受工频过电压，而且增加了触电的危险性。因此，有必要在中性点不接地电网中装设绝缘监察装置，对电网的绝缘情况进行经常性的监视，以便及时处理接地故障。

2. 屏护与间距

（1）屏护。屏护是指采用遮栏、护罩、护盖等将带电体同外界隔绝开。有防止触及带电导体、防止电弧烧伤、防止短路和便于安全操作的作用。高压设备往往很难做到全部绝缘，如果人接近至一定距离时会发生电弧放电事故，因此不论高压设备是否有绝缘，均需加装屏护装置。

屏护装置应有足够的尺寸，与带电体保持足够的安全距离：遮栏与低压裸导体的距离不应小于 0.8m；网眼遮栏与裸导体之间的距离，低压设备不应小于 0.15m，10kV 设备不应小于 0.35m。屏护装置所用材料应有足够的机械强度和阻燃性能，并安装牢固。金属材料制成的屏护装置应可靠接地或接零。屏护装置上应有明显的标志，如"止步，高压危险！""当心触电！"等警告牌。

（2）间距。间距是将可能触及的带电体置于可能触及的范围之外。其安全作用与屏护的安全作用基本相同。带电体与地面之间，带电体与树木之间、带电体与其他设施和设备之间、带电体与带电体之间均需保持一定的安全距离。安全距离的大小取决于电压高低、设备类型、环境条件和安装方式等因素。架空线路的间距需考虑气温、风力、覆冰和环境条件的影响。

在低压作业中，人体及所携带的工具与带电体的距离不应小于 0.1m。

在高压作业中，人体及所携带的工具与带电体之间的安全距离见表 3-1。

表 3-1		设备不停电时的安全距离	
电压等级（kV）	安全距离（m）	电压等级（kV）	安全距离（m）
10 及以下（13.8）	0.70	500	5.00
20、35	1.00	1000	8.70
63（66）、110	1.50	±500	6.00
220	3.00	±800	9.30

户外车辆和带电设备之间的安全距离见表 3-2。

表 3-2		车辆（包括装载物）外廓至无遮栏带电部分之间的安全距离	
电压等级（kV）	安全距离（m）	电压等级（kV）	安全距离（m）
10	0.95	500	4.55
20	1.05	1000	8.25
35	1.15	±500	5.60
110	1.65（1.75）*	±800	9.00
220	2.55		

注　*括号内数字为 110kV 中性点不接地系统所使用。

在架空电力线路进行起重工作时，起重机具与线路之间的安全距离见表 3-3。

表 3-3	与架空输电线及其他带电体的最小安全距离					
电压（kV）	<1	1～10	35～63	110	220	500
最小安全距离（m）	1.5	3.0	4.0	5.0	6.0	8.5

3. 保护接地

为防止人身因电气设备绝缘损坏而遭受触电，将电气设备的金属外壳与接地体连接起来，称为保护接地。

采用保护接地后，可使人体触及漏电设备时的接触电压明显降低，因而大大减少了人体触电事故的发生。

（1）保护接地在 IT 系统中的应用。IT 系统是指电源中性点不接地或经阻抗（约 1000Ω）接地，电气设备的外露可导电部分（如设备的金属外壳）经各自的保护线分别直接接地的三相三线制低压配电系统，如图 3-5（a）所示。在这种系统中，有人触及漏电设备外壳时，流过人体的电流可由等值电路求得

$$I_b = \frac{R_{pe}}{R_b} I_e \approx \frac{3U_{ph}R_{pe}}{(Z + 3R_{pe})R_b}$$

式中　U_{ph}——电网相电压，V；

　　　R_b——人体电阻，Ω；

R_{pe}——接地电阻，Ω；

Z——电网每相导线对地的复阻抗，Ω。

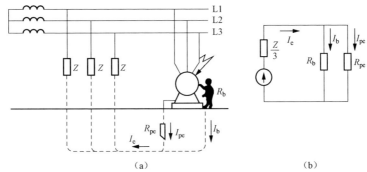

图 3-5　IT 系统发生"碰壳"故障时保护接地作用分析图
(a) 示意图；(b) 等值电路图

由上可见，只要将接地电阻限制在足够小的范围内，通过接地电阻的分流作用，就能使流过人体的电流小于安全电流，或者说可把人体的接触电压降低至安全电压以下，从而保证人身安全。这就是保护接地的工作原理。

(2) TT 系统中保护接地的功能。TT 系统是指电源中性点直接接地，而设备的外露可导电部分经各自的保护线分别直接接地的三相四线制低压供电系统，如图 3-6 (a) 所示。电动机外壳是接地的，当电动机发生碰壳短路时，按图 3-6 (b) 所示的等值电路可求得故障电流，计算公式为

$$I_k = \frac{U_{ph}}{R_c + \dfrac{R_e R_b}{R_e + R_b}}$$

式中　I_k——故障电流，A；

　　　R_c——电网中性点接地电阻，Ω；

　　　R_e——保护接地电阻，Ω；

　　　R_b——人体电阻，Ω。

人体所承受的电压为

$$U_b = \frac{R_e R_b}{R_e + R_b} I_k$$

一般情况下，R_c 和 R_e 都不超过 4Ω，如取人体电阻 R_b=1000Ω，在 380/220V 电网中，故障电流和加于人体的电压分别为 27.5A 和 110V，流过人体的电流为 110mA，这个电流值仍然大于安全电流，且故障电流在 27.5A 时，一般是不能

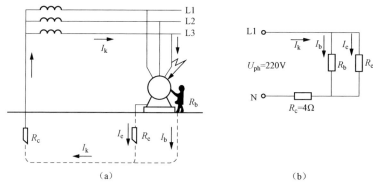

图 3-6 中性点直接接地电网采用保护接地作用分析图
(a) 示意图;(b) 等值电路图

使电路的过流保护装置动作的,电动机外壳将长时间带电,这对人仍是很危险的。如将接地电阻 R_e 降至 0.78Ω 以下,就可将加于人体上的电压降至安全电压 36V 以下。但这样做将增大接地装置的费用和工程难度。随着高灵敏度漏电保护器的推广应用,保护接地作为保安措施已被应用于中性点直接接地的三相四线制电网中。

4. 保护接零

所谓保护接零就是把电气设备平时不带电的外露可导电部分与电源的中性线 N 连接起来。此时的中性线称保护中性线,代号为 PEN。凡采用这种保护方式的系统在 IEC 标准中统称为 TN-C 系统。

电动机正常运行时,零线不带电压,由于电动机的外壳是与电源零线相连接的,人体摸触设备外壳等于摸触零线,并无触电的危险。当电动机发生“碰壳”故障时,电动机的金属外壳将相线与零线直接连通,单相接地故障成为相线零线的单相短路。因为零线阻抗很小,短路电流的数值足以使安装于线路上的熔断器或其他过电流保护装置迅速动作,从而把故障设备电源断开,消除触电危险,如图 3-7 所示。

必须指出,从设备“碰壳”短路的发生到过电流保护装置动作切断电源的时间间隔内,触及设备外壳的人体是要承受电压的,此电压近似等于短路时的压降。当忽略线路感抗,并考虑 $R_b \gg R_c$,$R_b \gg R_n$(零线电阻)时,人体所承受的电压为

$$U_b \approx I_k \cdot R_n$$

$$U_n = \frac{U_{ph}}{R_\Phi + R_n} R_n$$

式中　　R_Φ——相线的电阻，Ω；

　　　　R_n——零线的电阻，Ω。

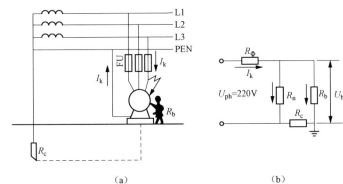

图 3-7　中性点直接接地的低压配电系统的保护接零
(a) 保护接零示意图；(b) 等值电路图

　　假设相线截面为零线的 2 倍，则 $R_n = 2R_\Phi$，于是，人体所受的电压为 147V，显然，这个电压数值对人体仍是危险的。所以，保护接零的有效性在于线路的短路保护装置能否在"碰壳"短路故障发生后灵敏地动作，迅速切断电源。

　　保护接零用于用户装有配电变压器，且其低压中性点直接接地的 380/220V 三相四线配电网。

　　5．剩余电流保护装置

　　剩余电流动作保护装置是指电路中带电导线对地故障所产生的剩余电流超过规定值时，能够自动切断电源或报警的保护装置。

　　低压配电系统中装设剩余电流动作保护装置是防止直接接触触电事故和间接接触触电事故的有效措施之一，也是防止电气线路或电气设备接地故障引起电气火灾和电气设备损坏事故的技术措施。

　　剩余电流动作保护装置的额定剩余动作电流分为 0.006、0.01、0.015、0.03、0.05、0.075、0.1、0.2、0.3、0.5、1、3、5、10、20A 15 个等级。其中，30mA 及以下的属高灵敏度，主要用于防止触电事故；30mA 以上、1000mA 及以下的属中灵敏度，用于防止触电事故和漏电火灾；1000mA 以上的属低灵敏度，用于防止漏电火灾和监视一相接地故障。为了避免误动作，保护装置的额定不动作电流不得低于额定动作电流的 1/2。

　　(1) 剩余电流动作保护装置的优越性。剩余电流动作保护装置的保护性能，在于对人身安全的保护作用方面远比接地、接零保护优越，并且效果显著，从以下情况可以证明。设电源中性点接地电阻 R_c 为 1Ω（一般为 4Ω 以下），一相导线的电阻 R_x 为 1Ω。相电压 U_{ph} 为 220V，电气设备保护接地电阻 R_d 为 10Ω，则设备碰壳短路电流为

$$I = \frac{U_{ph}}{R_c + R_d + R_x} = \frac{220}{1 + 1 + 10} \approx 18(A)$$

18A 的短路电流不足以引起一般过电流保护动作。设备外壳对大地零电位的接触电压为 $18 \times 10 = 180$（V），这个数值对人身安全有很大的威胁，按人身危险电流 50mA 和人体电阻为 1000Ω 计算，则安全接触电压的极限为 50V，若采用接地保护方法将触电电压降低到 50V 以下，则必须将设备接地电阻降低到 0.588Ω 以下，这是难以办到的。而剩余电流动作保护装置的动作电流一般可降低到 30mA，若按接触电压为 50V 计算，则容许最大接地电阻 $R_d = U / I = 50 / 0.03 \approx 1667(\Omega)$。一般固定安装的电气设备本身自然接地就具有如下的电阻值：埋入有混凝土基础内的电动机用围栏为 450Ω；埋入灰砂浆中的钢管为 360Ω；湿土上的混凝土搅拌机为 250Ω。

因此在上述情况下，不必另设接地装置，只要采用 30mA 动作电流的剩余电流动作保护装置即可起到保护作用。

（2）剩余电流保护装置的应用。在直接接触电击事故的防护中，剩余电流保护装置只作为直接接触电击事故基本防护措施的补充保护措施（不包括对相与相、相与 N 线间形成的直接接触电击事故的保护）。用于直接接触电击事故防护时，应选用一般型（无延时）的剩余电流保护装置，其额定剩余动作电流不超过 30mA。

间接接触电击事故防护的主要措施是采用自动切断电源的保护方式，以防止由于电气设备绝缘损坏发生接地故障时，电气设备的外露可接近导体持续带有危险电压而产生电击事故或电气设备损坏事故。当电路发生绝缘损坏造成接地故障，其故障电流值小于过电流保护装置的动作电流值时，应安装剩余电流保护装置。

为防止电气设备或线路因绝缘损坏形成接地故障引起的电气火灾，应装设当接地故障电流超过预定值时，能发出报警信号或自动切断电源的剩余电流保护装置。

低压供用电系统中为了缩小发生人身电击事故和接地故障切断电源时引起的停电范围，剩余电流保护装置应采用分级保护。

（3）必须安装剩余电流保护装置的设备和场所：

1）末端保护。属于Ⅰ类的移动式电气设备及手持式电动工具；生产用的电气设备；施工工地的电气机械设备；安装在户外的电气装置；临时用电的电气设备；机关、学校、宾馆、饭店、企事业单位和住宅等除壁挂式空调电源插座外的其他电源插座或插座回路；游泳池、喷水池、浴池的电气设备；安装在水中的供电线路和设备；医院中可能直接接触人体的电气医用设备；其他需要安装剩余电流保护装置的场所。

2）线路保护。低压配电线路根据具体情况采用二级或三级保护时，在总电源端、分支线首端或线路末端（农村集中安装电能表箱、农业生产设备的电源配电箱）安装剩余电流保护装置。

（4）剩余电流动作保护装置的选用。剩余电流动作保护装置的选用应当考虑多方面的因素。在浴室、游泳池、隧道等触电危险性很大的场合，应选用高灵敏度的剩余电流动作保护装置。如果在作业场所触电后，有其他人帮助及时脱离电源，则剩余电流动作保护装置的动作电流可以大于摆脱电流；如选用快速型保护装置，动作电流可按心室颤动电流选取；如果是前级保护，即分保护前面的总保护，动作电流可超过心室颤动电流。如果作业场所无他人配合工作，动作电流不应超过摆脱电流。在触电后可能导致严重二次伤害的场所，应选用6mA动作电流。为了保护儿童或病人，应采用10mA以下的动作电流。

（5）剩余电流动作保护装置的运行要求。运行中的剩余电流动作保护装置应当定期检查和试验。保护装置外壳各部及其上部件、连接端子应保持清洁、完好无损；胶木外壳不应变形、变色，不应有裂纹和烧伤痕迹；制造厂名称（或商标）、型号、额定电压、额定电流、额定动作电流等应标志清楚，并应与运行线路的条件和要求相符合。保护装置外壳防护等级应与作用场所的环境条件相适应。接线端子不应松动，不应有明显腐蚀；连接部位不得变色；保护装置工作时不应有杂音；剩余电流动作保护开关的操作手柄应灵活、可靠，使用过程中也应定期用试验按钮试验其可靠性。

五、防雷

1. 雷电产生的原因

雷电现象是由于地面湿气受热上升或空中不同冷热气团相遇凝成水滴或冰晶形成积云，在运动时使电荷发生分离，当电荷积聚到足够数量时，就在带有不同电荷的云间或由于静电感应而产生不同电荷的云地间发生的放电现象。

雷云中可能同时存在着几个电荷聚集中心，所以经常出现多次重复性的放电现象，常见的为2～3次。第一个电荷聚集中心完成放电过程后，其电位迅速下降，第二个电荷聚集中心立即向着前一个放电位置移动，瞬间重复放电。每次间隔时间从几百毫秒到几百微秒不等，但其放电电流大小将逐次递减。

2. 雷电的种类

（1）直击雷。带电积云接近地面与地面凸出物之间的电场强度达到空气的介电强度（25～30kV/mm）时发生的放电现象，称为直击雷。通常含有先导放电、主放电、余光三个阶段。大约50%的直击雷有重复放电特征。每次雷击有三、四个冲击到数十个冲击。一次直击雷的全部放电时间一般不超过500ms。

（2）感应雷，分为静电感应雷和电磁感应雷。静电感应雷是由于带电积云在架空导线或其他导电凸出物顶部感应出大量电荷，在带电积云与其他客体放电后，感应电荷失去束缚，以大电流、高电压冲击波的形式，沿线路导线或导电凸出物的传播。电磁感应雷是由于雷电放电时，巨大的冲击雷电流在周围空间产生迅速变化的强磁场在邻近的导体上产生的很高的感应电动势。

（3）球雷。球雷是雷电放电时形成的发红光、橙光、白光或其他颜色光的球状带电气体。

此外，直击雷和感应雷都能在架空线路或空中金属管道上产生沿线路或管道的两个方向传播的雷电冲击波。

3. 雷电的危害

雷电具有雷电流幅值大（可达数十千安到数百千安）、雷电流陡度大（可达50kA/μs）、冲击性强、冲击过电压高（可达数百万伏到数千万伏）的特点。雷电有电性质、热性质、机械性质等多方面的破坏作用，均可能带来极为严重的后果。

（1）火灾与爆炸。直击雷放电的高温电弧、二次放电、巨大的雷电流、球雷侵入可直接引起火灾和爆炸；冲击电压击穿电气设备的绝缘等破坏可间接引起火灾和爆炸。

（2）触电。积云直接对人体放电、二次放电、球雷打击、雷电流产生的接触电压和跨步电压可直接使人触电；电气设备绝缘因雷击而损坏也可使人遭到电击。

（3）设备和设施毁坏。雷击产生的高电压、大电流伴随的汽化力、静电力、电磁力可毁坏重要的电气装置和建筑物及其他设施。

（4）大规模停电。电力设备或电力线路破坏后即可导致大规模停电。

4. 防雷建筑物分类

建筑物按其火灾和爆炸的危险性、人身伤亡的危险性、政治经济价值分为三类。不同类别的建筑物有不同的防雷要求。

第一类防雷建筑物是指制造、使用或贮存炸药、火药、起爆物、火工品等大量危险物质，遇电火花会引起爆炸，从而造成巨大破坏或人身伤亡的建筑物。

第二类防雷建筑物是指对国家政治或国民经济有重要意义的建筑物以及制造、使用和贮存爆炸危险物质，但火花不易引起爆炸，或不致造成巨大破坏和人身伤亡的建筑物。

第三类防雷建筑物是指除第一类、第二类防雷建筑物以外需要防雷的建筑物。

5. 直击雷防护

第一类防雷建筑物、第二类防雷建筑物、第三类防雷建筑物的易受雷击部位，遭受雷击后果比较严重的设施或堆料，高压架空电力线路、发电厂和变电站等，应采取防直击雷的措施。

装设避雷针、避雷线、避雷网、避雷带是直击雷防护的主要措施。避雷针分独立避雷针和附设避雷针。独立避雷针不应设在人经常通行的地方。

6. 二次放电防护

为了防止二次放电，不论是空气中或地下，都必须保证接闪器、引下线、接地装置与邻近导体之间有足够的安全距离。在任何情况下，第一类防雷建筑物防止二次放电的最小距离不得小于 3m，第二类防雷建筑物防止二次放电的最小距离不得小于 2m，不能满足间距要求时应予跨接。

7. 感应雷防护

有爆炸和火灾危险的建筑物、重要的电力设施应考虑感应雷防护。

为了防止静电感应雷，应将建筑长期不带电的金属装备、金属结构连成整体并予以接地；将平行管道、相距不到 100mm 的管道用金属线跨接起来。

8. 雷电冲击波防护

变配电装置、可能有雷电冲击波进入室内的建筑物应考虑雷电冲击波防护。

为了防止雷电冲击波侵入变配电装置，可以在线路引入端安装阀型避雷器。阀型避雷器上端接在架空线路上，下端接地。正常时避雷器对地保持绝缘状态；当雷电冲击波到来时，避雷器被击穿，将雷电流引入大地；冲击波过后，避雷器自动恢复绝缘状态。

对于建筑物，可采用以下措施：全长直接埋地电缆供电，入户处金属电缆外皮接地；架空线转电缆供电，架空线与电缆连接处装设阀型避雷器，避雷器、电缆金属外皮、绝缘子铁脚、金具等一起接地；架空线供电，入户处装设阀型避雷器或保护间隙，并与绝缘子铁脚、金具等一起接地。

9. 人身防雷

雷暴时，应尽量减少在户外或野外逗留；在户外或野外最好穿塑料等不浸水的雨衣；如有条件，可进入有宽大金属架或有防雷设施的建筑物、汽车或船只。

雷暴时，应尽量离开小山、小丘、隆起的小道，应尽量离开海滨、湖滨、河边、池塘旁，应尽量避开铁丝网、金属晒衣绳以及旗杆、烟囱、宝塔、孤独的树木附近，还应尽量离开没有防雷保护的小建筑物或其他设施。

雷暴时，在户内应离开照明线、动力线、电话线、广播线、收音机和电视机电源线、收音机和电视机天线以及与其相连接的各种金属设备。

六、防静电

1. 静电的产生

接触起电，又称接触—分离起电，是最常见的静电起电方式之一。两种物体接触时，当其间距离小于 25×10^{-8} cm 时，将发生电子转移，并在分界面两侧出现大小相等、极性相反的两层电荷。当两种物体迅速分离时即可能产生静电。

静电的大小与物体表面处电介质的性质和状态，物体表面之间相互贴近的压力大小，物体表面之间相互摩擦的速度，物体周围介质的温度、湿度有关。

下列工艺过程比较容易产生和积累危险静电：

（1）固体物质大面积的摩擦。

（2）固体物质的粉碎、研磨过程；粉体物料的筛分、过滤、输送、干燥过程；悬浮粉尘的高速运动。

（3）在混合器中搅拌各种高电阻率物质。

（4）高电阻率液体在管道中高速流动、液体喷出管口、液体注入容器。

（5）液化气体、压缩气体与高压蒸气在管道中流动或由管口喷出时。

（6）穿化纤布料衣服、穿绝缘鞋的人员在操作、行走、起立等时。

2. 静电的特点

（1）静电电压高。静电能量不大，但其电压很高，固体静电可达 20×10^4 V 以上，液体静电和粉体静电可达数万伏，气体和蒸汽静电可达 10000V 以上，人体静电也可达 10000V 以上。

（2）静电泄漏慢。由于积累静电的材料的电阻率都很高，其上静电泄漏很慢。

（3）静电的影响因素多。静电的产生和积累受材质、杂质、物料特征、工艺设备（如几何形状、接触面积）和工艺参数（如作业速度）、湿度和温度、带电历程等因素的影响。由于静电的影响因素多，静电事故的随机性强。

3. 静电的危害

工艺过程中产生的静电可能引起爆炸和火灾，也可能给人以电击，还可能妨碍生产。其中，爆炸和火灾是最大的危害和危险。

4. 防止静电危害的措施

静电最为严重的危险是引起爆炸和火灾。因此，静电安全防护主要是对爆炸和火灾的防护。这些措施对于防止静电电击和防止静电影响生产也是有效的。

（1）环境危险程度控制。静电引起爆炸和火灾的条件之一是有爆炸性混合物存在。为了防止静电的危险，可采取取代易燃介质、降低爆炸性混合物的浓度、减少氧化剂含量等控制所在环境爆炸和火灾危险程度的措施。

（2）工艺控制。为了有利于静电的控制，可采用导电性好的工具；为了防止静电放电，在液体灌装过程中不得进行取样、检测或测温操作，进行上述操作前，应使液体静置一定的时间，使静电得到足够的消散或松弛；为了避免液体在容器内喷射和溅射，应将注油管延伸到容器底部；装油前清除罐底积水和污物，以减少附加静电。

（3）接地。接地的作用主要是消除导体上的静电。金属导体应直接接地。为了防止火花放电，应将可能发生火花放电的间隙跨接连通起来，并予以接地。防静电接地电阻原则上不超过 $1M\Omega$ 即可；对于金属导体，为了检测方便，接地电阻应为 $100\sim1000\Omega$。对于易产生和积累静电的高绝缘材料，宜通过 $1M\Omega$ 或稍大一些的电阻接地。

（4）增湿。为防止大量带电，相对湿度应在 50%以上；为了提高降低静电的效果，相对湿度应提高到 65%~70%；增湿的方法不宜用于防止高温环境里的绝缘体上的静电。

（5）抗静电添加剂。抗静电添加剂是化学药剂。在容易产生静电的高绝缘材料中加入抗静电添加剂之后，能降低材料的体积电阻率或表面电阻率以加速静电的泄漏，消除静电的危险。

（6）静电中和器。静电中和器又叫静电消除器。静电中和器是能产生电子和离子的装置。由于产生了电子和离子，物料上的静电电荷得到异性电荷的中和，从而消除静电的危险。静电中和器主要用来消除非导体上的静电。

（7）静电屏蔽。静电屏蔽是用屏蔽材料阻止带电体（绝缘体带电）对其附近物体的电气作用，而达到防止绝缘体带电引起的力学现象和放电现象。静电屏蔽的目的是屏蔽带电体的静电场，一般是通过接地的金属等导体（金属丝、金属网等）覆盖带电体的表面。

（8）消除静电安全管理。静电安全管理包括制定关联静电安全操作规程、制定静电安全指标、静电安全教育、静电检测管理等内容。

第三节　高处作业

一、高处作业相关术语

1. 高处作业

凡在坠落高度基准面 2m 以上（含 2m）有可能坠落的高处进行的作业均称为高处作业。

2. 坠落高度基准面

通过可能坠落范围内最低处的水平面定义为坠落高度基准面。

3. 可能坠落范围

以作业位置为中心，可能坠落范围半径为半径划成的与水平面垂直的柱形空间，称为可能坠落范围。

4. 可能坠落范围半径 R

为确定可能坠落范围而规定的相对于作业位置的一段水平距离称为可能坠落范围半径。可能坠落范围半径大小取决于与作业现场的地形、地势或建筑物分布等有关的基础高度，具体的规定是在统计分析了许多高处坠落事故案例的基础上作出的。不同高度的可能坠落半径见表 3-4。

表 3-4　　　　　　　　　不同高度的可能坠落半径（m）

作业位置至其底部的垂直距离	2~5	5~15	15~30	>30
其可能坠落的范围半径	3	4	5	6

5. 基础高度 h_b

以作业位置为中心，6m 为半径，划出一个垂直水平面的柱形空间，此柱形空间内最低处与作业位置间的高度差称为基础高度。

6. 高处作业高度 h_w

作业区各作业位置至相应坠落高度基准面的垂直距离中的最大值，称为该作业区的高处作业高度，简称作业高度。

二、高处作业分级

作业高度分为 2~5m（含 5m）；5~15m（含 15m）；15~30m（含 30m）及大于 30m 四个区域。

直接引起坠落的客观危险因素分为以下 11 种：

1）阵风风力五级（风速 8m/s）以上；

2）GB/T 4200《高温作业分级》规定的Ⅱ级或Ⅱ级以上的高温条件；

3）平均气温等于或低于 5℃的室外环境；

4）接触冷水的温度等于或低于 12℃的作业；

5）作业场地有冰、雪、霜、水、油等易滑物；

6）作业场所光线不足，能见度差；

7）作业活动范围与危险电压带电体的距离小于表 3-5 的规定；

8）摆动，立足处不是平面或只有很小的平面，即任一边小于 500mm 的矩形平面、直径小于 500mm 的圆形平面或类似尺寸的其他形状的平面，致使作业者无法维持正常姿势；

9）GB 3869《体力劳动强度分级》规定的Ⅲ级或Ⅲ级以上的体力劳动强度；

10）存在有毒气体或空气中含氧量低于 0.195 的作业环境；

11）可能会引起各种灾害事故的作业环境和抢救突然发生的各种灾害事故。

表 3-5　　　　　　　　　　作业活动与危险电压带电体的距离

危险电压带电体的电压等级（kV）	距离（m）
≤10	1.7
35	2.0
63～110	2.5
220	4.0
330	5.0
500	6.0

不存在上述列举的任一种客观危险因素的高处作业按表 3-6 规定 A 类法分级。存在上述列举的一种或一种以上的客观危险因素的高处作业按表 3-6 规定 B 类法分级。

表 3-6　　　　　　　　　　高处作业分级

作业高度 分类法	2～5	>5～15	>15～30	>30
A	Ⅰ	Ⅱ	Ⅲ	Ⅳ
B	Ⅱ	Ⅲ	Ⅳ	Ⅳ

三、高处作业高度计算方法

1. 可能坠落范围半径 R

可能坠落范围半径 R 根据基础高度 h_b 进行分类：

（1）当 h_b 为 2～5m（含 5m）时，R 为 3m；

（2）当 h_b 为 5～15m（含 15m）时，R 为 4m；

（3）当 h_b 为 15～30m（含 30m）时，R 为 5m；

（4）当 h_b＞30m 时，R 为 6m。

2. 高处作业高度的计算方法和示例

（1）作业高度计算方法如下：

1）确定基础高度 h_b；

2）确定可能坠落范围半径 R；

3）确定作业高度 h_w。

（2）示例：

［例 1］如图 3-8 所示，其中 h_b=20m，R=5m，h_w=20m。

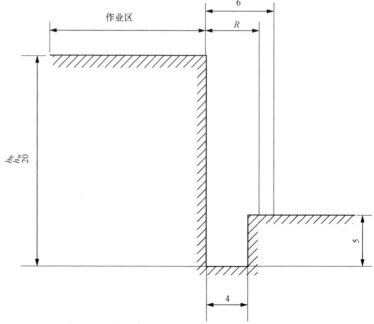

图 3-8　作业高度计算示例 1（图中单位为 m）

［例 2］如图 3-9 所示，其中 h_b=20m，R=5m，h_w=14m。

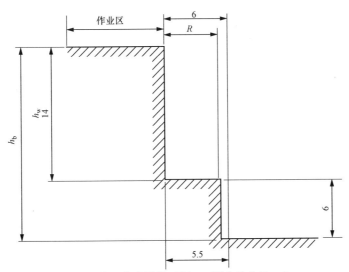

图 3-9　作业高度计算示例 2（图中单位为 m）

[例 3] 如图 3-10 所示，其中 h_b=29.5m，R=5m，h_w=4.5m。

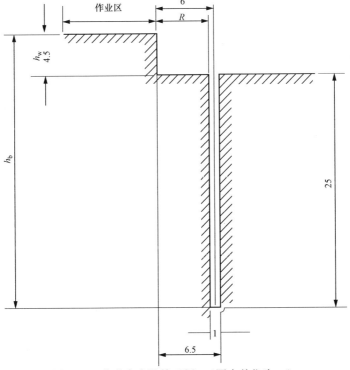

图 3-10　作业高度计算示例 3（图中单位为 m）

四、高处作业的基本要求

（1）维持工作位置。首先应利用防护装置维持作业人员在高处工作时的作业位置，防止其下跌。在高处作业场所，可通过设置作业平台或用安全网等器材在作业区设置临时作业平台，这样可保证作业人员在工作时始终处于作业区域，避免可能发生的坠落。

设定安全作业平台不仅能防止作业人员坠落，还能消除作业人员可能存在的高处作业恐惧感。但安全作业平台往往会因为工程的施工时间、作业性质和成本效益等不具实施的可行性。

（2）限制移动。限制移动是利用防护装置限制作业人员的活动范围，防止其下跌。在高处作业场所，可通过一根不可调挽索将作业人员与钢制的水平安全绳（或固定点）连接在一起。这样可保证作业人员在工作时避免进入有可能发生坠落的区域，此时不仅能防止作业人员坠落，还能让作业人员腾出本该去维持身体平衡的手进行其他操作，既保障作业人员从事高处作业时的安全性又可提高工作效率，是一种高处作业安全性及可行性较好的选择。

（3）利用防护装备。利用防护装备保护作业人员在高处工作时的活动过程，防止其下跌。输电线路杆塔一般情况下都没有作业保护平台装置，高处作业人员必须以个人保护装置确保自身的安全。

五、高处作业的安全要求

高处作业充满了危险性，所以各行各业均对高处作业制定了相关的安全工作规程，学习高处作业必要的安全规程，掌握高处作业必要的防护技术和安全措施，是每一个高处作业人员的责任。

在电力生产和建设中，为保障高处作业安全制定了相关的规定，对作业人员和工作条件等提出了下列安全要求。

（1）健康条件。凡是参加高处作业的人员每年应体检一次，患有心脏病、高血压、癫痫病、精神病、聋哑等都不得从事高处作业，经体检合格者才能参加高处作业。

（2）穿着。高处作业人员进入现场应穿戴好安全帽、安全带、软底鞋等劳动保护用品。严禁穿背心、短裤、裙子、高跟鞋和拖鞋等从事高处作业。

（3）安全措施。高处作业均应先搭设脚手架、使用高空作业车、升降平台或采取其他防止坠落措施，方可进行。在没有脚手架或者在没有栏杆的脚手架上工作，高度超过 1.5m 时，应使用安全带，或采取其他可靠的安全措施。安全带和专作固定安全带的绳索在使用前应进行外观检查。在电焊作业或其他有火花、熔融源等的场所使用的安全带或安全绳应有隔热防磨套。

（4）配戴物品。高处作业应一律使用工具袋。较大的工具、工件、边角余料应用绳拴在牢固的物件上，放置在牢靠的地方或用铁丝扣牢并有防止坠落的措施，不准随便乱放，以防止从高空坠落发生事故。

（5）工作环境。在坝顶、陡坡、屋顶、悬崖、杆塔、吊桥以及其他危险的边沿进行工作，临空一面应装设安全网或防护栏杆，否则，工作人员应使用安全带。峭壁、陡坡的场地或人行道上的冰雪、碎石、泥土应经常清理，靠外面一侧应设 1050～1200mm 高的栏杆。在栏杆内侧设 180mm 高的侧板，以防坠物伤人。高处作业区周围的孔洞、沟道等应设盖板、安全网或围栏并有固定其位置的措施。同时，应设置安全标志，夜间还应设红灯示警。高处作业使用的脚手架应经验收合格后方可使用。上下脚手架应走坡道或梯子，作业人员不准沿脚手杆或栏杆等攀爬。高处作业的平台、走道、斜道等应装设 1.0m 高的防护栏杆和 18cm 高挡脚板。当临时高处行走区域不能装设防护栏杆时，应设置 1050mm 高的安全水平扶绳，且每隔 2m 应设一个固定支撑点。在夜间或光线不足的地方进行高处作业，应安装足够的照明。钢管杆塔、30m 以上杆塔和 220kV 及以上线路杆塔宜设置防止作业人员上下杆塔和杆塔上水平移动的防坠安全保护装置，上述新建线路杆塔必须装设。

（6）气候条件。低温或高温环境下进行高处作业，应采取保暖和防暑降温措施，作业时间不宜过长。如气温低于−10℃进行露天高处作业时，在施工场所附近应设取暖休息室；气温高于 35℃进行露天高处作业时，在施工集中区域应设凉棚并配备适当的防暑降温设施和饮料。如遇有 5 级及以上大风以及暴雨、雷电、冰雹、大雾、沙尘等恶劣天气时，应停止露天高处作业。特殊情况下，确需在恶劣天气进行抢修时，应组织人员充分讨论必要的安全措施，经本单位分管生产的领导（总工程师）批准后方可进行。在霜冻或雨天进行露天高处作业时，应采取防滑措施。

（7）作业要求。安全带的挂钩或绳子应挂在结实牢固的构件上，或专为挂安全带用的钢丝绳上，应采用高挂低用的方式。禁止系挂在移动或不牢固的物件（如隔离开关支持绝缘子、CVT 绝缘子、母线支柱绝缘子、瓷横担、未经固定的转动横担、线路支柱绝缘子、避雷器支柱绝缘子等）上。高处作业人员在作业过程中，应随时检查安全带是否拴牢。高处作业人员在转移作业位置时不得失去保护。高处作业中严禁将工具及材料上下投掷，应用绳索栓牢传递，以免打伤下方工作人员或击毁脚手架。在进行高处作业时，除有关人员外，不准他人在工作地点的下面通行或逗留，工作地点下面应有围栏或装设其他保护装置，防止落物伤人。如在格栅式的平台上工作，为了防止工具和器材掉落，应采取有效隔离措施，如铺设木板等。

在电杆上进行作业前应检查电杆及拉线埋设是否牢固，强度是否足够，并应选用适合杆型的脚扣，系好安全带，在构架及电杆作业时，地面应有专人监护、联络。使用软梯、挂梯作业或用梯头进行移动作业时，软梯、挂梯或梯头上只准一人工作。工作人员到达梯头上进行工作和梯头开始移动前，应将梯头的封口可靠封闭，否则应使用保护绳防止梯头脱钩。

使用单梯工作时，梯与地面的斜角度约为 60°。人在梯子上时，禁止移动梯子。使用的梯子应坚固完整，有防滑措施。梯子的支柱应能承受作业人员及所携带的工具、材料的总重量。硬质梯子的横档应嵌在支柱上，梯阶的距离不应大于 40cm，并在距梯顶 1m 处设限高标志。梯子不宜绑接使用。人字梯应有限制开度的措施。

利用高空作业车、带电作业车、叉车、高处作业平台等进行高处作业时，高处作业平台应处于稳定状态，需要移动车辆时，作业平台上不准载人。

（8）休息地方。高处作业人员休息不得坐在平台、孔洞边缘。不得骑坐在档杆上或躺在走道板、安全网内休息。

（9）休息时间。高处作业人员必须有足够的休息时间。

实践证明，在高处作业中，切实注意并采取有效的安全措施，高处作业事故是可以避免的。

第四节　起重与搬运

在电力建设、生产过程中，起重和运输也是一项很重要的工作。在施工安装过程中，起重作业人员要与其他安装人员密切配合，采取各种可行手段及时、正确而又安全地将各种设备和组件吊装和搬运到指定地点。如果工作稍有疏忽大意，轻者影响质量和进度，造成经济损失，重者造成人员伤亡。所以从事该项工作的人员，必须经过专门的培训，掌握必要的专业知识和技能，熟悉操作规程和安全知识，并持有有关部门颁发的特殊工种证书。现场其他作业人员则需要掌握起重与运输的有关安全知识，保障起重与运输过程的安全。

一、起重的设备及工具

1. 常用起重设备

起重的设备及工具种类繁多，除大型的桥式、门式、塔式起重机外，在施工现场常见的起重设备是流动式起重机，包括汽车式起重机、轮胎式起重机、履带式起重机等，电力企业常用的斗臂车也属于流动式起重设备。

2. 常用起重工器具

常用的起重工器具包括钢丝绳、千斤顶、链条葫芦、合成纤维吊装带、纤维绳、卸扣、吊钩、滑车和滑车组等。

二、起重作业安全要求

1. 起重作业的一般注意事项

（1）起重设备需经检验检测机构监督检验合格，并在特种设备安全监督管理部门登记。

（2）起重设备的操作人员和指挥人员应经专业技术培训，并经实际操作及有关安全规程考试合格、取得合格证后方可独立上岗作业，其合格证种类应与所操作（指挥）的起重机类型相符合。起重设备作业人员在作业中应严格执行起重设备的操作规程和有关的安全规章制度。

（3）起重设备、吊索具及其他起重工具的工作负荷，不准超过铭牌使用。

（4）起重工作由专人指挥，明确分工；起重指挥信号应简明、统一、畅通。重大物件的起重、搬运工作应由有经验的专人负责，作业前应进行技术交底，使全体人员熟悉起重搬运方案和安全措施。

（5）凡属下列情况之一者，应制定专门的安全技术措施，经本单位分管生产的领导（总工程师）批准，作业时应有技术负责人在场指导，否则不准施工。

1）重量达到起重设备额定负荷的 90% 及以上；

2）两台及以上起重设备抬吊同一物件；

3）起吊重要设备、精密物件、不易吊装的大件或在复杂场所进行大件吊装；

4）爆炸品、危险品必须起吊时；

5）起重设备在带电导体下方或距带电体较近时。

（6）雷雨天时，应停止野外起重作业。遇有 6 级以上的大风时，禁止露天进行起重工作。当风力达到 5 级以上时，受风面积较大的物体不宜起吊。遇有大雾、照明不足、指挥人员看不清各工作地点或起重机操作人员未获得有效指挥时，不准进行起重工作。

（7）移动式起重设备应安置平稳牢固，并应设有制动和逆止装置。禁止使用制动装置失灵或不灵敏的起重机械。

（8）起吊物体应绑扎牢固，若物体有棱角或特别光滑的部位时，在棱角和滑面与绳索（吊带）接触处应加以垫保。起重吊钩应挂在物体的重心线上。起吊电杆等长物件时应选择合理的吊点，并采取防止突然倾倒的措施。

（9）在起吊、牵引过程中，受力钢丝绳的周围、上下方、转向滑车内角侧、吊臂和起吊物的下面，禁止有人逗留和通过。

（10）更换绝缘子和移动导线的作业，当采用单吊线装置时，应采取防止导线脱落的后备保护措施。

（11）吊物上不许站人，禁止作业人员利用吊钩来上升或下降。

2. 起重设备的一般规定

（1）没有得到司机的同意，任何人不准登上起重机。

（2）起重机上应备有灭火装置，驾驶室内应铺橡胶绝缘垫，禁止存放易燃物品。

（3）对在用起重机械应当在每次使用前进行一次经常性检查，并做好记录。起重机械每年至少应做一次全面技术检查。

（4）起吊重物前，应由工作负责人检查悬吊情况及所吊物件的捆绑情况，认为可靠后方准试行起吊。起吊重物稍一离地（或支持物），应再检查悬吊及捆绑情况，认为可靠后方准继续起吊。

（5）禁止与工作无关人员在起重工作区域内行走或停留。

（6）起吊重物不准让其长期悬在空中。有重物悬在空中时，禁止驾驶人员离开驾驶室或做其他工作。

（7）禁止用起重机起吊埋在地下的物件。

（8）在变电站内使用起重机械时，应安装接地装置，接地线就用多股软铜线，其截面应满足接地短路容量的要求，但不得小于 $16mm^2$。

（9）各式起重机应根据需要安设过卷扬限制器、过负荷限制器、起重臂俯仰限制器、行程限制器、联锁开关等安全装置；其起升、变幅、运行、旋转机构都应装设制动器，其中起升和变幅机构的制动器应是常闭式的。臂架式起重机应设有力矩限制器和幅度指示器。铁路起重机应安有夹轨钳。

三、人工搬运

移动设备的工作称为搬运作业。设备的搬运可分为一次搬运和二次搬运。一次搬运是指设备由制造厂运到工地仓库、设备的组装场地或堆放地，这种运输距离较长，通常采用铁路、公路或水路运输。二次搬运是指设备由工地仓库或堆放地运输到安装现场，这种运输距离一般较短，在施工现场常采用人工搬运。

人工搬运作业时的安全要求如下：

（1）搬运的过道应当平坦畅通，如在夜间搬运应有足够的照明。如需经过山地陡坡或凹凸不平之处，应预先制定运输方案，采取必要的安全措施。

（2）装运电杆、变压器和线盘应绑扎牢固，并用绳索绞紧；水泥杆、线盘的周围应塞牢，防止滚动、移动伤人。运载超长、超高或重大物件时，物件重心应与车厢承重中心基本一致，超长物件尾部应设标志。禁止客货混装。

（3）装卸电杆等笨重物件应采取措施，防止散堆伤人。分散卸车时，每卸一根，应防止其余杆件滚动；每卸完一处，应将车上其余的杆件绑扎牢固后，方可继续运送。

（4）使用机械牵引杆件上山，应将杆身绑牢，钢丝绳不得触磨岩石或坚硬地面，牵引路线两侧 5m 以内，不准有人逗留或通过。

（5）人力运输的道路应事先清除障碍物，山区抬运笨重的物件应事先制订运输方案，采取必要的安全措施。

（6）多人抬杠，应同肩，步调一致，起放电杆时应相互呼应协调。重大物件不得直接用肩扛运，雨、雪后抬运物件时应有防滑措施。

（7）用管子滚动搬运应遵守下列规定：

1）应由专人负责指挥。

2）管子承受重物后两端各露出约 30cm，以便调节转向。手动调节管子时，应注意防止手指压伤。

3）上坡时应用木楔垫牢管子，以防管子滚下；同时，无论上坡、下坡，均应对重物采取防止下滑的措施。

起重和搬运在电力建设和生产中是项重要的技术工作，所以，从事起重和搬运的每一个工作人员，都要努力学习和钻研技术，熟悉安全知识和规程，树立"安全为了生产，生产必须安全"的思想，才能有效地工作。

第五节　消　防　安　全

火灾是在时间和空间上失去控制的燃烧所造成的灾害。火是人类从野蛮进化到文明的重要标志。火和其他事物一样具有两重性，一方面给人类带来了光明和温暖，带来了健康和智慧，从而促进人类物质文明的不断发展；另一方面火又是一种具有很大破坏性的多发性的灾害，随着生产生活中用火用电的不断增多，由于人们用火用电管理不慎或者设备故障等原因而不断产生火灾，对人类的生命财产构成了巨大的威胁。

在发变电生产过程中，有许多容易引起火灾的客观因素，如火电厂存有大量的煤，煤粉，原油，可燃气体，汽轮机的透平油和变压器、互感器的绝缘油，发电机冷却用的氢气，多而分布广的电缆以及运行中带油设备的短路电弧等，如果防火措施不力都极容易酿成火灾事故。例如：某 2×300MW 电厂，因火灾事故烧毁各种电缆万余米，厂用变压器及断路器损坏，停电 28 天。又如：某 500kV 变电站因所用电电缆选型不当，造成所用电电缆火灾事故，损失电量 230.8 万 kWh，使国家和集体遭受重大损失，给社会造成重大的影响。

因此，为确保发电厂、变电站及电力生产的消防安全，必须认真贯彻"以防为主，防消结合"的方针。严格执行《中华人民共和国消防法》《电力设备典型消防规程》，切实落实消防及防火技术措施，完善电力生产区域必配的消防设施，提高全体员工的消防安全意识和消防安全知识。

一、燃烧灭火的基本常识

1. 物质燃烧的基本条件和充分条件

（1）物质燃烧须具备以下三个基本条件（必要条件）：

1）可燃物。有气体、液体和固体三态，如煤气、汽油、木材、塑料等。

2）助燃物。泛指空气、氧气及氧化剂。

3）着火源。如电点火源、高温点火源、冲击点火源和化学点火源等。

以上三个条件必须同时具备，并相互结合、相互作用，燃烧才能发生，缺一不可。

（2）燃烧的充分条件。具备了燃烧的必要条件，并不等于燃烧必然发生。在各必要条件中，还有一个"量"的概念，这就是发生燃烧或持续燃烧还须具备充分条件。物质燃烧还须具备三个充分条件：

1）一定的可燃物质浓度。可燃气体或可燃液体的蒸汽与空气混合只在达到一定浓度，才会发生燃烧或爆炸。达不到燃烧所需的浓度，虽有充足的氧气和明火，仍不能发生燃烧。

2）一定的氧含量。各种不同的可燃物发生燃烧，均有最低含氧量要求。低于这一浓度，虽然燃烧的其他必要条件已经具备，燃烧仍不会发生。

3）一定的导致燃烧的能量。各种不同可燃物质发生燃烧，均有固定的最小点火能量要求。达到这一能量才能引起燃烧反应，否则燃烧便不会发生。如：汽油的最小点火能量为 0.2mJ，乙醚为 0.19mJ，甲醇（2.24%）为 0.215mJ。

2. 火灾类型

火灾按着火可燃物类别，一般分为 5 类：

（1）A 类火：固定体有机物质燃烧的火，通常燃烧后会形成炽热的余烬。

（2）B 类火：液体或可熔化固体燃烧的火。

（3）C 类火：气体燃烧的火。

（4）D 类火：金属燃烧的火。

（5）E 类火：燃烧时物质带电的火。

3. 灭火原理

灭火原理就是破坏燃烧三个必要条件中的某个或几个，以达到终止燃烧的目的。可归纳为隔离、冷却、窒息三种基本方式，见表 3-7。

表 3-7　　　　　　　　　　　　　　灭火的基本方法

序号	灭火方法	灭火原理	具体施用方法举例
1	隔离法	使燃烧物和未燃烧物隔离，限定灭火范围	1）搬迁未燃烧物； 2）拆除毗邻燃烧处的建筑物、设备等； 3）断绝燃烧气体、液体的来源； 4）放空未燃烧的气体； 5）抽走未燃烧的液体或放入事故槽； 6）堵截流散的燃烧液体等
2	冷却法	降低燃烧物的温度于燃点之下，从而停止燃烧	1）用水喷洒冷却； 2）用砂土埋燃烧物； 3）往燃烧物上喷泡沫； 4）往燃烧物上喷射二氧化碳等
3	窒息法	稀释燃烧区的氧量，隔绝新鲜空气进入燃烧区	1）往燃烧物上喷射氮气、二氧化碳； 2）往燃烧物上喷洒雾状水、泡沫； 3）用砂土埋燃烧物； 4）用石棉被、湿麻袋捂盖燃烧物； 5）封闭着火的建筑物和设备孔洞等

二、消防设施及器材

（一）火灾自动报警系统

火灾自动报警系统主要由火灾探测器或手动火灾报警控制器组成，分为区域报警、集中报警和控制中心报警 3 种。

区域报警系统由火灾探测器或手动火灾报警按钮及区域火灾报警控制器组成，适用于较小范围的保护，如图 3-11 所示。集中报警系统由火灾探测器或手动火灾报警按钮、区域火灾报警控制器和集中火灾报警器组成，适用较大范围内多个区域的保护，如图3-12所示。更进一步的控制中心报警系统，是由火灾探测器或手动火灾报警按钮、区域火灾报警控制器、集中火灾报警控制器以及消防控制设备组成，如图3-13所示。通常集中火灾报警控制器设在控制设备内，组成控制装置。

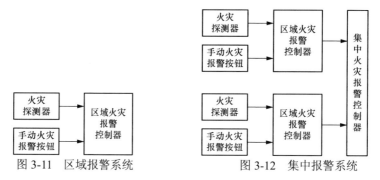

图 3-11　区域报警系统　　　　　　图 3-12　集中报警系统

探测器是报警系统的"感觉器官"，它的作用是监视环境中有没有火灾发生。一有火情，立即向火灾报警控制器发送报警信号。火灾探测器是探测火灾的传感器，由于在火灾发生的阶段，将伴随产生烟雾、高温和火光。这些烟、热和光可以通过探测器转变为电信号通过火灾报警控制器发出声、光报警信号，若装有自动灭火系统则启动自动灭火系统，及时扑灭火灾。

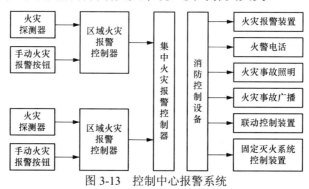

图 3-13　控制中心报警系统

火灾报警控制器是一种能为火灾探测器供电，接收、显示和传递火灾报警信号，并能对自动消防等装置发出控制信号的报警装置，它的主要作用是供给火灾探测器稳定的直流电流，监视连接各处火灾探测器的传输导线有无断线故障，保证火灾探测器长期、稳定、有效地工作。当探测器探测到火灾后，能接收火灾探测器发来的报警信号，迅速、正确地进行转换处理，并以声、光报警形式，指示火灾发生的具体部位。火灾报警控制器分为区域火灾报警控制器和集中火灾报警控制器两种。

火灾报警设备应由受过专门培训的人员负责操作、管理和维修，其他人员不得随意触动。为确保运行正常，应定期通过手动检查装置检查火灾报警控制器各项功能。定期进行主、备电源自动转换试验，定期全面进行一次实效模拟试验，发现问题及时处理。对常见的主、备电源故障，应检查输入和充电设备装置是否完好，熔丝是否烧断，连接线是否脱开。发现探测回路故障，应检查探测器是否被人取下，终端监控器及探测回路线路接线是否完好。在发生误报警时应勘察探测器有无蒸汽、粉尘的干扰，若无干扰因素而频繁误报，应更换探测器，难以查处的故障应由专业人员或单位修复。

（二）固定式自动灭火系统

固定式灭火系统由固定设置的灭火剂供应源、管路、喷放器件和控制装置组成。火电厂中 200MW 及以上机组的车间（输煤栈桥及有必要装设的仓库）电缆夹层等处都应装设相应的固定自动灭火装置。

1. 自动喷水灭火系统

各种灭火剂中，水最广泛、价格低廉，水不但可以直接扑救火灾，其冷却作用也是其他灭火剂无法比拟的。

自动喷水灭火系统具有工作性能稳定、适应范围广、安全可靠、维护简便、投资少、不污染环境等优点，广泛应用于一切可以用于灭火的建筑物、构筑物和保护对象。

常见的湿式系统如图 3-14 所示，其工作原理流程如图 3-15 所示。湿式系

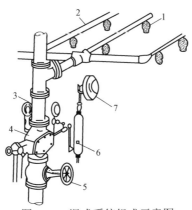

图 3-14　湿式系统组成示意图

1—闭式喷头；2—供水管路；3—压力表；4—湿式阀；5—水源闸阀；6—延迟器；7—水力警铃

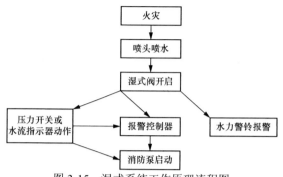

图 3-15　湿式系统工作原理流程图

统由闭式喷头、湿式阀、水力警铃和供水管路组成。该系统具有自动探测、报警和喷水的功能，可与火灾自动报警装置联合使用，使其功能更加安全可靠。因其供水管路和喷头内始终充满水，称为湿式或湿系统。当火灾发生时，火焰或高温气流使闭式喷头的感温元件动作，喷头开启，喷水灭火。水在管路中流动，冲开湿式阀，水力使警铃报警。当系统中装有压力开关或水流指示器时，可将报警信号送到报警控制器或控制室，亦可以此联动消防泵工作。

　　干式系统适用寒冷和高温场所，因其管路和喷头内平时无水，称为干式系统。该系统由干式喷头、干式阀、水力警铃、排气加速器，自动充气装置和供水管路组成，如图 3-16 所示。可以独立完成自动探测、报警和喷水任务，也可以与火灾自动探测报警装置联合使用。着火时，喷头感温开启，管路中的压缩空气从喷头喷出。使干式阀出口侧压力下降，干式阀被自动打开，水进入管路由喷头喷出，同时使水流冲击警铃发报警信号。若系统装有压力开关，可将报警送至报警控制器，也可联动消防泵投入运行。其原理流程如图 3-17 所示。必要时该系统可干—湿交替使用，但管理维护量大，腐蚀大，应用较少。

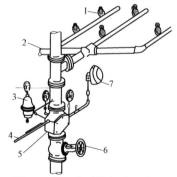

图 3-16　干式系统组成示意图

1—干式喷头或直立型喷头；2—供水管路；3—排气加速器；4—气源；5—干式阀；
6—水源阀；7—水力警铃

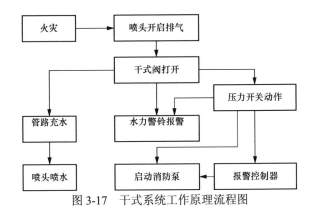

图 3-17　干式系统工作原理流程图

自动喷水灭火系统应由受过专门培训的人员负责操作和维护，确保随时投入工作。为此，应做到定期检查水源的水量和水压、消防泵动力、报警阀的充气装置工作状况，定期检查喷头外表，用压缩空气或软布洁净粉尘、油污。还要对报警阀、警铃和管阀水源消防泵作性能检查试验；检查火灾探测报警装置和压力开关、水流指示器，发现故障及时检修更换。当灭火系统动作后，应做好恢复工作，在确认火灾已扑灭时，按规定步骤使系统重新恢复到正常待用状态。

2. 泡沫灭火系统

泡沫喷淋灭火系统分吸入空气和非吸入空气两种。其主要区别在于喷头是否吸入空气，不吸入空气时，喷出泡沫倍数低。当被保护的危险性场所起火后，自动探测系统报警，如安装有自动控制装置可自动启动消防泵，打开泵出口阀和泡沫比例混合器阀，通过管道送到泡沫喷头，将泡沫喷淋到被保护的危险物品表面，起到冷却降温、阻挡辐射热和覆盖窒息灭火作用。

吸入型泡沫喷淋灭火系统适用于室内外易燃液体发生泄漏，甚至是大量泄漏起火时进行初期防护，如对装卸油口的栈桥、卧式油罐、油泵房、烧油锅炉房及浸液槽等，能进行有效的防护，但不适于扑救石油液化气或压缩气体引起的火灾，如丁烷、丙烷等引起的火灾；也不适宜扑救与水发生剧烈反应或与水反应生成有害物质的火灾；此外也不适用于电气设备火灾的扑救。

合成型泡沫喷雾灭火系统操作及维护。主变压器合成型泡沫喷雾灭火系统原理图如图 3-18 所示。

合成型泡沫喷雾灭火系统应有完善的操作、维护管理规程，并由经过专业培训的人员进行操作和维护管理，从而确保灭火系统能够正常工作。

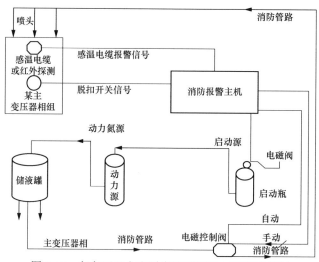

图 3-18 主变压器合成型泡沫喷雾灭火系统原理图

（1）使用操作。

警戒状态：平时，本系统氮气动力源处于警戒待用状态。高压钢瓶中的压缩气体被瓶头容器阀可靠地密封在钢瓶内，容器阀以外的部件和管路均处于常压状态，钢瓶内的压力可以通过一个高压阀门和一只压力表测出。

"自动"状态启动过程（即消防报警主机设置在自动状态）：当系统采用"自动"启动方式时，在接到同一个防护区内两组独立的火灾探测报警信号后才能启动。过程如下：消防报警主机接到感温电缆报警信号后发出火灾声光警报，以提醒防护区内的人员火情确认；主变压器失电脱扣开关动作报警主机确认主变压器断电。火灾报警控制盘在接收两组独立信号后启动氮气启动瓶再启动氮气动力瓶，延时 30s（10～30s 现场可调）后启动对应防护区的电动阀喷射合成泡沫灭火剂进行灭火。注：这时报警主机上出现 4 个报警信号和一个电源启动信号，在报警主机上显示，例如：对应主变压器某相感温电缆报警信号、脱口开关动作信号某号主变压器 A 相、某号主变压器 B 相、某号主变压器 C 相和一个启动电源信号。

"手动"状态启动过程（即消防报警主机设置在手动状态）：当系统采用"手动"启动方式时，在接到同一个防护区内两组独立的火灾探测报警信号（消防报警主机出现的报警信号同上），值班人员迅速现场确认，并且确认主变压器确已失电时，在消防报警主机上，立即"按下"泡沫灭火系统"启动"按钮，过10～30s 后在消防报警主机上再"按下"对应的电磁阀"启动"按钮。操作过程原理说明：

1）"按下"泡沫灭火系统"启动"按钮，这一步就是远方打开"启动"瓶上的电磁阀，阀内撞针撞破密封膜片，释放出来的气体冲破氮气动力源密封膜片，启动氮气动力源。动力源钢瓶内的高压气体随即出瓶，通过瓶头容器阀进入减压阀，减至一定压力后，再输送到储液罐中。

2）过 10～30s 后在消防报警主机上再"按下"电磁阀"启动"按钮，此步就是让储液罐的压力逐渐增高，让其压力达到 0.6～0.65MPa（压力超过规定压力时，安全阀自动打开，出厂时已调好），再开启电磁阀，使其用氮气推动灭火剂，通过喷头雾化对主变压器进行灭火。

应急启动过程：在停电、控制装置失灵等情况下，无法通过火灾报警联动控制系统（自动或手动）启动氮气动力源时，火灾确认后，并确认主变压器确已失电，可由操作人员在场地泡沫灭火室紧急启动，方法是操作人员拔掉启动源瓶头电磁阀上的保险卡环，然后敲打电磁阀上的铜按钮电磁阀，来"启动"启动瓶，从而启动氮气动力源，当罐内压力达到 0.6～0.65MPa 时使用专用扳手打开对应需要灭火的主变压器电磁控制阀（对应的主变压器相），从而启动灭火系统，当敲打启动瓶电磁阀上的铜按钮电磁阀不能启动氮气动力源时，应逐个启动氮气动力瓶，方法是逐个拔掉保险卡环，扳动启动拉环。

灭火系统恢复：本系统中的氮气动力源及合成泡沫灭火剂只供一次灭火喷放使用。灭火结束后，必须将氮气动力源的所有空瓶重新充气并复位，以供下次使用，同时将储液罐重新罐装灭火剂。

（2）日常巡视管理。

储液罐：目测巡检完好状态，无碰撞变形及其他机械性损伤，观察窗玻璃是否完好，每月检查一次。

氮气启动源：目测巡检完好状态，无碰撞变形及其他机械性损伤；目测检查铅封完好状态，压力表检查表值为"0"（压力表有压力表示有漏气现象），每月检查一次。

氮气启动源压力检测：检测压力，压力值不应小于 4MPa，每年检查一次。

氮气动力源：目测巡检完好状态，无碰撞变形及其他机械性损伤；目测检查铅封完好状态，压力表检查表值为"0"（压力表有压力表示有漏气现象），每月检查一次。

氮气动力源压力检测：检测压力，压力值不应小于 8MPa，每年检查一次。

电磁阀巡检：目测巡检完好状态，无碰撞变形及其他机械性损伤，目测表

盘为 "CLOSE" 状态，每月检查一次。

减压阀巡检：目测巡检完好状态，无碰撞变形及其他机械性损伤，每月检查一次。

安全泄压阀：无碰撞变形及其他机械性损伤，每月检查一次。

水雾喷头：目测巡检完好状态，检查有无异物堵塞喷头，每月检查一次。

设备房：温度计检查室温，室温不得低于 0℃，寒冷季节每天检查一次。

3. 七氟丙烷灭火系统

由于海龙 1301、1211 灭火剂对臭氧层的影响，根据世界环保组织及我国政府有关规定，1301、1211 灭火剂将逐步停止生产直至 21 世纪初停止使用。由于七氟丙烷不含有氯或溴，不会对大气臭氧层发生破坏作用，所以被用来替换对环境有危害的海龙 1301 和海龙 1211 作为灭火剂的原料。七氟丙烷在大气中的生命周期约为 31～42 年，而且在释出后不会留下残余物或油渍，也可透过正常排气通道排走，所以很适合作为数据中心或服务器存放中心的灭火剂。通常这些地方都会把一罐含有压缩了的七氟丙烷的罐安装在楼层顶部，当火警发生时，七氟丙烷从罐的出气口排出，迅速把火警发生场所的氧气排走并冷却火警发生处，从而达到灭火的目的。

七氟丙烷虽然在室温下比较稳定，但在高温下仍然会分解，并产生氟化氢，并伴有刺鼻的味道，其他燃烧产物还包括一氧化碳和二氧化碳。触液态七氟丙烷可以导致冻伤。

七氟丙烷在常温下气态，无色无味、不导电、无腐蚀，无环保限制，大气存留期较短。灭火机理主要是惰化火焰中的活性自由基，中断燃烧链，灭火速度极快，这对抢救性保护精密电子设备及贵重物品是有利的。七氟丙烷的无毒性反应（NOAEL）浓度为 9%，有毒性反应（LOAEL）浓度为 10.5%，七氟丙烷的设计浓度一般小于 10%，对人体安全。其特点是具有良好的清洁性（在大气中完全汽化不留残渣）、良好的气相电绝缘性及良好的适用于灭火系统使用的物理性能。20 世纪 90 年代初，工业发达国家首选用七氟丙烷替代海龙灭火系统并取得成功。

七氟丙烷灭火装置分为有管网和无管网（柜式）两种。

（1）有管网七氟丙烷灭火系统由灭火瓶组、高压软管、灭火剂单向阀、启动瓶组、安全泄压阀、选择阀、压力信号器、喷头、高压管道、高压管件等组成，如图 3-19 所示。七氟丙烷气体灭火系统的灭火剂贮存瓶平时放置在专用钢瓶间内，通过管网连接，在火灾发生时，将灭火剂由钢瓶间输送到需要灭火的防护区内，通过喷头喷放灭火。

（2）柜式七氟丙烷灭火系统贮瓶置于柜体内，如图3-20所示，每套灭火装置包含灭火剂贮存瓶、平头控制阀、安全阀、手动阀、压力表、连接管（含弯头）、喷头、七氟丙烷灭火剂。贮存瓶根据容积大小可分为不同的型号，如QMP60-PL，容积60L；QMP180-PL，容积180L，可根据防护区的容积选择贮存瓶。采用螺旋头或径向反射型喷头，使灭火剂能迅速、均匀地充满整个防护区。

图3-19　有管网七氟丙烷灭火系统

七氟丙烷灭火系统适用于电子计算机房、图书馆、档案馆、贵重物品库、电站（变压器室）、电讯中心、洁净厂房等重点部位的消防保护。

4. 二氧化碳灭火系统

二氧化碳灭火系统是通过向保护区或保护对象释放二氧化碳灭火剂来灭火的，它的原理是减少空气中的含氧比例，使含氧量降低到12%以下或二氧化碳含量达30%～35%，一般可燃物质燃烧就被窒息。当二氧化碳含量达到43.6%时，能抑制汽油蒸气及其他易燃气体的爆炸。

图3-20　柜式七氟丙烷灭火系统

二氧化碳灭火效果逊于卤代烷，但灭火剂价格是卤代烷的1/50左右，与水灭火剂比较具有不沾污物品，没有水渍损害和不导电等优点，故应用比较广泛，使用量仅次于喷水灭火系统。

灭火系统按规定要求进行常规和定期检查保养，注意检查起动瓶上的压力降低值不得大于最小充装压力的10%，否则应查明原因，处理后充足气量。

（三）移动式灭火器材及使用

发电厂、变电站除按规范、标准要求设置自动报警和固定式自动灭火系统外，对其他可能发生火灾的地方，应设置移动式灭火器。目前常用的移动式灭火器主要有水基型、干粉、洁净气体和二氧化碳灭火器。

结合电力生产现场的燃烧物质种类，灭火器选择和配置数量，应按照《电力设备典型消防规程》要求来确定，各类灭火器适用情况见表3-8。

表3-8   灭火器适用性表

| | 水基型灭火器 | | | | 干粉灭火器 | | 洁净气体灭火器 | 二氧化碳灭火器 |
| | 水型灭火器 | | 泡沫灭火器 | | | | | |
	清水	含可灭B类火的添加剂	机械泡沫	抗溶泡沫	ABC类干粉（磷酸铵盐）	BC类干粉（碳酸氢钠）		
A类（固体物质）火灾场所	适用		适用		适用	不适用	适用	不适用
	水能冷却并穿透火焰和固体可燃物质而灭火，并可有效地防止复燃		具有冷却和覆盖可燃物表面并使其与空气隔绝的作用		粉剂能附着在固体可燃物的表面层，起到窒息火焰的作用	碳酸氢钠对固体可燃物无黏附作用，只能控火，不能灭火	具有扑灭A类火灾的效能；洁净气体灭火器的灭火机理和适用性，与卤代烷1211灭火器类同	灭火器喷出的二氧化碳无液滴，全是气体，对扑灭A类火基本无效
B类（液体或可熔化固体物质）火灾场所	不适用	适用	适用	适用	适用		适用	适用
	水柱射流直接冲击油面，会激溅油火，致使火势蔓延，造成灭火困难	添加了能灭B类火的添加剂，加上喷雾功能，可灭B类火	适用于扑救非极性溶剂和油品火灾，覆盖可燃物表面，使其与空气隔绝	适用于扑救极性溶剂火灾	干粉灭火剂能快速窒息火焰，具有中断燃烧过程的连锁反应的化学活性		洁净气体灭火剂能快速窒息火焰，抑制燃烧连锁反应，而中止燃烧过程	二氧化碳靠气体堆积在燃烧物表面，稀释并隔绝空气
C类（气体物质）火灾场所	不适用		不适用		适用		适用	适用
	灭火器喷出的细小水流对扑灭气体火灾作用很小，基本无效		泡沫对可燃液体火灭火有效，但扑救可燃气体火基本无效		喷射干粉灭火剂能快速扑灭气体火焰，具有中断燃烧过程的连锁反应的化学活性		洁净气体灭火剂能抑制燃烧连锁反应，中止燃烧	二氧化碳窒息灭火，不留残迹，不污损设备
E类（电气设备）火灾场所	不适用		不适用		适用	适用	适用	适用
	灭火剂含水，导电，其击穿电压和绝缘电阻等性能指标不符合带电灭火的要求，存在电击伤人等危险				干粉、洁净气体、二氧化碳灭火剂的电绝缘性能合格，带电灭火安全			

续表

水基型灭火器				干粉灭火器		洁净气体灭火器	二氧化碳灭火器
水型灭火器		泡沫灭火器					
清水	含可灭B类火的添加剂	机械泡沫	抗溶泡沫	ABC类干粉（磷酸铵盐）	BC类干粉（碳酸氢钠）		
				适用于扑灭带电的A类、B类、C类火	适用于扑灭带电的B类、C类火	适用于扑灭带电的A类、B类、C类火	适用于扑灭带电的B类、C类火，但不得选用装有金属喇叭喷筒的二氧化碳灭火器

注　灭火剂选用需兼顾灭火有效性、对设备及人体的影响。

1. 泡沫灭火器

筒身内悬挂装有硫酸铝水溶液和碳酸氢钠发沫剂的混合溶液。使用时勿颠倒。

泡沫灭火器适用于扑救油脂类、石油类产品及一般固体物质的初起火灾。筒内溶液一般每年更换一次。

2. 二氧化碳灭火器

二氧化碳成液态灌入钢瓶内，在20℃时钢瓶内的压力为6MPa，使用时液态二氧化碳从灭火器喷出后迅速蒸发，变成固体雪花状的二氧化碳，又称干冰，其温度为-78℃。固体二氧化碳在燃烧物体上迅速挥发而变成气体。当二氧化碳气体在空气含量达到30%～35%时，物质燃烧就会停止。

二氧化碳灭火器主要适用于扑救贵重设备、档案资料、仪器仪表、额定电压低于600V的电器及油脂等的火灾。但不适用于扑灭金属钾、钠的燃烧。

二氧化碳灭火器分为手轮和鸭嘴式两种手提灭火器，大容量的有推车式。鸭嘴式用法，一手拿喷筒对准火源，一手握紧鸭舌，气体即可喷出，如图3-21所示。二氧化碳是电的不良导体，但电压超过600V时，必须先停电后灭火。二氧化碳怕高温，存放点温度不应超过42℃。使用时不要用手摸金属导管，也不要把喷筒对着人，以防冻伤。喷射方向应顺风。一般每季检查二次，当二氧化碳重量比额定重量少1/10，即应灌装。

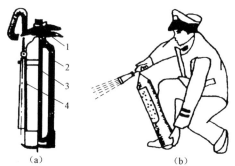

图 3-21　鸭嘴式二氧化碳灭火示意图
（a）结构图；（b）使用方法
1—启闭阀门；2—器桶；3—虹吸管摊喷筒；4—喷嘴

3. 干粉灭火器

干粉灭火器主要适用于扑救石油及其产品、可燃气体和电器设备的初起火灾。

使用干粉灭火器时先打开保险销，把喷管口对准火源，另一手紧握导杆提环并将顶针压下，干粉即喷出，如图 3-22 所示。

干粉灭火器应保持干燥、密封，以防止干粉结块，同时应防止日光曝晒，以防二氧化碳受热膨胀而发生漏气。干粉灭火器有手提和推车式两种。

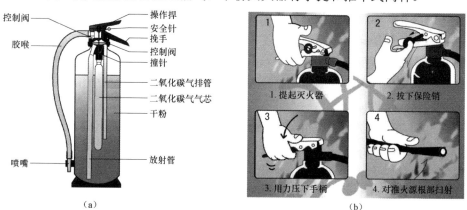

图 3-22　干粉灭火器示意图
（a）结构图；（b）使用方法

（四）其他消防用具

消火栓是接通消防供水的阀门，与水龙带及其后的水枪接通，可用于扑灭室内外火灾。水枪可根据需要，选用直喷（喷射密集充实水流）、开花（既可喷射密集充实水流，又可喷射开花水，用于冷却容器外壁，阻隔辐射掩护灭火人员靠近火区）、喷雾型（直流水枪口加装一只双级离心喷雾头，喷出水雾，扑救油类火灾及油浸变压器、油断路器电气设备、煤粉系统火灾）。

三、电力生产火灾事故及预防

1. 电力生产火灾的特点

从众多供电企业的火灾事故看，除了雷击、物质自燃、地震等自然原因引发的火灾外，主要都是由于各种供用电设备安装使用不当、违反安全操作规程规定和用火不慎等人为因素引起的。

常见的供电企业电力生产火灾事故主要集中在变、配电站的变压器、电抗器、电缆等设备上，而这部分火灾具有以下特点：

（1）燃烧猛烈，蔓延迅速，易发生爆炸，扩大火势。

（2）火焰高，辐射热强。其火焰可高达数十米，并对其四周产生强烈的热辐射。

（3）易形成沸溢与喷溅。

（4）易造成大面积燃烧。变压器油发生沸溢、喷溅现象，瞬间即可造成大面积燃烧，对在火场内的人员、设备造成极大的威胁。

（5）电缆的绝缘层可燃，火势易顺着电缆蔓延，且燃烧产生有毒有害气体。

2. 电力生产火灾的主要起因

（1）违反电气安装安全规定，具体包括：

1）电缆、导线选用、安装不当。

2）变电设备、用电设备安装不符合规定。

3）使用不合格的熔丝；或用铜、铁丝代替熔丝。

4）没有安装避雷装置或避雷装置安装不当、接地电阻不符合要求。

5）没有安装除静电设备或安装不当。

6）没有安装剩余电流动作保护器或安装不当。

（2）违反电气使用安全规定，具体包括：

1）发生短路。短路是指运用中的电气设备（线路）上，由于某种原因相接或相碰，阻抗突然减小，电流突然增大的现象。产生短路现象的原因主要有：导线绝缘老化；导线裸露相碰；导线与导电体搭接；导线受潮或被水浸湿；对地短路、电气设备绝缘击穿；插座短路等。

2）过负荷。过负荷又称过负载或过载，是指电气设备通过的电流量超过了设备安全载流量的现象。安全载流量是电气设备允许通过而不致使设备过热的电流量。产生过负荷现象的原因主要有：乱用保险丝；电气设备超负荷；保险丝熔断冒火；电气、导线过热起火等。

3）接触电阻过大。接触电阻过大是指在电气设备的连接处，由于接触不良，使局部电阻过大，致使电气设备在接线和接头等部位出现炽热的现象。这种现象不是由于故障产生过电流而引起，而是由接触不良而造成的。产生接触电阻过大现象的原因主要有：连接松动；导线连接处有杂质；导线连接未焊接；接头触点处理不当等。

4）其他原因。电缆、电力管路未进行防火封堵或封堵不规范；PVC 等管路未经防火检测；电热器接触可燃物；电气设备摩擦发热打火；静电放电；导线断裂、风偏引起的碰线；忘记切断电源等。

（3）违反安全操作规定，具体包括：

1）违章使用电焊气焊。在存有可燃气体、易燃液体等危险性大的场所动火工作未对可燃气体含量测定；在带电带压的设备上进行焊接；焊割处有易燃物质；焊割设备发生故障；焊割有易燃物品的设备；违反动火规定等。

2）违章烘烤。超温烘烤可燃设备；烘烤设备不严密；烘烤物距火源近；烘烤作业无人监视等。

3）储存运输不当。储运中的易燃易爆物质挥发或液体外溢；储运的物品遇火源；化学物品混存；摩擦撞击；车辆故障起火等。

4）违反操作规程，不按照操作流程操作。如带负荷拉闸等。

5）其他。设备缺乏维修保养；仪器仪表失灵；违反用火规定；易燃易爆物接触火源；车辆排气管喷出火星等。

（4）工艺布置不合理。易燃易爆场所未采取相应的防火防爆措施，设备缺乏维护、检修，或检修质量低劣。

（5）自燃。易燃或可燃物品受热自燃，如棉纱、油布、沾油铁屑等放置不当，在一定条件下自燃起火；煤堆自燃；化学活性物质遇空气或遇水自燃；氧化性物质与还原性物质混合自燃等。

（6）设计、制造原因。电气设备（设施）在设计、制造时就存在缺陷。如设备选型不当、制造工艺不规范等。

3. 预防措施

（1）技术措施，具体包括：

1）防止形成燃爆的介质。这可以用通风的办法来降低燃爆物质的浓度，使它达不到爆炸极限；也可以用不燃或难燃物质来代替易燃物质。如用水质清洗剂来代替汽油清洗零件，这样既可以防止火灾、爆炸，还可以防止汽油中毒。

另外，也可采用限制可燃物的使用量和存放量的措施，使其达不到燃烧、爆炸的危险限度。

2）防止产生着火源，使火灾、爆炸不具备发生的条件。应严格控制8种着火源，即冲击摩擦、明火、高温表面、自燃发热、绝热压缩、电火花、静电火花和光热射线。

3）安装防火防爆安全装置。如阻火器、防爆片、防爆窗、阻火闸门以及安全阀等。

（2）组织管理措施，具体包括：

1）加强对防火防爆工作的管理。企业（单位）各级领导主要负责人作为本企业（单位）消防第一责任人，要高度重视企业防火防爆工作，建立和完善本企业（单位）消防组织机构，落实相关费用和管理人员。

2）建立和完善消防安全教育和培训制度，定期防火检查制度，每日防火巡查制度，消防安全疏散设施管理制度，火灾隐患整改制度，用电用火安全管理制度，灭火和应急疏散预案演练制度，燃气和电气设备检查和管理制度，消防控制室值班制度，消防安全工作考评和奖惩制度，志愿消防队管理制度，易燃易爆危险品和场所防火防爆管理制度等消防安全制度。

3）加强消防安全"四个能力"（检查消除火灾隐患能力、组织扑救初起火灾能力、组织人员疏散逃生能力、消防宣传教育培训能力）建设。

4）按规定组织开展消防安全教育培训和消防演练，提高员工火场逃生自救互救基本技能，使每个员工达到"四懂四会"（"四懂"：懂本岗位的火灾危险性，懂火灾预防措施，懂初起火灾的扑救方法，懂火场的逃生方法。"四会"：会报警，会使用消防器材，会扑救初起火灾，会正确引导疏散）。

4. 常见电气设备（场所）的防火

（1）充油电气设备防火。电力生产企业应用着大量的充油式电气设备，如发电厂及变电站的充油式变压器、电抗器、互感器、电力电容器、断路器等，其设备内部的油受到强电流，造成绝缘被击穿，或在高温或电弧的作用，发热易分解析出一些易燃气体，在电弧或火花的作用下极易爆炸和燃烧，引发火灾。因此，在运行中应做到以下防火防爆注意事项：

1）不能过载运行。长期过载运行，会引起线圈发热，使绝缘逐渐老化，造成短路。

2）经常检验绝缘油质。油质应定期化验，不合格油应及时更换，或采取其他措施。

3）防止变压器铁芯绝缘老化损坏，铁芯长期发热造成绝缘老化。

4）防止因检修不慎破坏绝缘，如果发现擦破损伤，应及时处理。

5）保证导线接触良好，防止接触不良产生局部过热。

6）防止雷击，变压器等会因击穿绝缘而烧毁。

7）短路保护。变压器线圈或负载发生短路，如果保护系统失灵或保护定值过大，就可能烧毁变压器，为此要安装可靠的短路保护。

8）良好可靠的接地。

9）通风和冷却。如果变压器线圈导线是 A 级绝缘，其绝缘体以纸和棉纱为主。温度每升高 8℃其绝缘寿命要减少一半左右；变压器正常温度 90℃以下运行，寿命约 20 年；若温度升至 105℃，则寿命为 7 年。变压器运行，要保持良好的通风和冷却。

（2）电缆防火。电缆火灾事故大多发生在电力生产系统，特别是发电厂和变电站等生产场所，因为这些场所使用的电缆遍布各个角落且数量众多，采用隧道或架空密集敷设，有些电缆还处在与高温物体靠近平行或交错布置的恶劣环境中；在电缆夹层室电缆布置密度就更高，且都存在电缆竖井高差形成的自然抽风，特别是充油电缆其电缆绝缘物属高热值易燃材料，而动力电缆在运行中处于发热状态。这些特殊条件下，不论是电缆本身故障产生的电弧还是电缆外部环境失火都会造成电缆起火并迅速沿其延燃，造成灾难性的后果。在发电厂、变电站生产现场发生的所有大的火灾事故，都导致电缆着火或是通过电缆延燃扩大火灾事故。因此，重视电力生产现场电缆防火是十分迫切而又重要的一项安全工作。要做好电缆火灾预防工作，必须认真落实以下防范措施：

1）严格按正确的设计图册施工，做到布线整齐，各类电缆按规定分层布置，电缆的弯曲半径应符合要求，避免任意交叉并留出足够的人行通道。

2）控制室、开关室、计算机室等通往电缆夹层、隧道、穿越楼板、墙壁、柜、盘等处的所有电缆孔洞和盘面之间的缝隙（含电缆穿墙套管与电缆之间缝隙）必须采用合格的不燃或阻燃材料封堵。

3）扩建工程敷设电缆时，应加强与运行单位密切配合，对贯穿在役机组产生的电缆孔洞和损伤的阻火墙，应及时恢复封堵。

4）电缆竖井和电缆沟应分段做防火隔离，对敷设在隧道和厂房内构架上的电缆要采取分段阻燃措施。

5）靠近高温管道、阀门等热体的电缆应有隔热措施，靠近带油设备的电缆沟盖板应密封。

6）应尽量减少电缆中间接头的数量。如需要，应按工艺要求制作安装电缆头，经质量验收合格后，再用耐火防爆槽盒将其封闭。

7）建立健全电缆维护、检查及防火、报警等各项规章制度。坚持定期巡视检查，对电缆中间接头定期测温，按规定进行预防性试验。

8）电缆沟应保持清洁，不积粉尘，不积水，安全电压的照明充足，禁止堆放杂物。锅炉、燃煤储运车间内架空电缆上的粉尘应定期清扫。

（3）酸性蓄电池室的防火防爆。变（配）电站中，酸性蓄电池组由蓄电池串联而成，以作为变电站的直流电源。蓄电池的主要危险性在于它在充电或放电过程中会析出氢气，同时产生一定的热量。氢气和空气混合能形成爆炸气混合物，且其爆炸的上、下限范围较大（下限为 4%，上限为 75%），点火能量很小，只有 0.019mJ，极微小的明火，如腈纶衣服因摩擦而产生的静电火花，就能引起爆炸，另外猛烈的撞击也会引起爆炸。因此蓄电池室具有较大的火灾、爆炸危险性。酸性蓄电池室的防火防爆措施主要有：

1）新、改、扩建蓄电池室要严格贯彻"三同时"原则，即防火防爆措施及安全设施，必须与主体工程同时设计、同时施工、同时投入生产使用。

2）酸性蓄电池室应保持良好的通风。如自然通风不能满足通风要求时，可采用机械通风设施，并应符合防火防爆要求。

3）不允许在室内安装开关、熔断器、插座等可能产生火花的电器，电气线路应加耐酸的套管保护，穿墙的导线应在穿墙处安装瓷管，并应用耐酸材料将管口四周封堵。蓄电池的汇流排和母线相互连接处，必须采用母线，与蓄电池电池连接处还必须镀锡防护，以免硫酸腐蚀，造成接触电阻过大而产生火花。

4）蓄电池充电时不宜采用过大电流，以免发热过高，并必须将蓄电池组的全部加液口盖拧下，使产生的氢气可自由逸出。测定充电是否完毕，必须采用电解液化重计。室内使用的扳手等工具，应在手柄上包上绝缘层，以防不慎碰撞产生火花。

5）硫酸与一些有机物接触时会发热，可能引起燃烧。因此，蓄电池室应保持清洁，严禁在室内储存纸张、棉纱等可燃物品。

6）蓄电池室的取暖，最好使用热风设备，并设在充电室以外，将热风用专门管道输送室内。如在室内使用水暖或蒸汽采暖时，只允许安装无接缝的或者焊接的且无汽水门的暖气设备，不设法兰式接头或阀门，以防漏气、漏水。

7）蓄电池室周围 30m 内不准明火作业。充电室内需要进行焊接动火时，必须严格执行动火作业工作票制度，动火前应停止充电，并通风 2h 以后，经取样化验和用测爆仪测定，符合安全要求时方能动火。在焊接时必须连续通风，焊接地点与其他蓄电池应用石棉板隔离起来。

（4）油系统防火。油系统的法兰禁止使用塑料垫或橡皮垫；油管道法兰、阀门及可能漏泄部位附近不准有明火，必须明火作业时要采取有效措施。附近的热管道或其他热体保温层应坚固完整，并包好铁皮。卸油区及油灌区须有避雷、接地及防静电装置。油区的各项设施应符合防火、防爆要求，消防设施应完善，防火标志要明显，防火制度要健全，严禁吸烟，严禁将火种带进油区，严格执行防火制度、动火作业票制度。

（5）林区野外作业防火。林区野外作业容易发生森林火灾，森林火灾不仅能烧死许多树木，降低林分密度，破坏森林结构；同时还引起树种演替，向低价值的树种、灌丛、杂草更替，降低森林利用价值。由于森林烧毁，造成林地裸露，失去森林涵养水源和保持水土的作用，将引起水涝、干旱、山洪、泥石流、滑坡、风沙等其他自然灾害发生。被火烧伤的林木，生长衰退，为森林病虫害的大量衍生提供了有利环境，加速了林木的死亡。森林火灾后，促使森林环境发生急剧变化，使天气、水域和土壤等森林生态受到干扰，失去平衡，往往需要几十年或上百年才能得到恢复。森林火灾能烧毁林区各种生产设施和建筑物，威胁森林附近的村镇，危及林区人民生命财产的安全，同时森林火灾能烧死并驱走珍贵的禽兽。森林火灾发生时还会产生大量烟雾，污染空气环境。此外，扑救森林火灾要消耗大量的人力、物力和财力，影响工农业生产。森林火灾影响输配电线路的安全运行，危及电网安全运行，有时还造成人身伤亡，影响社会的安定。

我国森林防火的方针是"预防为主，积极消灭"。

森林火险等级分为五级。一级为难以燃烧的天气可以进行用火；二级为不易燃烧的天气，可以进行用火，但防止可能走火；三级为能够燃烧的天气，要控制用火；四级为容易燃烧的高火险天气，林区应停止用火；五级为极易燃烧的最高等级火险天气，要严禁一切里外用火。

在森林防火期内林区禁止野外用火。因特殊情况需要用火的，必须严格申请批准手续，并领取野外用火许可证。

进入林区必须做到"五不准"。"五不准"是指不准在林区内乱扔烟蒂、火柴梗；不准在林区风燃放爆竹、焰火；不准在林区内烧火驱兽；不准在林区内烧火取暖、烧烤食物；不准在林区内玩火取乐。

（6）电气火灾的安全扑救。电气火灾事故与一般火灾事故有不同的特点：

①火灾时电气设备带电，若是不注意，可能使扑救人员触电；②有的较多的电气设备充有大量的油。因此应特别注意以下几项：

1）采取断电措施，防止扑救人员触电。在火灾发生时要立即切断电源，应尽可能通知电力部门切断着火地段电源。在现场切断电源时，应就近将电源开关拉开，或使用绝缘工具切断电源线路。切断低压配电线路时，不要选择同一地点剪断，防止短路。选择断电位置要适当，不要影响灭火工作的进行。不懂电气知识的人员不要去切断电源。

2）选择使用不导电的灭火器具，采用二氧化碳、干粉灭火器，不能使用水溶液或泡沫灭火器材。

3）如采用水枪灭火，宜用喷雾水枪，其泄漏电流小，对扑救人员比较安全；在不得已的情况下采用直流水枪灭火时，水枪的喷头必须用软铜线接地；扑救人员穿绝缘靴和戴绝缘手套，防止水柱泄漏电流致使人体触电。

4）使用水枪灭火，喷头与带电体之间的距离：110kV 要大于 3m，220kV 要大于 5m；使用不导电的灭火器材，机体喷嘴距带电体的距离：10kV 要大于 0.4m，35kV 要大于 0.6m。

5）架空线路着火，在空中进行灭火时，带电导线断落接地，应立即划定警戒区，所有人员距接地处 8m 以外，防止跨步电压触电。

四、日常消防管理

1. 消防工作的基本要求

电力企业各单位要加强消防安全的管理工作，其基本要求归纳为：

1）提高对消防工作重要性的认识。

2）学习消防安全管理规定和防火、灭火和逃生基本知识。

3）明确法定消防安全职责、明确各级的消防安全责任、明确消防工作重点。

4）健全消防安全组织、健全各级责任制、健全消防管理规定、健全消防管理档案。

5）落实防火宣传、防火检查、隐患整改、灭火准备、安全奖惩五项工作。

2. 消防安全职责

我国的消防工作按照政府统一领导、部门依法监督、单位全面负责、公民积极参与的原则，实行消防安全责任制。

（1）机关、团体、企业、事业单位的消防安全职责。《中华人民共和国消防法》第十六条规定：机关、团体、企业、事业等单位应当履行下列消防安全职责：

1）落实消防安全责任制，制定本单位的消防安全制度、消防安全操作规程，制定灭火和应急疏散预案。

2）按照国家标准、行业标准配置消防设施、器材，设置消防安全标志，并定期组织检验、维修，确保完好有效。

3）对建筑消防设施每年至少进行一次全面检测，确保完好有效，检测记录应当完整准确，存档备查。

4）保障疏散通道、安全出口、消防车通道畅通，保证防火防烟分区、防火间距符合消防技术标准。

5）组织防火检查，及时消除火灾隐患。

6）组织进行有针对性的消防演练。

7）法律、法规规定的其他消防安全职责。

单位的主要负责人是本单位的消防安全责任人。

（2）《机关、团体、企业事业单位消防安全管理规定》第36条规定：单位应当通过多种形式开展经常性的消防安全宣传教育。消防安全重点单位对每名员工应当至少每年进行一次消防安全培训，提高员工的消防安全意识和自防自救能力，做到会报火警，会扑救初起火灾，会自救逃生。第38条规定对单位消防安全责任人、管理人应当接受消防安全专门培训。

《国务院关于进一步加强消防工作的意见》第十二条规定：有关行业、单位要大力加强对消防管理人员和消防设计、施工、检查维护、操作人员，以及电工、电气焊等特种作业人员、易燃易爆岗位作业人员、人员密集的营业性场所工作人员和导游、保安人员的消防安全培训，严格执行消防安全培训合格上岗制度。地方各级人民政府和有关部门要责成用人单位对农民工开展消防安全培训。

3. 消防安全重点单位和防火重点部位（场所）管理

（1）消防安全重点单位。根据消防法的规定，应将发生火灾可能性较大以及发生火灾可能造成重大人身伤亡或者财产重大损失的单位，确定为消防安全重点单位。

消防安全重点单位除应当履行《中华人民共和国消防法》第16条规定的职责外，还应当履行下列消防安全职责：

1）确定消防安全管理人，组织实施本单位的消防安全管理工作。

2）建立消防档案，确定消防安全重点部位，设置防火标志，实行严格管理。

3）实行每日防火巡查，并建立巡查记录。

4）对员工进行岗前消防安全培训，定期组织消防安全培训和消防演练。

（2）防火重点部位（场所）。一般指油罐区、控制室、调度室、通信机房、档案室、锅炉燃油及制粉系统、汽轮机油系统、氢气系统及制氢站、变压器、电缆层（间、沟、井）及隧道、蓄电池室、开关室、电力设备间、易燃易爆物品存放场所以及各单位认定的其他部位和场所。

4. 消防安全"四个能力"建设

"四个能力"是指：检查消除火灾隐患能力；组织扑救初起火灾能力；组织人员疏散逃生能力；消防宣传教育培训能力。

加强消防安全"四个能力"建设的关键是普及消防安全知识、增强员工的消防安全技能。根据法律法规规定，电力企业员工应当至少每年进行一次消防安全培训。新员工上岗前，必须进行岗前消防安全知识培训，经考试合格后方能上岗。在消防安全技术方面应"四懂四会"。

第六节　道路交通安全

一、道路交通事故

1. 定义

《中华人民共和国道路交通安全法》给出的定义是：交通事故是指车辆在道路上因过错或意外造成的人身伤亡或者财产损失的事件。构成道路交通事故的六大要素分别是：①必须由车辆造成。行人之间的碰撞不属于道路交通事故；②必须在《道路交通安全法》规定的道路上。《道路交通安全法》规定的道路外不属于道路交通事故；③必须在运动中。停车场等地静止中的事故不属于道路交通事故；④发生的事态必须是碰撞、碾压、刮擦、翻车、坠车、爆炸、失火等现象。行人、旅客因疾病等引起病、亡不属于道路交通事故；⑤是必须造成伤亡或财物损失。事故无后果就不形成道路交通事故；⑥是必须是过错或意外。如故意则将构成其他犯罪，不属于道路交通事故。

2. 危害性

随着城市化、交通机动化进程的快速发展，我国快步进入汽车社会，道路交通迅速发展，但人们尚未形成与这一进程速度相匹配的社会意识，交通参与者整体交通安全观念和交通文明意识比较滞后，导致交通事故频发。据公安部交管局统计，2013 年以来，全国各地交警接报事故总量高达 470 万起，其中道路交通伤亡事故 20 多万起，道路交通事故死亡人数每年在 7 万左右，万车死亡率为 2.5，受伤人数约 30 万，直接经济损失超过 10 亿元，道路交通事故严重影响人民群众的安全感和幸福感。

3. 分类

对交通事故进行分类，有助于研究和分析事故，查找事故原因，认定事故的责任，作出事故的正确处理，提出有效的防范措施。由于分析的角度、方法和要求不同，交通事故的分类也多种多样，可以根据性质、责任、情节、后果来分，也可以根据事故形态、对象、原因等来分。

（1）按结果来分，有四类：①轻微事故，是指一次造成轻伤 1～2 人，或者财产损失机动车事故不足 1000 元，非机动车事故不足 200 元的事故；②一般事故，是指一次造成重伤 1～2 人，或者轻伤 3 人以上，或者财产损失不足 3 万元的事故；③重大事故，是指一次造成死亡 1～2 人，或者重伤 3 人以上 10 人以下，或者财产损失 3 万元以上不足 6 万元的事故；④特大事故，是指一次造成死亡 3 人以上，或者重伤 11 人以上，或者死亡 1 人，同时重伤 8 人以上，或者死亡 2 人，同时重伤 5 人以上，或者财产损失 6 万元以上的事故。

（2）按责任来分，有全责（100%）、同责（50%）、主责（60%～90%）、次责（10%～40%）和无责事故。

（3）从事故的原因分析，可以把交通事故分为主观原因造成的事故和客观原因造成的事故两类。主观原因是指造成交通事故的当事人本身内在的因素，如主观过失或有意违章，主要表现为违反规定、疏忽大意和操作不当等。客观原因是指车辆、环境、道路方面的不利因素引发了交通事故。客观原因在某些情况下往往诱发交通事故，特别是道路、环境、气候方面的因素。绝大多数交通事故都是因当事人的主观原因造成的，客观原因占的比例较少。

二、造成道路交通事故的原因

交通事故的发生有众多因素，涉及面广，又错综复杂。但归纳起来主要有人、车、路及环境三个方面。

1. 人

在交通事故 3 个主要因素中，人的因素最为重要，其中的人包括以驾驶人为主的各种交通行为参与人。

（1）驾驶人主观因素造成的交通事故。驾驶人未能认真学习、牢固掌握，以及未能自觉而严格地遵守道路交通法规,造成各类交通违章违法事故的发生，其中致人死亡占了 78% 以上，事故次数占每年事故总数的 93% 以上，其主要原因有：

交通法规少学不熟，遵章守法未成自觉；安全行车意识不强，谨慎不足疏忽大意；职业道德操行欠佳，缺乏文明行车修养；性格脾气粗暴急躁，带着情绪盲目开车；驾驶技能不够精湛，运行操作防范无措；安全驾驶资历欠缺，反应迟钝判断失误；机械构造常识浅薄，知其然而不知所然；维护保养生疏懒散，车辆失保影响车况；例行检查未能履行，带着隐患擅自出车；驾驶员的心理因素，以及其他主观原因。

（2）非机动车驾驶人、行人、乘车人因素造成的交通事故。各类违章违法行为、各类客观原因所造成的道路交通事故。

（3）交通管理者的因素。交通安全管理部门、路政管理部门管理失误所造成的道路交通事故。

（4）车辆产权者的管理因素。交通安全重视程度、交通安全管理机构设置情况、交通管理人员的素质、交通安全管理制度健全程度、交通管理的投入程度不足所间接造成的道路交通事故。

（5）车辆修理人的因素。修理人的素质、修理的设施、汽配材料质量所造成的道路交通事故。

（6）交通行为人家属的因素。关心和协助程度不足，影响和干扰的因素所造成的道路交通事故。

（7）交通事故抢救机构。社会道路交通事故的发生是必然的，但如何减少和降低交通事故造成的危害及损失程度，还要靠有关单位和部门的配合，特别是医疗救护和消防灭火机构等。

（8）其他交通行为直接或间接参与人的影响。

2. 车

车辆机械故障引起的交通事故，其实质是人为的责任事故。只要驾驶人在平时，尤其是出车前、行驶中、回场后认真检查和维护好车辆，发现隐患及时排除，不带故障出车，一定能杜绝各类机械事故的发生。车辆故障现象繁多，但发现以下这些故障现象，绝对不能盲目出车：制动系统故障，转向系统故障，悬挂行驶系统故障，灯光、喇叭、雨刮器等电器系统故障，反光镜不齐全、功能不完善，安全带、安全气囊、遮阳板等安全防护系统不齐全、性能不良，电子安全防护系统功能不正常，燃油系统有滴漏、油管有磨损，随车安全工器具不齐全、失效，车载其他功能设施欠健全、完好，驾驶室内的工作环境不佳等。

3. 路及环境

道路本身直接影响行车安全，驾驶员应充分了解和应对道路功能可能出现的缺损，给安全行车带来各种威胁，并提前做好各种思想准备和防范措施。道路功能缺损主要包括：道路设计缺陷，道路施工有质量问题，道路材料没达标，道路标志不齐全，道路安全设施不完善，道路管理力度不够，非法占用道路及设施，外力损坏道路及设施，道路上可能出现的意外障碍等。

环境条件也能直接影响行车安全，驾驶员应正确面对和妥善处置这些客观因素。影响行车安全的环境条件主要包括：

（1）气候因素，如雨、雾、冰、雪、风、沙、洪水、光、温度等。

（2）路外环境，如路外违章建筑，噪声，路边山崖、沟渠、深水等危险环境，树枝、树叶等，架空线、杆、广告等设施等。

三、电网企业的道路交通安全

1. 电网企业道路交通安全的特点

电网企业的担负着全社会供用电服务，其工作的特殊性，服务的普遍性、广泛性，决定了电网企业的道路交通安全具有以下特点：

（1）车辆种类多。随着社会、经济的快速发展，电网企业内部分工进一步细化，带电作业车、高空作业车、发电车、照明车、起重车，各种试验车、计量车、供电服务车、抢修作业车等特种车辆，以及载货车、工程车、各类型客车等，成为电网企业主要的交通运输和作业服务必不可少的工具。

（2）车辆数量多。随着企业规模的扩大，服务要求的提高，工作条件的改善，在电网企业，车辆每个供电所和生产班组都配置了不同数量的车辆，据初步统计，电网企业平均每百人拥有车辆 15～20 辆左右。一个县供电公司配置的各种车辆基本在 100～200 辆。如此巨大数量的车辆，在方便企业生产服务的同时，也给企业道路交通安全带来了巨大的压力。

（3）车辆分散使用。电网企业为了方便生产与服务，车辆基本上是按照供电所、变电运维站、检修和施工部门等生产、营销服务的班组配置使用，分散使用后在管理上存在较大的难度。

（4）出车量大。除特种车辆外，一般的生产服务和管理车辆，单车行驶里程多，年平均行驶里程在 10 万 km 左右。

（5）驾驶员流动性大。随着电网企业内部用工改革，交通运输服务由本企业为主，向社会化服务转变，驾驶员队伍由员工为主，变为由车辆服务机构外聘，造成了电网企业道路交通管理机构和管理人员缩减，加之外聘驾驶员缺乏归属感，导致人员流动性大，整体素质不高。

2. 道路交通安全在电网主业中的重要性

道路交通运输服务于电力生产建设，其承载着电力建设和生产经营之人、材、物可靠、有序、经济、安全的运输保障任务，电力基建项目的及时投运、电力生产计划的及时执行、电网应急抢修任务的及时完成、供电服务的可靠性、客户对服务承诺的满意度，无不需要交通运输的可靠保证，因此，电网企业道路交通安全是企业安全生产的基础，防止重大交通事故的发生是电网企业安全生产目标之一。

随着电力生产规模和效率的不断提升，交通运输成为电力生产和建设腾飞的翅膀，交通安全更成为企业安全生产的重要组成部分。电网企业的车辆在交通运输中，一旦发生事故，不但会发生人员的伤亡和相应的直接经济损失，许多情况下，由于随车的电力设备、器具受损，使电力抢修或电力工程施工受到延误，使电网运行和生产受到相应的影响，也使电网用户受到各种连累等，这个损失更是不可估量。因此，从事电力企业交通运输人员的交通安全，不仅关系到交通事故本身的直接危害和损失，更涉及电力生产和社会秩序的安全。

3. 电网企业对交通安全的重视度

电网企业明确规定，把交通安全工作摆在与主业安全生产同样重要的位置来抓。通过各种制度、规范、标准来明确各单位一把手是交通安全的第一责任人，以及明确相关部门和岗位的交通安全职责。国家电网公司将交通事故列为安全生产考核的重要内容，各级电网企业还将交通事故作为企业负责人业绩考核内容之一。在工作中各级管理部门能将交通安全与电网主业的安全工作同部署、同检查、同落实、同考核、同总结。

4. 电网企业道路对交通事故的预防

（1）对道路交通安全工作重要性的认识。搞好电网企业道路交通安全管埋，首要任务是树立"安全第一，预防为主，综合治理"的意识。电网企业任务繁重，生产压力大，工作千头万绪，但保证安全生产，重视交通安全是前提、基础性的工作，容不得半点疏忽大意，必须从根本上全员、全面、全方位地培育安全意识。电网企业各级领导更要明确道路交通安全是电网企业安全的重要组成部分，做到道路交通安全与电网安全同布置、同检查、同考核。时刻保持清醒认识，道路交通安全来不得半点马虎。历年来电网企业道路交通安全事故都是造成电网企业人身伤亡事故的主要因素。因此，搞好企业的交通安全管理工作，将交通事故达到可控、能控、在控状态，是全面实现电网建设、安全运行和优质服务目标的基础和保证。

（2）企业内部的交通安全管理机构。交通安全不仅涉及企业内部的安全生产，还是一个涉及社会安全的严肃问题，是一项重要的、长期的、全员的安全工作。因此，它不能光凭企业内的生产运输部门或班组自我监督来实现。根据交通法规的要求，在企业内部，必须建立一个由相关部门的领导组成的企业交通安全管理领导小组，去协调、指导和管理本单位的交通安全工作，实现安全行车多方配合，齐抓共管，综合治理。明确管理机构的职责范围，赋予相应的责和权，使他们能真正有责、有权、有效地开展各项安全行车的管理工作。

企业内的各级领导应按照道路交通安全法规的要求，建立和实施单位内部道路交通安全管理制度，教育本单位人员遵守道路交通安全法律、法规，保障交通安全经费投入。承担起交通安全第一责任人的义务和职责，建立交通管理的机构和人员。将交通安全放在与电网主业安全同样重要的位置上去监督、检查和考核。

企业内的车辆管理部门应宣传、贯彻、执行国家和公安机关颁布的各项交通安全法律、规范、方针、政策。提出系统交通安全的管理目标，制定本单位交通安全管理的各种规章制度和实施细则。统计和上报各类交通安全报表、组织车管干部、驾驶人员、修理人员的业务技术交流和培训活动，组织开展各类交通安全活动的竞赛和奖惩工作。分析和总结各阶段交通安全情况，提出及制定相应的对策和措施。配合公安机关对交通事故的调查、分析和处理，并做好事故"四不放过"的善后工作。

企业内的各个部门和人员都会参与各类道路交通活动，因此，各个部门及人员都应执行道路交通法规，履行相应的义务。只有企业内部全方位关注和支持交通安全这项工作，才能将企业的交通安全纳入全面、规范、有序、科学的管理轨道。这些义务主要是履行各项交通法规，密切配合交通安全分管部门的管理，对本部门员工进行交通法规的宣传和教育，阻止和举报各类违反交通法规的行为，抑制本部门违反交通法规的行为和各类交通事故，维护本部门正常的生产和工作秩序。

企业内的各类驾驶员应熟悉并严格遵守各项交通法规及企业交通管理制度，坚持文明行车，礼貌待人。自觉执行机动车辆的操作规程和例行保养，确保行车安全。树立为电网生产服务的观念，服从车辆调度，配合用车部门的工作需要。按任务单出车，不得私自出车，不得无故绕道行驶，不得无故延时返队，不得在非指定地点停驻车辆，不准将车辆交与他人驾驶。认真做好车辆的出车前、行驶中、回场后的"三查"工作，发现车辆缺陷尤其是危及行车安全的故障应及时排除或报告领导，填写报修单及时报修，不开故障车，杜绝机械事故的发生。发生交通事故后，应立即报警并保护现场，积极抢救伤员和货物，尽快报告本单位有关领导。驾驶员要努力掌握机动车的机械技术知识，降低油耗，节约材料，提高车辆利用率。要努力提高安全行车技能，为电网生产提供安全、优质、高效的运输服务。

企业内的汽车修理工应有良好的职业道德，掌握机动车修理技能，全心全意地为企业的机动车检查、保养、修理。有较强的安全责任感，确保被修车辆具有良好的技术状态，杜绝检修过的机动车在规定周期内发生不应该的机械事故。做好驾驶员安全行车的配角，协助驾驶员发现和排除机动车辆的各种故障隐患，按照 GB 7258《机动车运行安全技术条件》要求进行检修。坚持"应修必修，修必修好"的原则，对被修的零部件实行"能修则修，不能则换"的节约方针，确保机动车辆能安全运行。遵守操作规程，正确使用各种工器具和劳动保护用品，防范各种触电、火灾和伤害事故，确保人身和设备安全。把好修复后的质量检验关，履行检验合格的交付使用手续。

企业内的其他员工应遵守各类交通法规和本单位的交通安全管理制度，服从交通管理人员的指挥。无论在社会道路还是企业内的道路，都应当在人行道内行走，没有人行道的靠路边行走，不得在高速公路行走。从人行横道横过道路时，要在确保安全的情况下通过。乘坐机动车，不得携带易燃易爆等危险物品，不得向车外抛洒物品，不得将身体任何部分伸出车外，不得跳车，不得有影响驾驶人安全驾驶的行为，不得有其他违章行为搭乘车辆。不得醉酒驾驶自行车和电动自行车。努力做到不伤害自己、不伤害他人、不被他人伤害。

（3）企业内部的交通安全管理制度。安全行车管理制度包括：车辆的购置、检修、验收、保养、操作、使用、停放、报废、油材料管理，以及驾驶员的学习、培训、聘借、调度、竞赛、考核、评审、奖惩等。开展危险点预控和国际上最新型的安全性评价等方法，管理企业内部的交通安全管理工作。把"安全第一、预防为主、综合治理"作为最基本的方针，将安全管理工作摆在首位，纳入目标管理，列到议事日程。实行交通安全一票否决制，一级抓一级，单位一把手与各部门领导签订安全生产目标任务书。各部门负责人要对本部门的安全生产工作负责，并形成一个全方位、分层次管理的安全责任网络。开展交通安全反事故、反违法、反违章工作，建立日常监督考核及奖惩并重的违章治理机制，严肃查处各类有损交通安全的不良行为，推动各项制度在基层有效执行，促进安全管理水平提升。建立健全交通安全风险管理机制，建立持续动态的危害因素识别与风险评估机制，开展全员、全过程风险识别活动，切实加强对设备、人员、环境变更时的风险管理。根据风险识别的结果，制定并落实 HSE 风险削减措施，所有风险都要做到有识别、有分析、有措施、有检查，力争全过程受控。开展交通安全隐患排查治理工作，完善和落实隐患排查治理制度，健全交通安全隐患识别、评估、治理管理程序，使隐患排查治理走向制度化、经常化、规范化，确保治理效果。

（4）驾驶员的准入关。建设和谐交通是构建和谐社会的一项重要内容，具有高度安全意识的驾驶员、性能良好的机动车、优良的道路交通秩序、高效的具体管理能力共同组成了和谐交通。在这些因素中，驾驶员的素质是重中之重。每年数以万计的新驾驶员开车上路，他们既缺乏过硬的驾驶技能，又缺少对道路交通安全的深刻认识，成为交通事故的主要肇事者。据不完全统计，驾龄在 3 年以内的新驾驶员引发的道路交通事故占总数的 50%以上，碰擦、追尾等常见事故有 80%为新驾驶员酿成。因此，企业在招聘驾驶员时，必须充分考虑到上述实际情况，一般应要求具有 3 年及以上安全行车年资，并进行严格的理论和实际驾驶技能的考试考核，严把驾驶员准入关。

（5）驾驶员的素质。道路交通迅速发展，但是交通参与者整体交通安全观念和交通文明意识仍比较滞后，特别是驾驶员队伍素质不高，不文明驾驶、陋习多、闯红灯、超速、超载、酒后驾驶、疲劳驾驶、操作不当、违反禁令标志和禁止标线通行等，是导致交通事故多发的主要原因。据公安部交管局统计，近年来，每年全国各地交警接报事故总量高达 470 万起，其中 80%以上的事故是因交通违法导致。因此，提高驾驶员队伍的整体素质，是防止交通事故发生的关键。

通过举办典型交通事故案例分析和交通安全图片展等形式，对驾驶员进行职业道德和安全行车教育，倡导文明行车，摒弃行车"陋习"，提高驾驶员自觉遵守交通法规的意识和自觉性，营造人人讲安全、自觉的维护交通安全的良好氛围。

通过举办不同形式、不同内容的安全驾驶技术提高班，学习道路交通法规、交通安全心理学、交通事故的预防和处理、车辆机务知识、车队和班组管理实务、安全驾驶的经验和教训。组织开展安全行车竞赛和交通技能比武活动，提高驾驶人员的业务技能和驾驶员队伍的整体系质，避免和减少各类交通事故的发生。

（6）车辆的安全检查。对各类机动车辆的检查和维护，保障车辆安全技术状况良好，符合 GB 7258。特别是要检查制动、方向、灯光、喇叭、雨刷器、悬挂系统等直接危及行车安全的系统、部件，发现隐患立即排除，不带故障出车。要求驾驶员进行出车前、行驶中、回库后的"三查"和定期检查维护工作，做到状态检修消缺与预见性检查维护相结合，同时及时根据累计行驶里程和运行时间对车况进行评估，及时安排整车或专项深度恢复，确保车况受控。管理部门经常开展定期的检查和突击抽查，促使广大驾驶人员能自觉地做好各项车辆维护和保养工，有效地杜绝各类机械事故的发生。

（7）交通安全竞赛活动。培养和激发广大驾驶员对安全行车的荣誉感，为广大驾驶员营造继续不断学习和钻研安全行车技能的氛围，构建安全行车本能的竞技平台。组织和开展各种安全行车的竞赛活动，召开各种不同规模的安全行车技能比武，让广大驾驶员都能尽力展示和交流安全驾驶的本领、车辆保养及故障排除的技能。常抓各类交通安全竞赛活动，既交流了安全行车的经验，也提高了安全行车的可靠性。

（8）交通反违章违法工作。违章违法是事故的先兆，抓事故就要从抓违章着手，努力将事故遏制在违章违法之前。加强对机动车辆驾驶人员的安全监察力度，制订交通安全检查的各种办法，利用交通安全管理的网络和人员，将交通安全监察工作制度化、常态化和规范化。交通管理人员经常深入基层检查，重心下沉，防范前移，将定时检查、专项检查、随时抽查、交叉检查、内部检查、自我检查等形式有机地结合起来，营造强大的检查阵势，使各类事故苗头暴露无遗。不但检查各类违章违法现象，也要排查和整改各种交通安全隐患，提高安全行车的可靠性。通过各类检查，将发现的各类违章现象和事故倾向，及时召开研讨会，进行认真、仔细的研究和分析，提出各种相应的管理对策和举措，及时将各种交通事故的苗头，抑制在违章违法的萌芽状态。

（9）车辆的运行监控。建设车辆 GPS 管理平台，在车辆上安装 GPS，实时监控车辆运行状况，对违章超速、不按规定路线行驶等违章行为及时查处。实践证明，通过运用科技信息手段，强化监督考核，完善行车记录，有效地加强了运行车辆的"零距离"管理，超速行驶的车辆大幅度下降，规范了驾驶员的驾车行为，促进了交通运输安全。

（10）行车危险点预控。由于季节不同，气候条件差异较大，对车辆行驶要求不尽相同。据统计，恶劣气候环境条件下发生道路交通事故的概率比平常高出许多，而且此类交通事故性质都比较严重，所以驾驶人不但要遵守交通法规，而且要熟悉恶劣气候环境对驾驶的影响并掌握相应的措施，保证在面对恶劣气候环境时有驾驭各种局面的本领。因此，对恶劣气候环境要高度重视，必须根据恶劣气候环境，有针对性的做好预防措施，从而确保行车安全。

根据以往经验，做好以下情况下的行车安全防范是电网企业防范交通事故的重点，需制定相应的防范措施，并使每个驾驶员牢记和掌握：

1）冰雪天。冰雪天路面滑，地面附着力下降，车辆的制动、操控性和稳定性都大幅下降，容易发生侧滑、翻车、追尾、碰擦等事故。

2）雨雾天。雨天驾驶时视线不良，路面附着系数低，雷雨时会对车辆和车上人员造成雷击威胁；雾天能见度差，特别是浓雾时会严重影响视线，危及行车安全。容易发生追尾、碰擦等事故。

3）台风天。台风天最明显的特征是狂风暴雨，路面积水，给车辆操纵稳定性带来极大危险，此时，人、车、物体都随时会发生不确定因素。同时，台风期间也是电力抢修繁忙的时候，出车频繁，容易出现疲劳驾驶，发生侧滑、翻车、追尾、碰擦、车辆进水损坏发动机等事故。

4）春夏天。春暖花开，夏日炎炎，人们在此气候条件下行车极易产生"春困"和"夏乏"，也是春夏发生交通事故多发的主要原因。同时，夏季也是用电高峰，事故抢险频繁，也提高了出车频率，容易出现疲劳驾驶；另外，车辆长时间开空调、车辆线路老化、外裸过载等，也容易引发车辆自燃事故等。

5）山区和泥泞道路。山区道路崎岖狭窄，道路状况复杂，如遇雨雪天，道路泥泞，极易造成车辆侧滑和翻车事故。

6）吊装作业。超载起吊，物件绑扎不牢固，吊车不平稳或支腿不对称，在带电区域、变电站内工作，未按规定挂好车用接地线或吊臂与带电体足够的安全距离等引发吊车倾覆、吊物砸人、触电等事故。

（11）道路交通事故的调查处理。发生道路交通事故后，肇事者在受到交通监理处分的同时，企业内部还要严格按照事故原因不查明不放过，事故责任人及周围人员未受到教育不放过，事故责任人未追究不放过，事故善后措施不落实不放过，即事故"四不放过"的原则进行处理。对各类典型和严重的交通事故要在相应的范围内通报，使之付出的昂贵"学费"，让大家受到深刻的"免费"教育，不能让同样的交通事故在同一个单位或同一个系统重现，也不能让类似的交通事故在系统内频发。

5. 道路交通事故的处置

（1）驾车遇到险情时紧急处置的原则。当驾驶员在驾车途中遇到交通险情时，应当依照以下 6 条原则进行紧急处置：

1）遇险情，要冷静。驾驶员在驾车途中遇到交通险情时，无论遇到任何一种险情，都必须保持清醒的头脑，及时正确地辨明情况，采取准确无误的避让措施，万不可惊慌失措。慌乱之中，容易操作失当，加剧险情，导致交通事故的发生。

2）宁损物，不伤人。人的生命是最为宝贵的，不让他人的生命安全受到伤害，是每个驾驶员所必须具备的职业道德。当驾驶员在驾车途中遇到交通险情时，应当首先考虑的不让他人受伤害。当人员、物资、车辆同时遭到险情的威胁时，应采取宁损车物不伤人。

3）就轻损，避重害。机动车在道路行驶中遇到险情必须紧急处置时，发现将有几方面同时受到危害时，应根据刑法中的关于紧急避险的规定，选择向事故损害最轻的方面避让，力争将人员伤亡和财物损失降到最低限度。

4）措施准，动作稳。驾驶员在驾车途中遇到交通险情时，采取的避险措施应准确无误，不能犹豫不决，拖泥带水，每个动作都要力求一次到位。因为险情造成的时间是十分短暂的，没有回旋的余地。只有靠精确、果敢、稳妥的避险措施，才能有效地避免或减少事故的伤害。

5）先方向，后制动。机动车在道路行驶中遇到险情，不能盲目地先踩制动踏板。因为车辆在行驶中有较大的惯性或离心力，尤其是弯道、雨雪天，如果立即猛踩制动踏板，车辆容易横滑或侧翻。应在准确判明险情的基础上，立即松油门减速，同时打方向避开危险点，再采取相应的制动措施。

6）先他人，后自己。机动车在道路行驶中遇到险情时，每个驾驶员都应该首先想到把安全让给别人，将危险留给自己，这是所有机动车驾驶员都应具备的思想素质。无论遇到何种情况，都应先顾及他人的生命安全，不可擅离职守，更不能为了保全自己而置他人的安危于不顾。特别是在市镇街区、人口稠密地段发现机动车着火以及可能爆炸的危险时刻，驾驶员必须具有自我牺牲的精神，迅速将车辆开至空旷开阔的地方，以避免更大范围和规模的伤害。

（2）道路交通事故发生后的现场处理程序：

1）发生交通事故后，驾驶员和企业随车人员应头脑冷静，立即报警。

2）保护现场，在来车方向设置警告标志。在高速公路上，应当在事故车来车方向150m以外设置警告标志。

3）要积极抢救伤员，移动伤员和一些有事故分析价值的物品时，要做上一些标记。

4）车上人员应当迅速转移到右侧路肩、紧急停车带或者应急车道内。

5）要尽快报告本单位领导和有关人员。

6）要及时报告本车投保的保险公司，告知本车号码信息、出险的具体地点、时间、事故大致情况等。

7）认真配合公安交通管理机关的调查和询问。

第七节　安全色和安全标志

一、安全色

安全色是按 GB 2893《安全色》中规定的颜色，显示不同的安全信息，通过安全标志的不同颜色告诫人们执行相应的安全要求，以防止事故的发生。

安全色与热力设备管道及电气母线涂色的作用、规定是完全不同的，两者不应混淆。

用红、黄、蓝、绿四种颜色分别表示禁止、警告、指令、提示的信息。对比色是黑白两种颜色，红、蓝、绿的对比色是白色，黄色的对比色是黑色。

由于红色引人注目，视认性极好，常用于紧急停止和禁止信息；用红色和白色条纹组成，特别醒目，常用来表示禁止。黄色对人眼的明亮度比红色还要高，常用来传递人们接受警告或引起注意的信息；用黄色和黑色组成的条纹，使人眼产生最高的视认性，能引起人们警觉，常用来作警告色。蓝色，尤其在太阳光照耀下非常明显，适宜做传递指令信息。绿色跃入眼帘，心理产生舒适、恬静、安全感，宜作传递情况是安全的信息。

安全色所表示的含义及用途见表 3-9。

安全色使用部位很多，安全标志牌、交通标志牌、防护栏杆、机器上禁动部位、紧急停止按钮、安全帽、吊车、升降机、行车道中线等处，都应该涂刷相应的安全色。

表 3-9　　　　　　　　　　　　**安全色的含义和用途**

颜色	含义	用途举例
红色	禁止停止	禁止标志；停止标志；机器、车辆上的紧急停止手柄或按钮；以及禁止人们触动的部位
		红色也表示防火
蓝色	指令必须遵守的规定	指令标志；如必须佩戴个人防护用具，道路上指引车辆和行人行驶方向的指令
黄色	警告注意	警告标志，警戒标志，横的警戒线，行车道中线，安全帽
绿色	提示安全状态通行	提示标志，车间内的安全通道，行人和车辆通行标志，消防设备和其他安全防护设备的位置

二、安全标志

安全标志是用以表达特定安全信息的标志，由图形符号、安全色、几何形状（边框）和文字构成。安全标志分禁止标志、警告标志、指令标志、提示标志四大基本类型。

禁止标志是用以表达禁止或制止人们不安全行为的图形标志。禁止标志牌的基本型式是一长方形衬底牌，上方是禁止标志（带斜杠的圆边框），下方是文字辅助标志（矩形边框）。长方形衬底色为白色，带斜杠的圆边框为红色，标志符号为黑色，辅助标志为红底白字、黑体字，字号根据标志牌尺寸、字数调整，如图 3-23 所示。

图 3-23　禁示标志

警告标志是用以表达提醒人们对周围环境引起注意，以避免可能发生危险的图形标志。警告标志牌的基本型式是一长方形衬底牌，上方是警告标志（正三角形边框），下方是文字辅助标志（矩形边框）。长方形衬底色为白色，正三角形边框底色为黄色，边框及标志符号为黑色，辅助标志为白底黑字、黑体字，字号根据标志牌尺寸、字数调整，如图 3-24 所示。

图 3-24　警告标志

指令标志是用以表达强制人们必须做出某种动作或采用防范措施的图形标志。指令标志牌的基本型式是一长方形衬底牌，上方是指令标志（圆形边框），下方是文字辅助标志（矩形边框）。长方形衬底色为白色，圆形边框底色为蓝色，标志符号为白色，辅助标志为蓝底白字、黑体字，字号根据标志牌尺寸、字数调整，如图 3-25 所示。

必须戴安全帽　　必须戴防护手套　　必须系安全带　　必须戴防毒面具

图 3-25　指令标志

提示标志是用以表达向人们提供某种信息（如标明安全设施或场所等）的图形标志。提示标志牌的基本型式是一正方形衬底牌和相应文字。衬底色为绿色，标志符号为白色，文字为黑色（白色）黑体字，字号根据标志牌尺寸、字数调整，如图 3-26 所示。

图 3-26　提示标志

移动式安全标志可用金属板、塑料板、木板制作，固定式安全标志可直接画在墙壁或机具上。但有触电危险场所的标志牌，必须用绝缘材料制作。

安全标志牌应挂在需要传递信息的相应部位，且又十分醒目处。门、窗等可移动物体上不得悬挂标志牌，以免这些物体移动，人看不到安全信息。

第八节　安全工器具

一、电力安全工器具的作用和分类

（一）安全工器具的概念和作用

1. 概念

电力安全工器具是指为防止触电、灼伤、坠落、摔跌等事故，保障工作人员人身安全的各种专用工具和器具。

2. 作用

电力生产、建设工作中，无论是施工安装、运行操作还是检修工作，为了保障工作人员的人身安全，顺利地完成工作任务，都必须使用相应的安全工器具。例如，登杆作业时，工作人员必须使用脚扣、安全带等安全工器具。正确地使用脚扣才能安全地登高，在杆上正确的固定好安全带，才能防止高空坠落伤亡事故的发生。

（二）安全工器具的分类

安全工器具分为个体防护装备、绝缘安全工器具、登高工器具、安全围栏（网）和标识牌四大类。

1. 个体防护装备

个体防护装备是指保护人体避免受到急性伤害而使用的安全用具，包括安全帽、防护眼镜、正压式消防空气呼吸器、安全带、速差自控器、缓冲器、静电防护服、SF$_6$防护服、耐酸手套、耐酸靴、导电鞋（防静电鞋）、个人保安线、SF$_6$气体检漏仪、含氧量测试仪及有害气体检测仪等。

2. 绝缘安全工器具

绝缘安全工器具指作业中为防止工作人员触电，必须使用的绝缘工具。依据绝缘强度和所起的作用又可分为基本绝缘安全工器具、带电作业安全工器具和辅助绝缘安全工器具。

（1）基本绝缘安全工器具。基本绝缘安全工器具是指能直接操作带电装置、接触或可能接触带电体的工器具，其中大部分为带电作业专用绝缘安全工器具，包括电容型验电器、携带型短路接地线、绝缘杆、核相器、绝缘遮蔽罩、绝缘隔板、绝缘绳和绝缘夹钳等。

（2）带电作业安全工器具。带电作业安全工器具是指在带电装置上进行作业或接近带电部分所进行的各种作业所使用的工器具，特别是工作人员身体的任何部分或采用工具、装置或仪器进入限定的带电作业区域的所有作业所使用的工器具，包括带电作业用绝缘安全帽、绝缘服装、屏蔽服装、带电作业用绝缘手套、带电作业用绝缘靴（鞋）、带电作业用绝缘垫、带电作业用绝缘毯、带电作业用绝缘硬梯、绝缘扎瓶架、带电作业用绝缘绳（绳索类工具）、绝缘软梯、带电作业用绝缘滑车和带电作业用提线工具等。

（3）辅助绝缘安全工器具。辅助绝缘安全工器具是指绝缘强度不是承受设备或线路的工作电压，只是用于加强基本绝缘工器具的保安作用，用以防止接触电压、跨步电压、泄漏电流电弧对操作人员的伤害。不能用辅助绝缘安全工器具直接接触高压设备带电部分。包括辅助型绝缘手套、辅助型绝缘靴（鞋）和辅助型绝缘胶垫。

3. 登高工器具

登高工器具是用于登高作业、临时性高处作业的工具，包括脚扣、升降板（登高板）、梯子、快装脚手架及检修平台等。

4. 安全围栏（网）和标识牌

安全围栏（网）包括用各种材料做成的安全围栏、安全围网和红布幔，标识牌包括各种安全警告牌、设备标示牌、锥形交通标、警示带等。

二、安全工器具的使用

（一）绝缘杆

绝缘杆是用于短时间对带电设备进行操作或测量的杆类绝缘工具，如接通或断开高压隔离开关、跌落熔丝具，在接装和拆除携带型接地线及带电测量和试验工作时，往往也要用绝缘杆。不同电压等级的绝缘杆可以承受相应的电压。绝缘杆也叫绝缘棒或操作杆、令克棒。

1. 结构

绝缘杆的结构一般分为工作部分、绝缘部分和手握部分。工作部分用机械强度较大的金属或玻璃钢制作。绝缘部分用浸过绝缘漆的硬木、硬塑料、环氧玻璃管或胶木等合成材料制成，其长度也应根据使用场合、电压等级和工作需要来选定。例如：110kV 以上电气设备使用的绝缘杆，其绝缘部分较长，为了携带和使用方便，往往将其分段制作，各段之间通过端头的金属丝扣连接，或用其他镶接方式连接起来，使用时可拉长缩短，如图 3-27 所示。

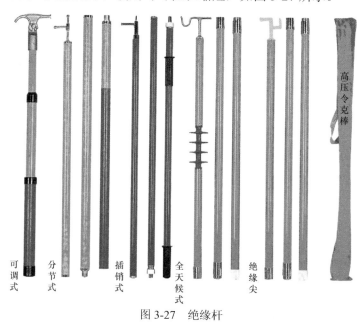

图 3-27　绝缘杆

2. 使用要求

绝缘杆使用前必须核准与被操作设备的电压等级是否相符。使用绝缘杆前，应擦拭干净并检查绝缘杆的堵头，如发现破损，禁止使用。使用绝缘杆时工作人员应戴绝缘手套，穿上绝缘靴（鞋），人体与带电设备保持足够的安全距离，以保持有效的绝缘长度，并注意防止绝缘棒被人体或设备短接。遇下雨天在户外使用绝缘杆操作电气设备时，操作杆的绝缘部分应有防雨罩。罩的上口应与绝缘部分紧密结合，无渗漏现象。使用过程中，应防止绝缘杆与其他物体碰撞而损坏表面绝缘漆。绝缘杆不得移作他用，也不得直接与墙壁或地面接触，防止破坏绝缘性能。工作完毕应将绝缘杆放在干燥的特制的架子上，或垂直地悬挂在专用的挂架上。

（二）验电器

电容型验电器是通过检测流过验电器对地杂散电容中的电流来指示电压是否存在的装置。

电容型验电器一般由接触电极、验电指示器、连接件、绝缘杆和护手环等组成，如图 3-28 所示。

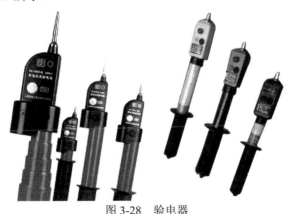

图 3-28　验电器

1. 电容型验电器的使用要求

（1）验电器的规格必须符合被操作设备的电压等级，使用验电器时，应轻拿轻放。

（2）操作前，验电器杆表面应用清洁的干布擦拭干净，使表面干燥、清洁。并在有电设备上进行试验，确认验电器良好。无法在有电设备上进行试验时可用高压发生器等确证验电器良好。如在木杆、木梯或木架上验电，不接地不能指示者，经运行值班负责人或工作负责人同意后，可在验电器绝缘杆尾部接上接地线。

（3）操作时，应戴绝缘手套，穿绝缘靴。使用抽拉式电容型验电器时，绝缘杆应完全拉开。人体应与带电设备保持足够的安全距离，操作者的手握部位不得越过护环，以保持有效的绝缘长度。

（4）非雨雪型电容型验电器不得在雷、雨、雪等恶劣天气时使用。

（5）使用操作前，应自检一次，声光报警信号应无异常。

2. 低压验电器

低压验电器也称验电笔，是检验低压电气设备和线路是否带电的一种专用工具，现有氖管式验电笔和数字式验电笔两种，外形有笔型、改锥型和组合型等，如图 3-29 所示。

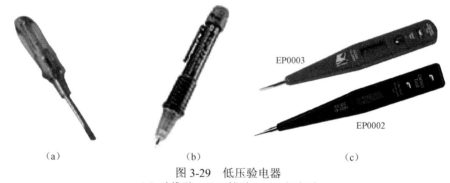

图 3-29　低压验电器
（a）改锥型；（b）笔型；（c）组合型

氖管式验电笔的结构通常由笔尖（工作触头）、电阻、氖管、弹簧和笔身等组成。验电笔一般利用电容电流经氖管灯泡发光的原理制成，故也称发光型验电笔。只要带电体与大地之间电位差超过一定数值（36V 以下），验电器就会发出辉光，低于这个数值，就不发光，从而判断低压电气设备是否带有电压。验电笔也可区分相线和地线，接触电线时，使氖管发光的线是相线，氖管不亮的线为地线或中性线。验电笔还可区分交流电和直流电，使氖管式验电笔氖管两极发光的是交流电。一极发光的是直流电，且发光的一极是直流电源的负极。

数字式验电笔由笔尖（工作触头）、笔身、指示灯、电压显示、电压感应通电检测按钮、电压直接检测按钮、电池等组成。

低压验电笔在使用中需注意以下四点：

（1）使用前应在确认有电的设备上进行试验，试验时必须保证手握部位与带电设备的安全距离，不准沿设备外壳或瓷瓶表面移动验电笔，确认验电笔良好后方可进行验电。

（2）在强光下验电时，应采取遮挡措施，以防误判断。

（3）验电笔不准放置于地面上，应选择合适干燥地点放置。

（4）数字式验电器还应注意，当右手指按断点检测按钮，并将左手触及笔尖时，若指示灯发亮，则表示正常工作。若指示灯不亮，则应更换电池。测试交流电时，切勿按电子感应按钮。

（三）绝缘隔板和绝缘遮蔽罩

绝缘隔板由绝缘材料制成，用于隔离带电部件、限制工作人员活动范围、防止接近高压带电部分的绝缘平板。绝缘隔板又称绝缘挡板，一般应具有很高的绝缘性能，它可与 35kV 及以下的带电部分直接接触，起临时遮栏作用。绝缘遮蔽罩由绝缘材料制成，起遮蔽或隔离的保护作用，防止作业人员与带电体发生直接碰触。如图 3-30 所示为母线槽绝缘隔板和绝缘遮蔽罩。

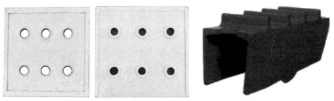

图 3-30　母线槽绝缘隔板和绝缘遮蔽罩

1. 绝缘隔板在使用时的要求

（1）装拆绝缘隔板时应与带电部分保持一定距离（符合安全规程的要求），或者使用绝缘工具进行装拆。

（2）使用绝缘隔板前，应先擦净绝缘隔板的表面，保持表面洁净。

（3）现场放置绝缘隔板时，应戴绝缘手套。如在隔离开关动、静触头之间放置绝缘隔板时，应使用绝缘棒。

（4）绝缘隔板在放置和使用中要防止脱落，必要时可用绝缘绳索将其固定并保证牢靠。

（5）绝缘隔板应使用尼龙等绝缘挂线悬挂，不能使用胶质线，以免在使用中造成接地或短路。

2. 绝缘遮蔽罩在使用时的要求

（1）绝缘遮蔽罩应根据使用电压的等级来选择，不得越级使用。

（2）当环境为−25～＋55℃时，建议使用普通遮蔽罩。当环境温度为−40～＋55℃，建议使用 C 类遮蔽罩。当环境温度为−10～＋70℃时，建议使用 W 类

图 3-31 绝缘手套

遮蔽罩。

（3）现场带电安放绝缘遮蔽罩时，应戴绝缘手套。

（四）绝缘手套

辅助型绝缘手套是由特种橡胶制成的、起电气辅助绝缘作用的手套。套身应有足够长度，戴上后应超过手腕 10cm。绝缘手套如图 3-31 所示。

戴上绝缘手套在高压电气设备、线路上操作隔离开关、跌落式熔断器、断路器时是作为辅助安全工器具。在低压设备上操作时，戴上绝缘手套，可直接带电操作，可作为基本安全工器具使用。

绝缘手套使用前应进行外观检查，如发现有发黏、裂纹、破口（漏气）、气泡、发脆等损坏时禁止使用。检查方法是将手套筒吹气压紧筒边朝手指方向卷曲，卷到一定程度，若手指鼓起，证明无砂眼漏气，可以使用。按照《安规》有关要求进行设备验电，倒闸操作，装拆接地线等工作应戴绝缘手套。使用绝缘手套时应将上衣袖口套入手套筒口内。使用完毕应擦净，晾干，最好在绝缘手套内洒些滑石粉，以免粘连。

（五）绝缘靴（鞋）

辅助型绝缘靴（鞋）是由特种橡胶制成的、用于人体与地面辅助绝缘的靴（鞋）子，如图 3-32 所示。

图 3-32　绝缘靴（鞋）

绝缘靴（鞋）是高压操作时保持绝缘的辅助安全工器具，在低压操作或防护跨步电压时，可作基本安全工器具使用。

绝缘靴（鞋）使用前应进行外观检查，不得有外伤、裂纹、漏洞、气泡、毛刺、划痕等缺陷。如发现有以上缺陷，应立即停止使用并及时更换。使用绝缘靴时，应将裤管套入靴筒内，并要避免接触尖锐的物体，避免接触高温或腐蚀性物质，防止受到损伤。严禁将绝缘靴移作他用。雷雨天气或一次系统有接地时，巡视变电站室外高压设备应穿绝缘靴。要及时检查，发现绝缘鞋底面磨光并露出黄色绝缘层时，应清除换新。

（六）绝缘胶垫

辅助型绝缘胶垫是由特种橡胶制成的、用于加强工作人员对地辅助绝缘的橡胶板，如图 3-33 所示。绝缘胶垫与绝缘靴（鞋）的保护作用相同，是一种固定位置的"绝缘靴（鞋）"。

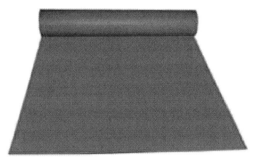

图 3-33 绝缘胶垫

绝缘垫又称绝缘毯，一般铺设在配电装置室地面及控制屏、保护屏、发电机和调相机励磁机端处，带电操作时，能够增强操作人员对地绝缘，避免单相短路、电气设备绝缘损坏时接触电压、跨步电压对人体的伤害。

绝缘胶垫使用过程中应保持完好，出现割裂、破损、厚度减薄、不足以保证绝缘性能等情况时，应及时更换。不得与酸、碱及各种油类物接触，以免腐蚀老化、龟裂、变黏。

（七）安全带

安全带是防止高处作业人员发生坠落或发生坠落后将作业人员安全悬挂的个体防护装备，安全绳是连接安全带系带与挂点的绳（带、钢丝绳等），如图 3-34 所示。

安全带的使用要求：

（1）安全带使用期一般为 3～5 年，发现异常应提前报废。

图 3-34 安全带

（2）安全带的腰带和保险带、绳应有足够的机械强度，材质应有耐磨性，卡环（钩）应具有保险装置，操作应灵活。保险带、绳使用长度在 3m 以上的应加缓冲器。

（3）使用安全带前应进行外观检查，检查内容包括：组件完整、无短缺、无伤残破损；绳索、编带无脆裂、断股或扭结；金属配件无裂纹、焊接无缺陷、无严重锈蚀。挂钩的钩舌咬口平整不错位，保险装置完整可靠；铆钉无明显偏位，表面平整。

（4）安全带应系在牢固的物体上，禁止系挂在移动或不牢固的物件上。不准系在棱角锋利处。安全带要高挂低用。

（5）在杆塔上工作时，应将安全带后备保护绳系在安全牢固的构件上（带电作业视其具体任务决定是否系后备安全绳），不准失去后备保护。

（6）高处作业人员在转移作业位置时不准失去安全保护。

（八）安全帽

安全帽是对人头部受坠落物及其他特定因素引起的伤害起防护作用。由帽壳、帽衬、下颏带及附件等组成。外形如图 3-35 所示。任何人进入生产现场（办公室、控制室、值班室和检修班组室除外）都应正确佩戴安全帽。

图 3-35　安全帽

普通型安全帽的帽壳普遍采用硬质地强度较高的塑料或玻璃钢制作，包括帽舌、帽沿。帽壳内用韧性很好的衬带材料制作帽衬，它由围绕头围的固定衬带、头顶部接触的衬带和箍紧后枕骨部位的后箍组成。另外还有为戴稳帽子，系在下颏上的下颏带和通气孔等。

1. 安全帽的保护原理

安全帽受到冲击载荷时，可将其传递分布在头盖骨的整个面积上，避免集中打击在头顶一点而致命。头部和帽顶的空间位置构成一个冲击能量吸收系统，起缓冲作用，以减轻或避免外物对头部的打击伤害。

2. 安全帽的使用要求

（1）安全帽的使用期从产品制造完成之日起计算，植物枝条编织帽不超过两年，塑料帽、纸胶帽不超过两年半，玻璃钢（维纶钢）橡胶帽不超过三年半。对到期的安全帽，应进行抽查测试，合格后方可使用，以后每年抽检一次，抽检不合格，则该批安全帽报废。

（2）使用安全帽前应进行外观检查，检查安全帽的帽壳、帽箍、顶衬、下颊带、后扣或帽箍扣等组件完好无损。

（3）安全帽戴好后，应将后扣拧到合适位置或将帽箍扣调整到合适的位置，锁好下颊带，防止工作中前倾后仰或因其他原因造成滑落。

（4）高压近电报警安全帽使用前应检查其音响部分是否良好，但不得作为无电的依据。

（九）脚扣和登高板

脚扣和登高板是架空线路工作人员登高作业时攀登电杆的工具。脚扣是由钢或铝合金材料制作的，近似半圆形的电杆套扣和带有皮带脚扣环的脚登板组成，登高板由质地坚韧的木板制作成踏板和吊绳组成，如图 3-36 所示。

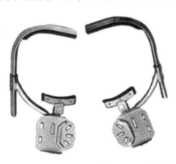

图 3-36　脚扣和登高板

使用脚扣和登高板必须经训练，掌握攀登技能，否则易发生跌伤事故。脚扣和登高板的使用要求如下：

（1）脚扣和登高板使用前应进行外观检查。脚扣的检查内容包括金属母材及焊缝无任何裂纹及可目测到的变形，橡胶防滑块（套）完好、无破损，皮带完好、无霉变、裂缝或严重变形，小爪连接牢固，活动灵活。登高板应检查各部分无裂纹、腐蚀，绳带无损伤。

（2）正式登杆前在杆根处用力试登，判断脚扣和登高板是否有变形和损伤。

（3）登杆前应将脚扣登板的皮带系牢，登杆过程中应根据杆径粗细随时调整脚扣尺寸。

（4）特殊天气使用脚扣和登高板时，应采取防滑措施。

（5）严禁从高处往下扔摔脚扣和登高板。

（十）接地线

携带型短路接地线是用于防止设备、线路突然来电，消除感应电压，放尽剩余电荷的临时接地装置。个人保安接地线俗称小地线，是用于防止感应电压危害的个人用接地装置。

携带型接地线和个人保安线在结构上类似，如图 3-37 所示，由专用夹头和多股软铜线组成，通过接地线的夹头将接地装置与需要短路接地的电气设备连接起来。

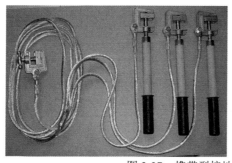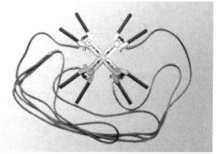

图 3-37　携带型接地线和个人保安接地线

接地线的使用要求：

（1）接地线应用多股软铜线，其截面应满足装设地点短路电流的要求，但不得小于 25mm²，长度应满足工作现场需要。接地线应有透明外护层，护层厚度大于 1mm。

（2）接地线的两端线夹应保证接地线与导体和接地装置接触良好、拆装方便，有足够的机械强度，并在大短路电流通过时不致松动。

（3）接地线使用前，应进行外观检查，如发现绞线松股、断股、护套严重破损、夹具断裂松动等不准使用。

（4）装设接地线时，人体不准碰触接地线或未接地的导线，以防止感应电触电。

（5）装设接地线，应先装设接地线接地端。验电证实无电后，应立即接导体端，并保证接触良好。拆接地线的顺序与此相反。接地线严禁用缠绕的方法进行连接。

（6）设备检修时模拟盘上所挂地线的数量、位置和地线编号，应与工作票和操作票所列内容一致，与现场所装设的接地线一致。

（7）个人保安接地线仅作为预防感应电使用，不准以此代替《安规》规定的工作接地线。只有在工作接地线挂好后，方可在工作相上挂个人保安接地线。

（8）个人保安接地线由工作人员自行携带，凡在同杆塔并架或相邻的平行有感应电的线路上停电工作，应在工作相上使用，并不准采用搭连虚接的方法接地。工作结束时，工作人员应拆除所挂的个人保安接地线。

（十一）梯子

梯子是由木料、竹料、绝缘材料、铝合金等材料制作的登高作业的工具。有靠（直）梯和人字梯两种，如图3-38所示。

图3-38 直（靠）梯和人字梯

梯子的使用要求：

（1）梯子应能承受工作人员携带工具攀登时的总重量。

（2）梯子不得接长或垫高使用。如需接长时，应用铁卡子或绳索切实卡住或绑牢并加设支撑。

（3）梯子应放置稳固，梯脚要有防滑装置。使用前，应先进行试登，确认可靠后方可使用。有人员在梯子上工作时，梯子应有人扶持和监护。

（4）梯子与地面的夹角应为60°左右，工作人员必须在距梯顶1m以下的梯蹬上工作。

（5）人字梯应具有坚固的铰链和限制开度的拉链。

（6）靠在管子、导线上使用梯子时，其上端需用挂钩挂住或用绳索绑牢。

（7）在通道上使用梯子时，应设监护人或设置临时围栏。梯子不准放在门前使用，必要时应采取防止门突然开启的措施。

（8）严禁人在梯子上时移动梯子，严禁上下抛递工具、材料。

（9）在变电站高压设备区或高压室内应使用绝缘材料的梯子，禁止使用金属梯子。搬动梯子时，应放倒两人搬运，并与带电部分保持安全距离。

（十二）过滤式防毒面具

自吸过滤式防毒面具（简称防毒面具）是用于有氧环境中使用的呼吸器，如图3-39所示。防毒面具分导管式和直接式两种。导管式防毒面具的滤毒罐通过导气管与面罩连接，直接式防毒面具的滤毒罐（盒）直接与面罩连接。防毒面具面罩分为全面罩和半面罩，全面罩有头罩式和头带式两种，能遮盖住眼、鼻和口。半面罩能遮盖住鼻和口。每种面罩按尺寸大小分号。

图 3-39　过滤式防毒面具

过滤式防毒面具的使用要求：

（1）使用防毒面具时，空气中氧气浓度不得低于 18%，温度为-30～+45℃，不能用于槽、罐等密闭容器环境。

（2）使用者应根据其面型尺寸选配适宜的面罩号码。

（3）使用前应检查面具的完整性和气密性，面罩密合框应与佩戴者颜面密合，无明显压痛感。

（4）使用中应注意有无泄漏和滤毒罐失效。

（5）防毒面具的过滤剂有一定的使用时间，一般为 30～100min。过滤剂失去过滤作用（面具内有特殊气味）时，应及时更换。

（十三）正压式消防空气呼吸器

正压式消防空气呼吸器（简称空气呼吸器）是用于无氧环境中的呼吸器，如图 3-40 所示。空气呼吸器自携贮存压缩空气的贮气瓶，呼吸时使用气瓶内的气体，不依赖外界环境气体，气瓶内的压缩空气依次经过气瓶阀、减压器、供

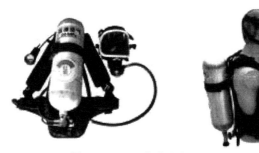

图 3-40　正压式消防空气呼吸器

气阀进入面罩供给佩戴者吸气，呼气则通过呼气阀排出面罩外。

正压式消防空气呼吸器的使用要求：

（1）使用者应根据其面型尺寸选配适宜的面罩号码。

（2）使用前应检查面具的完整性和气密性，面罩密合框应与人体面部密合良好，无明显压痛感。

（3）使用中应注意有无泄漏。

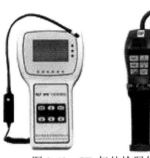

图 3-41　SF$_6$气体检漏仪

（十四）SF$_6$气体检漏仪

SF$_6$气体检漏仪是用于绝缘电气设备现场维护时，测量 SF$_6$气体含量的专用仪器，如图 3-41 所示。

SF$_6$气体检漏仪的使用要求：

（1）应按照产品使用说明书正确使用。

（2）工作人员进入 SF$_6$配电装置室，入口处若无 SF$_6$气体含量显示器，应先通风15min，并用 SF$_6$气体检漏仪测量 SF$_6$气体含量。

三、安全工器具的试验、保管与存放

（一）安全工器具的试验

为防止电力安全工器具性能改变或存在隐患而导致在使用中发生事故，对电力安全工器具要应用试验、检测和诊断的方法和手段进行预防性试验。

各类电力安全工器具必须通过国家和行业规定的型式试验，进行出厂试验和使用中的周期性试验，试验由具有资质的电力安全工器具检验机构进行。

应进行试验的安全工器具有：规程要求进行试验的安全工器具；新购置和自制的安全工器具；检修后或关键零部件经过更换的安全工器具；对机械、绝缘性能发生疑问或发现缺陷的安全工器具；出了质量问题的同批安全工器具。

电力安全工器具经试验合格后，在不妨碍绝缘性能且醒目的部位贴上"试验合格证"标签，注明试验人、试验日期及下次试验日期。

各类绝缘安全工器具试验项目、周期和要求见表 3-10。

表 3-10　　　　　　　　　绝缘安全工器具试验项目、周期和要求

序号	器具	项目	周期	要求	说明
1	电容型验电器	启动电压试验	1 年	起动电压值不高于额定电压的 40%，不低于额定电压的 15%	试验时接触电极应与试验电极相接触

序号	器具	项目	周期	要求				说明
1	电容型验电器	工频耐压试验	1年	额定电压（kV）	试验长度（m）	工频耐压（kV）		
						1min	5min	
				10	0.7	45	—	
				35	0.9	95	—	
				63	1.0	175	—	
				110	1.3	220	—	
				220	2.1	440	—	
				330	3.2	—	380	
				500	4.1	—	580	
2	携带型短路接地线	成组直流电阻试验	不超过5年	在各接线鼻之间测量直流电阻，对于25、35、50、70、95、120mm² 的各种截面，平均每米的电阻值应分别小于0.79、0.56、0.40、0.28、0.21、0.16mΩ				同一批次抽测，不少于2条，接线鼻与软导线压接的应做该试验
		操作棒的工频耐压试验	5年	额定电压（kV）	试验长度（m）	工频耐压（kV）		试验电压加在护环与紧固头之间
						1min	5min	
				10	—	45	—	
				35	—	95	—	
				63	—	175	—	
				110	—	220	—	
				220	—	440	—	
				330	—	—	380	
				500	—	—	580	
3	个人保安线	成组直流电阻试验	不超过5年	在各接线鼻之间测量直流电阻，对于10、16、25mm² 各种截面，平均每米的电阻值应小于1.98、1.24、0.79mΩ				同一批次抽测，不少于两条
4	绝缘杆	工频耐压试验	1年	额定电压（kV）	试验长度（m）	工频耐压（kV）		
						1min	5min	
				10	0.7	45	—	
				35	0.9	95	—	
				63	1.0	175	—	
				110	1.3	220	—	
				220	2.1	440	—	
				330	3.2	—	380	
				500	4.1	—	580	
5	核相器	连接导线绝缘强度试验	必要时	额定电压（kV）	工频耐压（kV）	持续时间（min）		浸在电阻率小于100Ωm水中
				10	8	5		
				35	28	5		

续表

序号	器具	项目	周期	要求				说明
5	核相器	绝缘部分工频耐压试验	1年	额定电压（kV）	试验长度（m）	工频耐压（kV）	持续时间（min）	
				10	0.7	45	1	
				35	0.9	95	1	
		电阻管泄漏电流试验	半年	额定电压（kV）	工频耐压（kV）	持续时间（min）	泄漏电流（mA）	
				10	10	1	≤2	
				35	35	1	≤2	
		动作电压试验	1年	最低动作电压应达0.25倍额定电压				
6	绝缘罩	工频耐压试验	1年	额定电压（kV）	工频耐压（kV）	时间（min）		
				6～10	30	1		
				35	80	1		
7	绝缘隔板	表面工频耐压试验	1年	额定电压（kV）	工频耐压（kV）	持续时间（min）		电极间距离300mm
				6～35	60	1		
		工频耐压试验	1年	额定电压（kV）	工频耐压（kV）	持续时间（min）		
				6～10	30	1		
				35	80	1		
8	绝缘胶垫	工频耐压试验	1年	电压等级	工频耐压（kV）	持续时间（min）		使用于带电设备区域
				高压	15	1		
				低压	3.5	1		
9	绝缘靴	工频耐压试验	半年	工频耐压（kV）	持续时间（min）	泄漏电流（mA）		
				15	1	≤7.5		
10	绝缘手套	工频耐压试验	半年	电压等级	工频耐压（kV）	持续时间（min）	泄漏电流（mA）	
				高压	8	1	≤9	
				低压	2.5	1	≤2.5	
11	导电鞋	直流电阻试验	穿用不超过200 h	电阻值小于100kΩ				符合《防静电鞋导电鞋安全技术要求》GB 4385—1995
12	绝缘绳	高压	每六个月一次	105kV/0.5m				

注　绝缘安全工器具的试验方法参照《电力安全工器具预防性试验规程（试行）》（国电发〔2002〕777号）的相关内容。

各类登高工器具试验标准见表 3-11。

表 3-11　　　　　　　　　登高工器具试验标准

序号	名称	项目	周期	要求			说明
1	安全带	静负荷试验	1年	种类	试验静拉力（N）	载荷时间（min）	牛皮带试验周期为半年
				围杆带	2205	5	
				围杆绳	2205	5	
				护腰带	1470	5	
				安全绳	2205	5	
2	安全帽	冲击性能试验	按规定期限	受冲击力小于4900N			使用期限：从制造之日起，塑料帽 ≤2.5年，玻璃钢帽≤3.5年
		耐穿刺性能试验	按规定期限	钢锥不接触头模表面			
3	脚扣	静负荷试验	1年	施加1176N静压力，持续时间5min			
4	升降板	静负荷试验	半年	施加2205N静压力，持续时间5min			
5	竹（木）梯	静负荷试验	半年	施加1765N静压力，持续时间5min			
6	软梯钩梯	静负荷试验	半年	施加4900N静压力，持续时间5min			
7	防坠自锁器	静负荷试验	1年	将15kN力加载到导轨上，保持5min			试验标准来自于 GB/T 6096《安全带测试方法》第4.7.3.2 和 4.10.3.3 条
		冲击试验	1年	将100kg±1kg荷载用1m长绳索连接在防坠自锁器上，从与防坠自锁器水平位置释放，测试冲击力峰值在6kN±0.3kN之间为合格			
8	缓冲器	静负荷试验	1年	a）悬垂状态下末端挂5kg重物，测量缓冲器端点长度。 b）两端受力点之间加载挂2kN保持2min，卸载5min后检查缓冲器是否打开，并在悬垂状态下末端挂5kg重物，测量缓冲器端点长度。计算两次测量结果差，即初始变形，精确至1mm			试验标准来自于 GB/T 6096 第4.11.2条
9	速差自控器	静负荷试验	1年	将15kN力加载到速差自控器上，保持5min			试验标准来自于 GB/T 6096 第4.7.3.3 和 4.10.3.4 条
		冲击试验	1年	将100kg±1kg荷载用1m长绳索连接在速差自控器上，从与速差自控器水平位置释放，测试冲击力峰值在6kN±0.3kN之间为合格			

（二）安全工器具的保管与存放

安全工器具的保管与存放，要满足国家和行业标准及产品说明书要求，并要满足下列要求：

（1）橡胶塑料类安全工器具。橡胶塑料类安全工器具应存放在干燥、通风、避光的环境下，存放时离开地面和墙壁 20cm 以上，离开发热源 1m 以上，避免阳光、灯光或其他光源直射，避免雨雪浸淋，防止挤压、折叠和尖锐物体碰撞，严禁与油、酸、碱或其他腐蚀性物品存放在一起。

（2）环氧树脂类安全工器具。环氧树脂类安全工器具应置于通风良好、清洁干燥、避免阳光直晒和无腐蚀及有害物质的场所保存。

（3）纤维类安全工器具。纤维类安全工器具应放在干燥、通风、避免阳光直晒、无腐蚀及有害物质的位置，并与热源保持 1m 以上的距离。

（4）其他类安全工器具：

1）钢绳索速差式防坠器，如钢丝绳浸过泥水等，应使用涂有少量机油的棉布对钢丝绳进行擦洗，以防锈蚀。

2）安全围栏（网）应保持完整、清洁无污垢，成捆整齐存放。

3）标识牌、警告牌等，应外观醒目，无弯折、无锈蚀，摆放整齐。

第九节　应 急 管 理

一、应急管理概述

1. 应急管理的定义

应急管理是在应对突发事件的过程中，为了预防和减少突发事件的发生，控制、减轻和消除突发事件引起的危害，基于对造成突发事件的原因、突发事件发生和发展过程以及所产生的负面影响的科学分析，有效集成社会和企业各方面的资源，对突发事件进行有效预防、准备、响应和恢复的一整套理论、方法和技术体系。

概括地说，应急管理就是对突发事件进行有效预防、准备、响应和恢复的过程，如图 3-42 所示。

2. 应急管理概念的理解要点

（1）降低危害。

（2）分析发生发展机理和负面影响。

图 3-42　应急管理过程

（3）集成资源。

（4）应对突发事件。

3. 应急管理的特征

（1）管理主体可以是政府、单位、企业。

（2）管理对象是突发事件。

（3）管理目标是降低或减少突发事件带来的影响和损失。

（4）管理阶段包括预防、准备、响应、恢复。

4. 应急管理各阶段具体工作内容

（1）预防阶段主要包括两个方面（即两个目标）。

1）预防和减少突发事件发生的机会（少发生）。

2）突发事件已经发生了，如何减轻灾害、灾难和灾祸造成的危害。

这些工作主要靠平时做，也是应急管理常态化管理的内容。人们虽然不能阻止突发事件的发生，但绝对能够预防或减少损失。

（2）准备阶段主要包括：

1）制定各种类型的应急预案。

2）设法增加灾害发生时可调用的资源。

（3）响应阶段是指突发事件发生后的各种救援活动，包括：

1）受害者或受困者提供各种各样的救助。

2）各种救援行动要防止二次伤害。

3）及时收集灾情信息等。

（4）恢复阶段，包括：

1）软件恢复，包括生产秩序、生活秩序、社会秩序等。

2）硬件重建，是指路、水、电等的恢复。

四个阶段构成一个循环，每一阶段都起源于前一阶段，同时又是后一阶段的前提。两个阶段之间会有交叉和重叠。

5. 应急管理的规律

规律是事物本质的内在的关系，认识规律才能真正掌握规律，然后才能运用好规律。应急管理的规律归纳为三个字，即"防""救""建"。

"防"就是"先其未然谓之防"，"救"就是"发而止之谓之救"，"建"就是"毁而复之谓之建"。"防"为上，"救"次之，"建"为下，这就是应急管理的规律。

（1）所谓"防"，包括人防、技防、物防。人防包括公众、政府，各种应急队伍；技防是用技术手段，监测、预测、预警等；物防有避难场所、各项工程、建筑物等，规划要合理，建筑要坚固，应急物资、装备要有储备。

（2）所谓"救"，分自救、互救和公救。自救是依靠自己能力逃生；互救是依靠周围的人救援；公救包括政府组织，自愿者救助。自救第一，互救第二，公救第三。这是因为生命延续是有时间限制的，外援力量到达要受空间限制。所以提高公众自救能力和互救能力是何等重要。

（3）所谓"建"，是基础设施如公路、水库、学校、医院等恢复重建。首先依靠政府，公建第一；然后"一方有难，八方支援"；最后是艰苦奋斗自救。

6. 现代企业应急管理的特点

（1）由单灾种向应对多灾种综合应对转变，尤其突出系统风险的应对。

（2）由过去只重视生命和财产安全到同时关注环境保护。

（3）由单纯注重响应向预防、准备、响应和恢复重建并重的全过程转变，尤其重视风险管理。

（4）由单纯依靠政府应急向政府发挥主导作用，整合社会各方面力量协同应急转变。

二、突发事件概述

1. 突发事件的定义

突发事件，又称突发公共事件，是指突然发生的，造成或可能造成严重危害或损失的紧急事件。

《中华人民共和国突发事件应对法》对突发公共事件的定义是：突然发生，造成或者可能造成严重社会危害，需要采取应急处置措施予以应对的自然灾害、事故灾难、公共卫生事件和社会安全事件。

2. 突发事件的分类

根据突发公共事件的发生过程、性质和机理，突发公共事件主要分为以下四类：

（1）自然灾害。主要包括水旱灾害，气象灾害，地震灾害，地质灾害，海洋灾害，生物灾害和森林草原火灾等。

（2）事故灾难。主要包括工矿商贸等企业的各类安全事故，交通运输事故，公共设施和设备事故，环境污染和生态破坏事件等。

（3）公共卫生事件。主要包括传染病疫情，群体性不明原因疾病，食品安全和职业危害，动物疫情，以及其他严重影响公众健康和生命安全的事件。

（4）社会安全事件。主要包括恐怖袭击事件，经济安全事件和涉外突发事件等。

3. 突发事件的分级

我国将突发事件分四级：特别重大、重大、较大、一般。

突发事件分级的目的是落实责任，分级处置，节省资源。

各类突发事件的分级标准由国务院或者国务院确定的部门制定。

4. 突发事件的特点

（1）社会性和公共性。突发事件发生，会对社会公众造成巨大冲击、严重损失及不良影响。随着新闻媒介的发展和信息传播的快速及广泛，突发事件往往立即成为社会和舆论关注的焦点，甚至成为国际社会和公众谈论的热点话题。因此，社会或企业必须快速反应、正确决策、处置得当，使突发事件可控、能控、在控。确保社会稳定、民心安定、企业安宁、减灾有效。

（2）突发性和紧迫性。突发事件发生，往往突如其来，出乎人们意料。有些突发事件往往在瞬间爆发，出其不意，使人们措手不及，严重危及人民生命财产安全。拖不得，推不得，迟不得。没有行动，就会丧失时机，需及时采取应对措施。

（3）潜在性和隐秘性。突发事件具有潜在性和隐秘性特征，爆发的征兆不甚明显，即使有一些蛛丝马迹，也没有引起人们的警觉，使社会或企业不能有效预知。或虽然预知，也因应急预案的不完善或准备不足而不能有效应对。如美国"9·11"恐怖袭击事件、上海"11·15"特大火灾和温州"7·23"特大铁路交通事故，其隐秘性大大出乎社会和公众的意料。

（4）危害性和破坏性。突发事件发生，对生命财产、社会秩序、公共安全构成严重威胁，可能造成巨大的生命、财产损失或社会秩序的严重动荡。

（5）关联性和蔓延性。一个突发事件可能会引起其他事件。开始可能是一个不大的事情，后来却变成大事情。如果对突发事件初期处置不力、控制不当，又会辐射、传导，引发其他危机，造成多米诺骨牌效应。如：2008年2月的雨雪冰冻天气，险些引发广州火车站骚乱事件发生。

（6）不确定性和复杂性。突发事件的突出表现是爆发时间的不确定性、状态的不确定性、影响的不确定性和后果的不确定性。一切都在瞬息万变，人们无法用常规进行判断，也无相同的事件可供借鉴，突发事件的产生、发展及其影响往往背离人们的主观愿望，其后果和影响难以在短期内消除。典型的例子是1986年发生的苏联切尔诺贝利核电站泄漏事故造成了严重后果和不良的国际影响。

突发事件的复杂性是由其产生原因的复杂性以及事件的危害性、急迫性和辐射性所决定的，务必引起我们的高度警觉，采取针对性措施加以消除。

5. 突发事件的预警

（1）预警级别：依据突发事件可能造成的危害程度、紧急程度和发展态势，一般划分为四级：Ⅰ级、Ⅱ级、Ⅲ级、Ⅳ级，依次用红色、橙色、黄色和蓝色表示。

（2）预警内容，包括突发事件的类别、预警级别、起始时间、可能影响范围、警示事项应采取的措施和发布机关等。

（3）预警方式：预警信息的发布、调整和解除，可通过广播、电视、报刊、通信、信息网络、警报器、宣传车或组织人员逐户通知等方式进行，对老、幼、病、残、孕等特殊人群以及学校等特殊场所和警报盲区采取有针对性的公告方式。

三、应急预案

1. 应急预案的定义

应急预案是指针对可能发生的各类突发事件（事故），为迅速、有序地开展应急行动而预先制定的行动方案。

从定义可以看出，应急预案本质是行动计划，内容包括应急预防、准备、响应和恢复全过程的措施，目标是预防和降低影响和损失，必须是事先制定的，事后制定的不能叫预案。

2. 应急预案的作用

（1）明确应急处置工作的职责和流程，保障应急处置工作的迅速、高效、有序地开展，降低人员、财产等损失。

（2）对于事先未预料（或无法预料）的突发事件，也可以起到基本的指导作用。

（3）建立了与内外部、上下级其他应急预案的衔接，可以确保内外部、上下级的协调与联动。

（4）有利于提高风险防范意识。应急预案编制过程是对风险辨识和防范的过程，应急预案的宣传、培训、演练等活动可使各方了解可能面临的突发事件及应急响应措施，有利于促进各方提高风险防范意识和能力。

（5）有利于促进应急工作的制度化、规范化。

3. 应急预案的类别

（1）按突发事件性质划分为自然灾害、事故灾难、公共卫生事件、社会安全事件。

（2）按应急预案的功能与目标划分为总体应急预案、专项应急预案、现场处置方案。

（3）按应急预案的行政区域划分为国家级预案、省级预案、地市级预案、县区级预案、基层组织预案、企业预案。

（4）按应急预案的性质划分为指导性应急预案、操作性应急预案。

（5）按责任主体分为政府预案、企业预案。

4. 应急预案的基本要求

（1）合法性：是指符合国家有关法律、法规、规章、标准和规范性文件要求，符合企业规章制度的要求。

（2）针对性：是指针对重大危险源，可能发生的各类事故，关键的岗位和地点，薄弱环节，或者重要的工程。

（3）科学性：是指制定的方案、决策程序、处置方法、实现手段要科学先进，还要有模拟实验结果做支撑，充分发挥专家的作用，同时吸取历史的经验和教训。

（4）可操作性：是指任务可分解落实，职责要明确，通信信息要准确，程序要明晰，方法要可行，涉及外部相关内容要取得认可。

（5）完整性：是指预案要素、应急过程、适用范围应完整。

（6）可读性：即易于查询、语言简洁、通俗易懂、层次清晰。

（7）相互衔接：是要求与同级政府预案、上级主管部门预案、相邻企业预案相互衔接。

5. 应急预案管理的内容

（1）应急预案的编制。

（2）应急预案的评审。

（3）应急预案的发布。

（4）应急预案的备案。

（5）应急预案的培训、演练。

（6）应急预案的修订。

（7）其他。

四、电网企业应急预案体系各层面预案设置原则

电网企业应急预案体系的结构按照总体预案、专项预案、现场处置方案三级设置。

1. 总体预案

总体应急预案是电网企业组织管理、指挥协调突发事件处置工作的指导原则和程序规范，是应对各类突发事件的综合性文件。总体预案应对应急组织机构及职责、预案体系的构成及相应程序、事故预防及应急保障、事件分类分级、应急培训及预案演练等作出详细、明确的规定。电网企业必须设置一个总体预案。

2. 专项预案

专项应急预案是针对具体的突发事件、危险源和应急保障制订的计划或方案。专项预案的设置，必须利于电网企业内部上下对应，以及与各级政府实现预案的衔接，并保持预案体系较长时间的稳定。例如：国家电网公司系统的省（自治区、直辖市）电力公司、地市公司级单位和县公司级单位应当设置 21 个专项预案。国家电网公司专项预案见表 3-12。

表 3-12　　　　　　　　　　应急预案体系专项预案设置目录

序号	类别	预案名称	说明
1	自然灾害类	雨雪冰冻灾害处置应急预案	用于处置暴雪、雨雪冰冻、大雾等气象灾害造成的电网设施设备较大范围损坏或重要设施设备损坏事件
2		台风灾害处置应急预案	用于处置台风、龙卷风、飑线风等气象灾害造成的电网设施设备较大范围损坏或重要设施设备损坏事件
3		防汛应急预案	用于处置暴雨、洪水等气象灾害造成的电网设施设备较大范围损坏或重要设施设备损坏事件
4		地震地质灾害处置应急预案	用于处置地震、泥石流、山体崩塌、滑坡、地面塌陷等灾害以及其他不可预见灾害造成的电网设施设备较大范围损坏或重要设施设备损坏事件（如地震、地质灾害等造成大容量发电机损坏）
5	事故灾难类	人身伤亡事件处置应急预案	用于处置生产、基建、农电、经营、多经、国外项目工作中出现的人员伤亡事件，以及因生产经营场所发生火灾造成的人员伤亡事件
6		交通事故处置应急预案	用于处置交通事故中出现的人员伤亡事件
7		设备设施事故处置应急预案	用于处置生产、基建、农电、经营、多经、国外项目等运行或工作中出现的重要设施设备损坏事件（包括办公楼、厂房、大型施工设备等）
8		生产经营区域火灾事故处置应急预案	用于处置生产、基建、农电、经营、国外项目及多经、集体企业等生产经营中因火灾（包括森林火灾）造成的生产经营场所房屋及设备损坏事件
9		网络信息系统突发事件处置应急预案	用于处置对电网企业构成损失和影响的各类通信、网络与信息安全事件
10		大面积停电事件处置应急预案	用于处置因各种原因导致的电网对社会大面积停电事件
11		通信系统事故处置应急预案	用于处置对电网企业造成严重损失和影响的通信系统突发事件

序号	类别	预案名称	说明
12	事故灾难类	环境污染事件处置应急预案	用于处置电网企业发生的各类环境污染事件,如:硫酸、盐酸、烧碱、液氨及其他有毒、腐蚀性物资在运输、储存和使用过程中发生大量泄漏事故,造成土壤、水源、空气污染。剧毒化学药品处置不当造成土壤、水源污染。油料大量泄漏造成水源、土壤污染。水力除灰管线造成水源、土壤污染等
13		水电厂大坝垮塌、水淹厂房事件处置应急预案	用于处置水电厂大坝垮塌、水淹厂房突发事件
14	公共卫生事件类	突发公共卫生事件处置应急预案	用于社会发生国家卫生部规定的传染病疫情情况下电网企业的应对处置,以及电网企业内部人员感染疫情事件的处
15	社会安全事件类	电力服务事件处置应急预案	用于处置正常工作中出现的,涉及对经济建设、人民生活、社会稳定产生重大影响的供电服务事件,如:涉及重点电力客户的停电事件、新闻媒体曝光并产生严重影响的停电事件、客户对供电服务集体投诉事件、新闻媒体曝光并产生严重影响的供电服务质量事件、其他严重损害电网企业形象的服务事件等
16		电力短缺事件处置应急预案	用于处置因能源供应紧张造成的发电能力下降、外购电力发生意外变故等导致电网出现电力短缺的事件
17		重要保电事件应急预案	用于国家、社会重要活动、特殊时期的电力供应保障。以及处置国家社会出现严重自然灾害、突发事件,政府要求电网企业在电力供应方面提供支援的事件
18		突发群体事件处置应急预案	用于处置电网企业内外部人员群体上访、封堵、冲击电网企业生产经营办公场所;及企业内部或与企业有关的人员,群体到政府相关部门上访、封堵、冲击政府办公场所事件
19		突发事件新闻处置应急预案	用于企业内部某些突发事件信息向社会的及时发布,以及电网企业对社会涉电突发事件及时作出的公开反应、说明、表态等
20		涉外突发事件处置应急预案	用于处置电网企业在外人员出现的人身安全受到严重威胁事件,如:被绑架、扣留、逮捕等事件,以及在电网企业工作的外国人在华工作期间发生的人身安全受到严重威胁或因触犯法律受到惩处事件
21		反恐怖处置应急预案	用于处置电网企业遭受恐怖组织、人员袭击等事件

3. 现场处置方案

现场处置方案是针对特定的场所、设备设施、岗位,在详细分析现场风险和危险源的基础上,针对典型的突发事件,制定的处置措施和主要流程。现场处置方案是应急预案体系的重要组成部分,其核心是发生突发事件时,作业现场人员能够按照应急处置程序采取有效处置措施,开展自救互救工作,以控制、延缓事件的发展，为后续处置工作赢得先机和主动，提高整体应急处置工作的质量和效果。

（1）现场处置方案编制的原则。

1）现场处置方案按照突发事件类型分为自然灾害类、事故灾难类、公共卫生事件类和社会安全事件类。统一的分类方法保证了现场处置方案与专项应急预案的有效衔接，每一个专项应急预案与一个或多个现场处置方案对应和衔接，每件突发事件同样也对应一个或多个专项应急预案。

2）现场处置方案框架体系涵盖了电力生产、建设、经营等各环节，按照"横向到边、纵向到底"原则，针对作业现场各工作岗位、人员、作业环境及作业项目存在潜在风险，制定相应的先期现场处置措施。

3）现场处置方案的内容应严格按照有关规定的要求，将事件特征、人员职责、处置的程序、步骤和措施、注意事项以及联络人员、关键路线和标识等充分描述清楚，满足现场处置的需要。现场处置方案的编制格式参照应急预案的格式。

4）根据"谁使用，谁编制"的原则，完善现场处置方案。

（2）现场处置方案编制的内容。

现场处置方案编制的内容主要包括：工作场所、事件特征、现场人员应急职责、现场应急处置、注意事项等。

1）工作场所是指事件可能发生的区域、地点或装置的名称，如××省电力公司××供电公司××现场（场所）。

2）事件特征是指可能发生的事件类型、事前可能出现的征兆、能造成的危险危害程度。

3）现场人员应急职责是指作业现场有关人员的应急职责，包括：①工作现场负责人应急职责；②工作班人员应急职责；③其他人员应急职责。

4）现场应急处置是现场处置方案的核心内容，包括：①现场应具备条件；②现场应急处置程序及措施。

a.现场应急处置程序。根据可能发生的典型事件类别及现场情况，明确报警、各项应急措施启动、应急救护人员的引导、事件扩大时与相关应急预案衔接的程序。

b.现场应急处置措施。针对可能发生的人身、电网、设备、火灾等，从操作措施、工艺流程、现场处置、事故控制、人员救护、消防、现场恢复等方面制定明确的应急处置措施。现场处置措施应符合有关操作规程和事故处置规程规定。

c.事件报告流程。明确报警电话及上级管理部门、相关应急救援单位联络方式和联系人员。

5）注意事项是指现场应急处置过程中应该注意的内容要求，包括：①佩戴个人防护器具方面的注意事项；②使用抢险救援器材方面的注意事项；③采取救援对策或措施方面的注意事项；④现场自救和互救的注意事项；⑤现场应急处置能力确认和人员安全防护等事项；⑥应急救援结束后的注意事项；⑦其他需要特别警示的事项。

6）现场应急处置方案还须列出应急工作中需要联系的部门、机构或人员的联系方式，以及附相关平面布置图。

现场应急处置方案应结合专业特点编制，具体范例见各专业分册附录 B。

此外，班组可以根据上级现场处置方案，针对现场突发事件，编制"一事一卡一流程"，提高现场应急处置能力。

第十节 现 场 急 救

一、火灾事故现场自救

1. 遭遇火灾时的处置方法

（1）不论何时何地发现火灾，立即拨打 119 或 110 报警。

（2）判断火势方向，避火扑救。就近取水灭火，力争将火苗消灭在萌芽状态。

（3）冷静面对，寻找、利用各种手段设法自救逃生。

2. 发生火灾后的自救方法

（1）从房门逃生时，应该先摸门把。如果门锁很烫，证明门外火势很大，千万不要开门。

（2）匍匐前进，逃出门外。发生火灾，火势较大时要设法逃生，不要贪恋财物。火灾刚发生时，火苗、烟雾、热气都是向上的，应尽快用湿毛巾、口罩等物品捂住口鼻，压低身体，不要深呼吸，匍匐前进冲出门外。

（3）浸湿外衣，冲下楼梯。楼房着火后，应立即往自己身上泼水浸湿衣服，或浸湿棉被毛毯裹住身体，迅速冲下楼梯。如果是自下而上的火灾，且火势凶猛，则不要选择楼梯逃生。

（4）利用阳台、窗户、管道下滑。在房门或楼梯被火封住无法逃生时，立即利用阳台、窗户、管道下滑。

（5）利用绳索逃离。无路可逃时，寻找绳索或利用床被单扯成条状连接，一头固定在较牢固的物体上（窗杆、栏杆），一头拴住自己的腰部，顺绳下滑。

（6）被迫跳楼逃生。火势凶猛，无法逃生，只能选择跳楼时，要先向下面丢棉被等弹性物品做缓冲。尽可能抓住可攀物下滑，降低落下高度。同时保持身体张力，使两脚落地，以减少损伤和重伤。

（7）公共场所逃生。在公共场所遇到火灾，按以上方法逃生。不要慌乱，不要拥挤，听从指挥，协助指挥，以免因拥挤造成挤压伤亡。

（8）火灾逃生时，不应乘坐电梯，以免停电被困或燃烧被烫。

3. 身上着火时的自救原则

（1）身上着火，不要奔跑，以免加大火势。

（2）立即脱掉衣服，或跳入水中。

（3）就地打滚，压灭火苗。

（4）任何场所发生火灾，都要立即关掉空调，停止送风，并开启排风设施。

（5）发生火灾时，要尽量靠近承重墙或承重构件部位行走，以免重物砸人。

（6）入住旅店，要先观察周围环境，探明紧急出口，做到有备无患。

二、道路交通事故现场自救

（1）报案求救。发生道路交通事故后，驾乘人员应该立即停车，迅速拨打122电话报案或110电话报警。如有人员伤亡，同时拨打120急救电话，寻求医疗救助；如车辆起火燃烧，同时拨打119火警电话。

（2）救命救急。尽快将伤员移至安全地带，尽快对危重伤员实施现场救护，如心跳呼吸停止、大出血等的救护。

（3）保护现场。指定专人保护现场。伤员需要移动时，要勾画出现场的基本轮廓，以便交警进行事故处理。

（4）现场自救。事故发生后，无论是司机还是乘客，只要意识还清醒，就要先关闭发动机；对于撞车后起火燃烧的车辆要迅速撤离，以防油箱爆炸伤人；如果只有一人驾驶车辆，汽车翻倒后无力从车中爬出时，可鸣笛或闪动大灯向路过车辆求救信号；救护人员要注意自身安全，不要在交通要道实施救护，以免新的事故发生。

（5）创伤处理。参照本章"四、创伤和其他急救"。

三、触电急救

1. 触电急救的原则

触电急救，应遵守迅速、就地、准确、坚持的原则。

触电急救应分秒必争，一经明确呼吸、心跳停止的，立即就地迅速用口对口（鼻）人工呼吸和胸外心脏按压方法，坚持不断地进行抢救，同时及早与医疗急救中心（医疗部门）联系，争取医务人员接替救治。在医务人员接替救治前，不应放弃现场抢救，更不能只根据没有呼吸或脉搏的表现，擅自判定触电伤员死亡，放弃抢救。只有医生有权做出触电伤员死亡的诊断。

2. 脱离电源的方法

（1）低压触电可采用下列方法使触电伤员脱离电源：

1）如果触电地点附近有电源开关或电源插座，可立即拉开开关或拔出插头，断开电源。

2）如果触电地点附近没有电源开关或电源插座（头），可用有绝缘柄的电工钳或有干燥木柄的斧头切断电线，断开电源。

3）当电线搭落在触电伤员身上或压在身下时，可用干燥的衣服、手套、绳索、皮带、木板、木棒等绝缘物作为工具，拉开触电伤员或挑开电线，使触电伤员脱离电源。

4）如果触电伤员的衣服是干燥的，并未紧缠在身上，可用单手抓住其衣服，将其拉离电源。

5）若触电发生在低压带电的架空线路上或配电台架、进户线上，对可立即切断电源的，则应迅速断开电源，救护者迅速登杆或登至可靠地方，并做好自身防触电、防坠落安全措施，用带有绝缘胶柄的钢丝钳、绝缘物体或干燥不导电物体等工具将触电伤员脱离电源。

（2）高压触电可采用下列方法之一使触电伤员脱离电源：

1）立即通知调度和上级部门停电。

2）戴上绝缘手套，穿上绝缘靴，用相应电压等级的绝缘工具按顺序拉开电源开关或熔断器。

3. 脱离电源时的注意事项

（1）救护人不可直接用手、其他金属及潮湿的物体作为救护工具，而应使用适当的绝缘工具。救护人最好用单手操作，以防自身触电。

（2）防止触电伤员脱离电源后可能的摔伤，特别是当触电伤员在高处的情况下，应采取有效的防坠落措施。即使触电伤员在平地，也要注意触电伤员倒下的方向，以防摔伤。救护者在救护中应注意自身的防坠落、摔伤措施。

（3）救护者在救护过程中特别是在杆上或高处抢救触电伤员时，要注意自身和被救者与附近带电体之间的安全距离，防止再次触及带电设备。电气设备、线路即使电源已断开，对未做安全措施挂上接地线的设备也应视作有电设备。救护人员登高时应随身携带必要的绝缘工具和牢固的绳索等。

（4）如触电事故发生在夜间，应设置临时照明灯，以便于抢救，避免意外事故，但不能因此延误切除电源和进行急救的时间。

4. 触电伤员脱离电源后的处理

（1）判断意识。判断伤员有无意识的方法：轻拍伤员肩部，高声喊叫或直呼其姓。如有意识，立即送医院。如眼球固定、瞳孔散大，无反应时，立即用手指甲掐压人中穴、合谷穴约 5s。

（2）呼救。一旦初步确定伤员意识丧失，应立即呼救，招呼周围的人前来协助抢救。

（3）放置体位。正确的抢救体位是：仰卧位。患者头、颈、躯干平卧无扭曲，双手放于躯干两侧。

（4）通畅气道。当发现触电伤员呼吸微弱或停止时，应立即通畅触电伤员的气道以促进触电伤员呼吸或便于抢救。通畅气道主要采用仰头举颏法。

（5）判断呼吸。触电伤员如意识丧失，应在开放气道后 10s 内用看、听、试的方法判定触电伤员有无呼吸。

（6）口对口（鼻）人工呼吸。当判断触电伤员确实不存在呼吸时，应即进行口对口（鼻）的人工呼吸。

（7）脉搏判断。在检查触电伤员的意识、呼吸、气道之后，应对触电伤员的脉搏进行检查，以判断触电伤员的心脏跳动情况。

（8）胸外心脏按压。当判断触电伤员确实停止心跳时，应即进行胸外心脏按压。

5. 口对口（鼻）人工呼吸

（1）在保持呼吸通畅的位置下进行。用按于前额一手的拇指与食指，捏住触电伤员鼻孔（或鼻翼）下端，以防气体从口腔内经鼻孔逸出，施救者深吸一口气屏住并用自己的嘴唇包住（套住）触电伤员微张的嘴。

（2）每次向触电伤员口中吹（呵）气持续 1～1.5s，同时仔细地观察触电伤员胸部有无起伏，如无起伏，说明气未吹进。

（3）一次吹气完毕后，应即与触电伤员口部脱离，轻轻抬起头部，面向触电伤员胸部，吸入新鲜空气，以便作下一次人工呼吸。同时使触电伤员的口张开，捏鼻的手也可放松，以便触电伤员从鼻孔通气，观察触电伤员胸部向下恢复时，则有气流从触电伤员口腔排出。

抢救一开始，应即向触电伤员先吹气两口，吹气时胸廓隆起者，人工呼吸有效；吹气无起伏者，则气道通畅不够，或鼻孔处漏气、吹气不足、气道有梗阻，应及时纠正。须注意：

1）每次吹气量不要过大，约600ml，大于1200ml会造成胃扩张。

2）吹气时不要按压胸部。

3）抢救一开始的首次吹气两次，每次为1～1.5s。

4）有脉搏无呼吸的触电伤员，则每5s吹一口气，每分钟吹气12次。

5）口对鼻的人工呼吸，适用于有严重的下颌及嘴唇外伤、牙关紧闭、下颌骨骨折等情况的，难以采用口对口吹气法的触电伤员。

6. 胸外心脏按压

在对心跳停止者进行按压前，先手握空心拳，快速垂直击打触电伤员胸前区胸骨中下段1～2次，每次间隔为1～2s，力量中等，若无效，则立即胸外心脏按压，不能耽误时间。

（1）按压部位：胸骨中1/3与下1/3交界处。

（2）触电伤员体位：触电伤员应仰卧于硬板床或地上。如为弹簧床，则应在触电伤员背部垫一硬板。硬板长度及宽度应足够大，以保证按压胸骨时，触电伤员身体不会移动。但不可因找寻垫板而延误开始按压的时间。

（3）快速测定按压部位的方法分为5个步骤：

1）首先触及触电伤员上腹部，以食指及中指沿触电伤员肋弓处向中间移滑。

2）在两侧肋弓交点处寻找胸骨下切迹。以切迹作为定位标志。不要以剑突下定位。

3）然后将食指及中指两横指放在胸骨下切迹上方，食指上方的胸骨正中部即为按压区。

4）以另一手的掌根部紧贴食指上方，放在按压区。

5）再将定位之手取下，重叠将掌根放于另一手背上，两手手指交叉抬起，使手指脱离胸壁。

（4）按压姿势：正确的按压姿势是抢救者双臂绷直，双肩在触电伤员胸骨上方正中，靠自身重量垂直向下按压。

（5）按压用力方式：

1）按压应平稳，有节律地进行，不能间断。

2）不能冲击式的猛压。

3）下压及向上放松的时间应相等。压按至最低点处，应有一明显的停顿。

4）垂直用力向下，不要左右摆动。

5）放松时定位的手掌根部不要离开胸骨定位点，但应尽量放松，务使胸骨不受任何压力。

（6）按压频率：应保持在 100 次/min。

（7）按压与人工呼吸的比例：成人通常为 30∶2。

（8）按压深度：成人触电伤员通常为 4～5cm。

四、创伤和其他急救

1. 创伤急救的基本要求

（1）创伤急救原则是先抢救，后固定，再搬运，并注意采取措施，防止伤情加重或污染。需要送医院救治的，应立即做好保护伤员措施后送医院救治。急救成功的条件是：动作快，操作正确，任何延迟和误操作均可加重伤情，并可导致死亡。

（2）抢救前先使伤员安静躺平，判断全身情况和受伤程度，如有无出血、骨折和休克等。

（3）外部出血立即采取止血措施，防止失血过多而休克。外观无伤，但呈休克状态，神志不清，或昏迷者，要考虑胸腹部内脏或脑部受伤的可能性。

（4）为防止伤口感染，应用清洁布片覆盖。救护人员不得用手直接接触伤口，更不得在伤口内填塞任何东西或随便用药。

（5）搬运时应使伤员平躺在担架上，腰部束在担架上，防止跌下。平地搬运时伤员头部在后，上楼、下楼、下坡时头部在上，搬运中应严密观察伤员，防止伤情突变。

（6）若怀疑伤员有脊椎损伤（高处坠落者），在放置体位及搬运时必须保持脊柱不扭曲、不弯曲，应将伤员平卧在硬质平板上，并设法用沙土袋（或其他代替物）放置头部及躯干两侧以适当固定之，以免引起截瘫。

2. 止血方法

（1）伤口渗血：用较伤口稍大的消毒纱布数层覆盖伤口，然后进行包扎。若包扎后仍有较多渗血，可再加绷带适当加压止血。

（2）伤口出血呈喷射状或鲜红血液涌出时，立即用清洁手指压迫出血点上方（近心端），使血流中断，并将出血肢体抬高或举高，以减少出血量。

（3）用止血带或弹性较好的布带等止血时，应先用柔软布片或伤员的衣袖等数层垫在止血带下面，再扎紧止血带以刚使肢端动脉搏动消失为度。上肢每60min、下肢每 80min 放松一次，每次放松 1～2min。开始扎紧与每次放松的时间均应书面标明在止血带旁。扎紧时间不宜超过 4h。不要在上臂中 1/3 处和窝下使用止血带，以免损伤神经。若放松时观察已无大出血可暂停使用。

（4）严禁用电线、铁丝、细绳等作止血带使用。

（5）高处坠落、撞击、挤压可能有胸腹内脏破裂出血。受伤者外观无出血但常表现面色苍白、脉搏细弱，气促，冷汗淋漓，四肢厥冷，烦躁不安，甚至神志不清等休克状态，应迅速躺平，保持温暖，速送医院救治。若送院途中时间较长，可给伤员饮用少量糖盐水。

3. 骨折急救

（1）若肢体骨折，可用夹板或木棍、竹竿等将断骨上、下方两个关节固定，也可利用伤员身体进行固定，避免骨折部位移动，以减少疼痛，防止伤势恶化。开放性骨折，伴有大出血者，先止血、再固定，并用干净布片覆盖伤口，然后速送医院救治。切勿将外露的断骨推回伤口内。

（2）疑有颈椎损伤，在使伤员平卧后，用沙土袋（或其他代替物）放置头部两侧使颈部固定不动。应进行口对口呼吸时，只能采用抬颌使气道通畅，不能再将头部后仰移动或转动头部，以免引起截瘫或死亡。

（3）若腰椎骨折，应将伤员平卧在平硬木板上，并将腰椎躯干及两侧下肢一同进行固定预防瘫痪。搬动时应数人合作，保持平稳，不能扭曲。

4. 烧伤急救

（1）电灼伤、火焰烧伤或高温气、水烫伤均应保持伤口清洁。伤员的衣服鞋袜用剪刀剪开后除去。伤口全部用清洁布片覆盖，防止污染。四肢烧伤时，先用清洁冷水冲洗，然后用清洁布片或消毒纱布覆盖送医院。

（2）强酸或碱灼伤应迅速脱去被溅染衣物，现场立即用大量清水彻底冲洗，然后用适当的药物给予中和，冲洗时间不少于 10min。被强酸烧伤应用 5%碳酸氢钠（小苏打）溶液中和。被强碱烧伤应用 0.5%～5%醋酸溶液、5%氯化铵或 10%枸橼酸液中和。

（3）未经医务人员同意，灼伤部位不宜敷搽任何东西和药物。

（4）送医院途中，可给伤员多次少量口服糖盐水。

5. 动物咬伤急救

（1）毒蛇咬伤：

1）毒蛇咬伤后，不要惊慌、奔跑、饮酒，以免加速蛇毒在人体内扩散。

2）咬伤大多在四肢，应迅速从伤口上端向下方反复挤出毒液，然后在伤口上方（近心端）用布带扎紧，将伤肢固定，避免活动，以减少毒液的吸收。

3）有蛇药时可先服用，再送往医院救治。

（2）犬咬伤：

1）犬咬伤后应立即用浓肥皂水或清水冲洗伤口至少 15min，同时用挤压法自上而下将残留伤口内唾液挤出，然后再用碘酒涂搽伤口。

2）少量出血时，不要急于止血，也不要包扎或缝合伤口。

3）尽量设法查明该犬是否为疯狗，这对于医院制订治疗计划有较大帮助。

6. 溺水急救

（1）发现有人溺水应设法迅速将其从水中救出，呼吸心跳停止者用心肺复苏法坚持抢救。曾受水中抢救训练者在水中即可进行抢救。

（2）口对口人工呼吸因异物阻塞发生困难，而又无法用手指除去时，可用两手相叠，置于脐部稍上正中线上（远离剑突）迅速向上猛压数次，使异物退出，但也不要用力太大。

（3）溺水死亡的主要原因是窒息缺氧。由于淡水在人体内能很快经循环吸收，而气管能容纳的水量很少，因此在抢救溺水者时不能因"倒水"而延误抢救时间，更不能仅"倒水"而不用心肺复苏法进行抢救。

7. 高温中暑急救

（1）烈日直射头部，环境温度过高，饮水过少或出汗过多等可以引起中暑现象，其症状一般为恶心、呕吐、胸闷、眩晕、嗜睡、虚脱，严重时抽搐、惊厥甚至昏迷。

（2）应立即将病员从高温或日晒环境转移到阴凉通风处休息。用冷水擦浴，湿毛巾覆盖身体，电扇吹风，或在头部放置冰袋等方法降温，并及时给病员口服盐水。严重者送医院治疗。

8. 有害气体中毒急救

（1）气体中毒开始时有流泪、眼痛、呛咳、咽部干燥等症状，应引起警惕。稍重时头痛、气促、胸闷、眩晕。严重时会引起惊厥昏迷。

（2）怀疑可能存在有害气体时，应立即将人员撤离现场，转移到通风良好处休息。抢救人员进入险区应戴防毒面具。

（3）已昏迷病员应保持气道通畅，有条件时给予氧气吸入。呼吸心跳停止者，按心肺复苏法抢救，并联系医院救治。

（4）迅速查明有害气体的名称，供医院及早对症治疗。